"十二五"普通高等教育本科国家级规划教材
国家精品课教材
国家精品资源共享课教材

C语言大学实用教程
学习指导（第4版）

◆ 苏小红　孙志岗　等编著

C How to Program, Fourth Edition

电子工业出版社
Publishing House of Electronics Industry
北京·BEIJING

内 容 简 介

本书是"十二五"普通高等教育本科国家级规划教材,是《C 语言大学实用教程(第 4 版)》配套教材,也是国家精品课教材、国家精品资源共享课教材。

全书包括习题解答、上机实验指导和案例分析三章内容。第 1 章习题解答,包括主教材中全部习题及解答,涵盖全国计算机等级考试各种题型。第 2 章上机实验指导,包括程序调试技术、上机实验题目及其参考答案、程序在线评判和利用在线评判编程的注意事项等。本章最后给出的贯穿全书内容的综合应用实例(学生成绩管理系统),可作为课程设计内容。第 3 章为案例分析,包括错误案例分析、趣味经典实例分析和程序优化三部分。主、辅教材均为任课老师免费提供电子课件及例题源代码。

本书可作为高校各专业 C 语言程序设计课程教材、ACM 程序设计大赛和全国计算机等级考试参考书。

图书在版编目(CIP)数据

C 语言大学实用教程学习指导 / 苏小红等编著. —4 版. —北京:电子工业出版社,2017.3
ISBN 978-7-121-30923-6

Ⅰ. ①C… Ⅱ. ①苏… Ⅲ. ①C 语言—程序设计—高等学校—教学参考资料 Ⅳ. ①TP312

中国版本图书馆 CIP 数据核字(2017)第 026828 号

策划编辑:章海涛
责任编辑:章海涛
印　　刷:三河市鑫金马印装有限公司
装　　订:三河市鑫金马印装有限公司
出版发行:电子工业出版社
　　　　　北京市海淀区万寿路 173 信箱　邮编　100036
开　　本:787×1 092　1/16　印张:19.5　字数:496 千字
版　　次:2007 年 4 月第 1 版
　　　　　2017 年 3 月第 4 版
印　　次:2023 年 5 月第 15 次印刷
定　　价:45.00 元

致本书读者

在 Java，C#等充满面向对象、快速开发和稳定可靠这样溢美之词的语言大行其道的今天，还如此耗费心力写一本关于已经落伍了的 C 语言的书，着实让人匪夷所思。虽然 C 语言在教育界还举足轻重，在系统开发领域依然健硕，铁杆支持者遍布世界各地，但是 C 语言的书籍种类繁多，早已被写到"滥"的地步了。这本书的存在还会有价值吗？

万物皆将成为时间的灰烬，其价值体现在燃烧时发出的光热。

在计算机教育方面，C 语言是为数不多的与国外保持内容同步的课程之一，这大概也是因为 C 语言自身多年以来没有什么变化吧。但在教学深度上，尤其在**把 C 语言从应试课程转变为实践工具**方面，国内无论是教材还是课程建设都跟不上时代发展的步伐。

计算机科学日进千里，很多旧的思想、方法都被打破，不能与时俱进的语言必遭淘汰。可 C 语言却能奇迹般地以不动如山之姿态笑傲天下，论剑江湖，这套以静制动的本领，来自于 C 语言的灵活。

灵活，使 C 语言的用法可以产生诸般变化。每种变化都有其利与害，趋利避害是根本。但何为利，何为害呢？这是程序设计科学研究的主题之一。随着时间的推移，判断的标准总在变化。比如 20 世纪 90 年代以前，性能一直是最重要的，所有的程序设计方法都趋向于提高性能。当硬件越来越快、越来越便宜，软件越来越复杂、越来越昂贵，设计程序时考虑更多的是如何降低开发成本和难度，不惜以牺牲性能为代价。当网络成为技术推动力时，安全问题又成为重中之重。

无论思潮怎样变化，C 语言总能有一套行之有效的方法来应对。这些方法完全构建在对 C 语言基本语法的应用之上，丝毫影响不到它固有的体系。一些适时的方法被制定为规则，另一些落后的方法则被划为禁手。如果 C 语言的教科书还只以讲述语法为主，而忽略在**新形势下的新方法、新规则和新思想的传授**，就真的是没有价值了。

此书要做有价值的书，要让读这本书的人真正学会 C 语言。那么，达到什么程度算是"学会"了 C 语言呢？这倒是一个很有意思的问题。

本书作者中有一人，自称一生三次学会了 C 语言。

第一次是大一，看到 C 语言成绩后，不禁自封"C 语言王子"。

待到大二，偶遇一个机会，用 C 语言开发一个真实的软件，才知道自己"卷上谈兵"的本领实在太小，实在与会用 C 语言的目标相去甚远。编了大小几个项目，上万行代码，自觉对 C 语言的掌握已炉火纯青，此为第二次学会。

待回眸品评这些项目，发现除了几副好皮囊能取悦用户之外，无论是程序结构、可读性、可维护性还是稳定性都一团糟。年轻程序员的良心大受谴责，终于认识到，写好程序绝不是懂语法、会调用函数那么简单。又经历练，其间苦学软件工程、面向对象等理论，打造出第一个让自己由衷满意的程序，于是长出一口气，叹曰："C，我终于会用了！"

这条路走得着实辛苦，但也确实滋味无穷，乐在其中。留校任教后，他很快获得了讲 C 语言课程的机会。欣然领命，直欲把经年积累一并爆发，送与学生。前辈高人指点，选择了 Kernighan 与 Ritchie 所撰的圣经《C Programming Language》为教材。早闻此书，初见其形；边教边品，仰天长叹："原来 C 语言若此，吾不曾会矣！"

总结往事，环顾业界，何谓"学会"？这是一个没有答案的提问。学完语法规则只是读完了小学，识字不少，还会造句，但还写不出大篇的漂亮文章。若要进步，就必须在算法和结构设计两方面努力了。但这两者实非一蹴而就，大学四年也只能学到一些条条框框，就像高中毕业尽管作文无数，能力却仅止于八股应试而已。若要写出"惊天地、泣鬼神"之程序，还必须广泛实践，多方积累。学无止境啊！

行文至此，终于完成了这本自认还有价值的书。目前的计算机图书市场异常火爆，"**经典与滥竽齐飞，赞美共炒作一色**"。我们不知道此书能发出多少光热，也不知道有多少人能见到这份光、感到这点热，只知道它也会成为时间的灰烬，而且盼望这一天越早到来越好。因为，此书观点被大量否定之时，必是 IT 再次飞跃之日。

作　者

于哈尔滨工业大学计算机科学与技术学院

丰富的教学资源

面向教师的电子课件和实例源代码下载：http://www.hxedu.com.cn

具有在线评测与反抄袭功能的交互式网络教学平台：http://cms.hit.edu.cn

面向读者的教材网站：http://book.sunner.cn

哈尔滨工业大学 ACM 网站（HOJ）：http://acm.hit.edu.cn

Code::Blocks 安装程序下载地址：http://www.codeblocks.org/downloads/26

基于 C/S 结构的 C 语言编程题考试自动评分系统：免费获取方式 sxh@hit.edu.cn

基于 B/S 结构的 C 语言编程题考试自动评分系统：咨询联系 sxh@hit.edu.cn

面向学生自主学习的作业和实验在线测试系统：咨询联系 sxh@hit.edu.cn

C 语言试卷和题库管理系统：咨询联系 sxh@hit.edu.cn

上述几个系统之间的关系如下图所示。

第4版前言

让学生在学习程序设计的过程中，养成良好的编程风格，在上机调试程序时，不再感到枯燥乏味，而是其乐融融，这一直是作者多年来无论是教学还是著书都孜孜以求的目标。多年 C 语言的学习和教学经历，给了我们很多热情与灵感，来自读者与用户的无数反馈，无论是赞扬还是批评，无论是鼓励还是意见，都增加了我们的激情，激励我们一次次地去修订它。

"**不求经典，但求精心**"，是我们的原则。因为我们知道，只有精心，才可能造就经典。"**知识要准确、文字要亲切、示例要有趣、内容要实用**"，是我们的目标。因为我们知道，准确才有价值，亲切才被喜欢，有趣才留印象，实用才会对读者有真正的帮助。我们衷心希望以本书为媒介，架起作者与读者沟通和交流的桥梁，让读者跟随我们一起去欣赏 C 语言之美，理解 C 语言之妙，体会学习 C 语言之无穷乐趣，不仅要学习或者学会 C 语言，更让学习 C 语言的过程变成一件无比轻松快乐的事情。

本书是《C 语言大学实用教程学习指导》的第 4 版，是"十二五"普通高等教育本科国家级规划教材，是《**C 语言大学实用教程（第 4 版）》（ISBN 978-7-121-30005-9）**的配套教材。全书包括**习题解答、上机实验指导和案例分析**三章内容。

第 1 章为习题解答，包括主教材中全部习题及解答，涵盖全国计算机等级考试各种题型（选择题、程序填空题、程序改错题、阅读程序写出运行结果题、编程题等），其中部分习题还给出了多种解答方法。

第 2 章为上机实验指导，包括程序调试技术、课内和课外上机实验题目及其参考答案、Online Judge——程序在线评判、利用 Online Judge 编程的注意事项、综合应用实例以及 C 语言编程题考试自动评分系统简介等内容。程序调试技术主要介绍 **Visual C++ 6.0** 和 **Code::Blocks+gcc+gdb** 集成开发环境下标准 C 程序调试方法，并对二者进行了比较。实验指导部分以知识点为主线设计的实验题目，将趣味性和实用性融为一体，以循序渐进的任务驱动方式，指导读者完成实验程序设计。程序在线评判主要介绍 Online Judge 的使用方法，为读者进行编程自测提供方便。本章最后给出了一个**贯穿全书内容的综合应用实例**（学生成绩管理系统），**可作为课程设计内容**。

第 3 章为案例分析，主要包括错误案例分析、趣味经典实例分析、程序优化及解决方案、C99 简介等内容。错误案例分析主要介绍含有隐蔽错误的程序的排错方法，帮助读者了解错误发生的原因、实质、排错方法及解决对策；趣味经典实例分析主要介绍了骑士游历和八皇后等经典问题的程序设计；程序优化及解决方案主要介绍程序性能优化的一些基本原则。

主教材、辅教材均为任课教师免费提供电子课件，并提供例题和习题源程序。本书可作为高校各专业 C 语言教辅教材、ACM 程序设计大赛和全国计算机等级考试参考书。

本书在第 3 版的基础上**增加**了基于 B/S 结构的 C 语言编程题考试自动评分系统、试卷和题库管理系统以及面向学生自主学习的作业和实验在线测试系统的简介等内容，并**增加**了 10 个课外实验题目以及部分习题，还**修改并完善**了习题解答。

本课程于 2007 年被评为"**国家精品课**"，2016 年被评为"**国家精品资源共享课**"。多媒体教学课件、全部例题、习题、实验和案例分析的源代码都可在教材网站（http://book.sunner.cn）或华信教育资源网站（http://www.hxedu.com.cn）**免费下载**。我们研制的基于 C/S 架构的 **C 语言编程题考试自动评分系统**（已获软件著作权登记）也**将免费提供给使用本教材的教学单位**，有需要者可直接与作者联系（sxh@hit.edu.cn）。该系统可以根据程序的结构和语义以及程序运行结果对 C 语言编程题自动评分，对于有语法错误的编程题也能评分。此外，配合本教材习题，我们还研制了基于 B/S 架构的 C 语言编程题考试自动评分系统、面向学生自主学习的作业和实验在线测试系统，以及 C 语言试卷和题库管理系统，**有需要者请直接与作者联系和咨询**。

全书统稿和全部修订工作由苏小红教授负责。实验题目设计和实验程序答案、错误案例分析、程序优化与解决方案、趣味经典实例分析、程序调试技术中的常见编译错误信息的英汉对照及学生成绩管理综合应用实例、C99 简介、C 语言编程题考试自动评分系统简介等内容的编写由苏小红完成；习题 1、习题 5、习题 9 答案，以及程序调试技术和程序在线评判由孙志岗编写；习题 4、习题 7 答案由李秀坤编写；习题 8 答案由陈惠鹏编写；习题 6 答案由王庆北编写；习题 2、习题 3 答案由温东新编写；利用 Online Judge 编程的注意事项由孙大烈和车万翔编写。

在本书的写作与修订过程中，王宇颖教授在百忙之中审阅了全部初稿。在书稿的录入、校对、修订及习题、实验题程序的调试过程中，太原理工大学的马建芬、哈尔滨工业大学的王甜甜、赵玲玲、傅忠传、赵巍、车万翔、张卫、郭萍、温东新、侯俊英、李希然、张洪志、李秀坤、张彦航、黄虎杰、秦兵、刘劲锋、王庆北、孙大烈、张羽、单丽莉、刘国军、刘秉权、徐志明、李漾、张冬雨、娄久等参与了编写。

因编者水平有限，书中错误在所难免，恳请批评指正，我们将在教材网站（http://book.sunner.cn）上及时发布勘误信息，以求对读者负责。有索取教材相关资料者，请直接与作者联系（sxh@hit.edu.cn）。欢迎读者给我们发送电子邮件或在网站上留言，对教材提出宝贵意见。

作　者

于哈尔滨工业大学计算机科学与技术学院

目　　录

第 1 章　习题解答

1.1　习题 1 及参考答案

1.1　列举几种读者所知道的计算机硬件和软件。

〖参考答案〗　硬件：CPU、内存、硬盘、光盘、键盘、鼠标等。
软件：Windows，QQ，Internet Explorer，Word 等。

1.2　冯·诺依曼机模型有哪几个基本组成部分？

〖参考答案〗　控制器、运算器、存储器、输入设备和输出设备。

1.3　尝试把例 1.4 改为计算"123+456"。

```
#include <stdio.h>
int main(void)
{
    printf("%d\n", 123+456);
    return 0;
}
```

1.4　列举几种程序设计语言。

〖参考答案〗　C，C++，Java，C#，PHP，ASP，Pascal 等。

1.5　列举几个在生活和学习中成功应用 IT 技术的例子。

〖参考答案〗　可编程的微波炉、洗衣机、手机、文曲星、电子游戏机等。

1.2　习题 2 及参考答案

2.1　说明下列变量名中哪些是合法的。

　　π　　2a　　a#　　C$　　t3　　_var　　θ　　int

〖参考答案〗　合法的为 t3，_var。

2.2　选择填空。

（1）C 语言中用_____表示逻辑值"真"。

　　A）true　　　　　　　B）整数值 0　　　　　C）非零整数值　　　　D）T

（2）下列合法的字符常量为_____。

　　A）"a"　　　　　　　B）'\n'　　　　　　　C）'china'　　　　　　D）a

（3）设有语句"char c='\72';"，则变量 c_____。

　　A）包含 1 个字符　　B）包含 2 个字符　　C）包含 3 个字符　　D）不合法

（4）字符串常量"\t"Name\\Address\n"的长度为_____。

A）19　　　　　　　B）15　　　　　　　C）18　　　　　　　D）不合法

（5）设 a，b，c 为 int 型变量，且 a = 3，b = 4，c = 5，下面表达式值为 0 的是_____。

A）'a'&&'b'　　　　　　　　　　　　　B）a<=b

C）a||b+c&&b-c　　　　　　　　　　　D）!((a<b)&&!c||1)

（6）若有以下定义

```
char  a;
int   b;
float c;
double d;
```

则表达式 "a * b + d − c" 的值的类型为_____。

A）float　　　　　　B）int　　　　　　C）char　　　　　　D）double

（7）设有语句 "int a = 3;"，执行语句 "a += a -= a * a;" 后，变量 a 的值是_____。

A）3　　　　　　　　B）0　　　　　　　C）9　　　　　　　D）−12

（8）设有语句 "int a = 3;"，执行语句 "printf("%d", -a ++);" 后，输出的结果是_____，变量 a 的值是_____。

A）3　　　　　　　　B）4　　　　　　　C）−3　　　　　　　D）−12

〖参考答案〗　　（1）C　　（2）B　　（3）A　　（4）B
　　　　　　　　（5）D　　（6）D　　（7）D　　（8）C B

2.3　将下列数学表达式表示为合法的 C 语言表达式。

（1）$\dfrac{\sqrt{a^2+b^2}}{2c}$　　　　　　（2）$\left|(a+b)(c+d)+2\right|$　　　　　　（3）$(\ln x+\sin y)/2$

（4）$2\pi r$　　　　　　（5）$\dfrac{1}{1+\dfrac{1}{x}}$　　　　　　（6）$\dfrac{\sin 30^\circ + 2e^x}{2y+y^x}$

〖参考答案〗

（1）

```
sqrt(a*a+b*b)/(2*c)
```

或

```
sqrt(pow(a,2)+pow(b,2))/(2*c)
```

（2）

```
fabs((a+b)*(c+d)+2 )
```

（3）

```
(log(x)+sin(y))/2
```

注：y 应为弧度，否则若 y 为角度，则应写成

```
(log(x)+ sin(3.14/180*y))/2)
```

（4）

```
2*3.1415*r
```

或

```
2*PI*r（其中 PI 被定义为符号常量）
```

（5）

```
1/(1+1.0/x)
```

（6）

$(\sin(3.14/180*30)+2*\exp(x))/(2*y+\text{pow}(y,x))$

1.3 习题 3 及参考答案

3.1 选择填空。

（1）下列可作为 C 语言赋值语句的是_____。

　　A）x = 3, y = 5　　　　B）a = b = c　　C）i-- ;　　　D）y = int (x);

（2）以下程序的输出结果为_____。

```
int main(void)
{
    int  a = 2, c = 5;
    printf("a = %%d, b = %%d\n", a, c);
    return 0;
}
```

　　A）a = %2, b = %5　　　　B）a = 2, b = 5　　C）a=%%d, b=%%d　D）a=%d, b=%d

（3）有以下程序

```
 #include  <stdio.h>
 int main(void)
 {
     int a, b, c, d;
     scanf("%c,%c,%d,%d", &a, &b, &c, &d);
     printf("c,%c,%c,%c\n", a, b, c, d);
     return 0;
 }
```

若在 VC6 下运行时从键盘上输入：6,5,65,66<回车>，则输出结果是

　　A）6,5,A,B　　　　　　　　B）6,5,65,66

　　C）6,5,6,5　　　　　　　　D）6,5,6,6

〖参考答案〗　　（1）C　　　　（2）D　　　　（3）A

3.2 分析下面程序段，指出错误的原因和程序错在哪里，并将其改正。

（1）　　int a, b;

　　　　scanf("%d,%d", a, b);

（2）　　float f = 2.39;

　　　　printf("%d", f);

（3）　　double var;

　　　　long a;

　　　　scanf("%f%d", &var, &a);

（4）　　int a, b;

　　　　scanf("%d,%d\n", a, b);

（5）　　float f;

　　　　scanf("%5.2f", &f);

（6）　　int main(void)

　　　　{

　　　　　　int a, b;

　　　　　　scanf("a = %d, b = %d", &a, &b);

```
        printf("a = %d, b = %d\n", a, b);
        return 0;
    }
```

程序运行时输入：6, 2 ✓

〖参考答案〗

（1）错误：在 scanf 函数中，参数应是 a，b 两个变量的地址。

改正：scanf("%d,%d", &a, &b);

（2）错误：数据输出格式与数据类型不匹配。

改正：printf("%f", f);

（3）错误：数据输入格式与数据类型不匹配。

改正：scanf("%lf%ld", &var, &a);

（4）错误：在 scanf 函数输入格式控制串中多了'\n'，a 和 b 前面少了'&'.

改正：scanf("%d,%d", &a, &b);

（5）错误：%f 的输入格式不应有精度控制。

改正：scanf("%5f", &f);

（6）错误：程序输入错误使得变量 a，b 的值不是 6，2。

改正：应输入 a=6, b=2 ✓

3.3 分析下列程序，写出程序运行结果。

（1）

```c
#include <stdio.h>
int main(void)
{
    char  c1 = 'a', c2 = 'b', c3 = 'c';
    printf("a%cb%cc%cabc\n", c1, c2, c3);
    return 0;
}
```

（2）

```c
#include <stdio.h>
int main(void)
{
    int  x = 12 , y = 8;
    printf("\n%5d%5d%5d", !x, x || y, x && y);
    return 0;
}
```

（3）

```c
#include <stdio.h>
int main(void)
{
    int  x, y;
    scanf("%2d%*2s%2d", &x, &y);
    printf("%d", x + y);
    return 0;
}
```

程序执行时从键盘输入：1234567✓

（4）

```
#include <stdio.h>
int main(void)
{
    int   a = 2, b = 3 ;
    float   x = 3.5, y = 2.5 ;
    printf("%f", (float)(a+b) / 2 + (int)x % (int)y);
    return 0;
}
```

（5）

```
#include <stdio.h>
int main(void)
{
    int   x = 12, y = 8;
    printf("%d %d\n", x++, ++y);
    printf("%d %d\n", x, y);
    return 0;
}
```

（6）

```
#include <stdio.h>
int main(void)
{
    int   x = 12, y = 8, p, q;
    p = x++;
    q = ++y;
    printf("%d %d\n", p, q);
    printf("%d %d\n", x, y);
    return 0;
}
```

〖参考答案〗

（1）aabbccabc   （2）0   1   1   （3）68
（4）3.500000   （5）12   （6）12   13   13
                              9   9   9   9

3.4   从键盘输入三角形的三边长为 a,b,c，按下面公式计算并输出三角形的面积。

$$s = \frac{1}{2}(a + b + c) \qquad\qquad area = \sqrt{s(s-a)(s-b)(s-c)}$$

〖参考答案〗   程序运行时应保证输入的 a，b，c 的值满足三角形成立的条件，这样计算得到的三角形面积才有意义。

另外，将面积计算的数学公式写成 area = sqrt(s*(s-a)*(s-b)*(s-c)) 是正确的，但写成 area = sqrt(s(s-a)(s-b)(s-c)) 则是错误的。此外，当 a、b、c 被声明为整型变量时，将数学公式

$$s = \frac{1}{2}(a + b + c)$$

写成 s = 0.5*(a+b+c)或 s = (a+b+c)/2.0 都是正确的。而写成 s = 1/2*(a+b+c)或 s= (a+b+c)/2，虽然合法，但结果是错误的。前者是因为 1/2 的值为 0，使得整个表达式的值为 0，从而导致 s 的值为 0。因为整型数的相除结果仍为整型，所以后者的最终计算结果中的小数位被截断。

参考程序如下：

```
#include <stdio.h>
#include <math.h>
int main(void)
{
    float a, b, c;                          // a,b,c 表示三角形的三边
    float s, area;
    printf("Input a,b,c:");
    scanf("%f,%f,%f",&a,&b,&c);
    s = 1.0 / 2 * (a + b + c);              // 注意，这里不能写成1/2，否则值为0
    area = sqrt(s * (s - a) * (s - b) * (s - c));
    printf("area=%.2f\n", area);
    return 0;
}
```

程序的运行结果如下：

```
Input a,b,c:3,4,5✓
area=6.00
```

3.5　编程从键盘输入圆的半径 r，计算并输出圆的周长和面积。

〖参考答案〗　将计算圆周长和面积公式中的π定义为符号常量。

```
#include <stdio.h>
#define      PI         3.14
int main(void)
{
    float r ;                               // r 为半径
    printf("Input r:");
    scanf("%f", &r);
    printf("circum=%.2f,area=%.2f\n", 2*PI*r, PI*r*r);
    return 0;
}
```

程序的运行结果如下：

```
Input r:5✓
circum=31.40,area=78.50
```

1.4　习题 4 及参考答案

4.1　选择题。

（1）在下列条件语句中，只有一个在功能上与其他三个语句不等价（其中 s1 和 s2 表示某个 C 语句），这个不等价的语句是_____。

A）if (a)　s1;　else　s2;　　　　　　　　B）if (!a)　s2;　else　s1;

C）if (a != 0)　s1;　else　s2;　　　　　　D）if (a == 0)　s1;　else　s2;

（2）设有声明语句"int　a=1,b=0;"，则执行以下语句后输出结果为_____。

```
switch (a)
{
```

```
        case 1:
        switch (b)
        {
            case 0: printf("**0**");break;
            case 1: printf("**1**");break;
        }
        case 2: printf("**2**");break;
    }
```

A）**0**   B）**0****2**   C）**0****1****2**   D）有语法错误

（3）在 while (x)语句中的 x 与下面条件表达式等价的是_____。

A）x == 0   B）x == 1   C）x != 1   D）x != 0

（4）若有语句"**int x;**"，下面程序段的输出结果为_____。

```
    for (x=3; x<6; x++)
    {
        printf((x%2) ? "**%d" : "##%d\n", x);
    }
```

A）**3   B）##3   C）##3   D）**3##4

##4   **4   **4##5   **5

**5   ##5

（5）以下能判断 ch 是数字字符的选项是_____。

A）if (ch >= '0' && ch<='9')   B）if (ch >= 0 && ch<=9)

C）if ('0'<= ch <='9')   D）if (0<= ch <=9)

（6）为了避免嵌套的条件语句 if-else 的二义性，C 语言规定 else 总是与_____配对。

A）同一行上的 if   B）缩排位置相同的 if

C）其之前最近的未曾配对的 if   D）其之后最近的未曾配对的 if

（7）下列说法中错误的是_____。

A）嵌套循环的内层和外层循环的循环控制变量不能同名

B）执行嵌套循环时是先执行内层循环，后执行外层循环

C）如果内外层循环的次数是固定的，则嵌套循环的循环次数等于外层循环的循环次数与内层循环的循环次数之积

D）如果一个循环的循环体中又完整地包含了另一个循环，则称为嵌套循环

（8）有以下程序

```
#include <stdio.h>
int main(void)
{
    int i, s = 0;
    for (i=1; i<10; i+=2)
    {
        s += i + 1;
    }
    printf("%d\n", s);
    return 0;
}
```

程序执行后的输出结果是_____。

　A）自然数 1～9 的累加和　　　　　B）自然数 1～10 的累加和

　C）自然数 1～9 中的奇数之和　　　D）自然数 1～10 中的偶数之和

（9）有以下程序

```c
#include <stdio.h>
int main(void)
{
    int n = 0,p;
    do{
        scanf("%d", &p);
        n++;
    } while (p!=12345 && n<3);
    return 0;
}
```

此处 do-while 循环的结束条件是_____。

　A）p 的值不等于 12345 并且 n 的值小于 3

　B）p 的值等于 12345 并且 n 的值大于等于 3

　C）p 的值不等于 12345 或者 n 的值小于 3

　D）p 的值等于 12345 或者 n 的值大于等于 3

（10）有以下程序

```c
#include <stdio.h>
int main(void)
{
    int  k = 0;
    while (k = 1)
    {
        k++;
    }
    return 0;
}
```

while 循环执行的次数是_____。

　A）无限次　　　　　　　　　　B）有语法错，不能执行

　C）一次也不执行　　　　　　　D）执行一次

〖参考答案〗

(1) D　　　(2) B　　　　(3) D　　　　　(4) D　　　　　(5) A

(6) C　　　(7) B　　　　(8) D　　　　　(9) D　　　　　(10) A

4.2　写出程序的运行结果。

（1）下面程序运行结果为_____。

```c
#include <stdio.h>
int main(void)
{
    int  a = 2, b = 3, c = 1;
    if (a > b)
        if (a > c)
            printf("%d\n",a);
        else
```

```
        printf("%d\n",b);
        printf("over!\n");
        return 0;
    }
```

（2）若从终端上由第一列开始输入：right?✓，则程序运行结果为_____。

```
#include <stdio.h>
int main(void)
{
    char  c;
    c = getchar();
    while (c != '?')
    {
        putchar(c);
        c = getchar();
    }
    return 0;
}
```

（3）对下面程序，若输入数据同上，则程序运行结果为_____。

```
#include <stdio.h>
int main(void)
{
    char  c;
    while ((c = getchar()) != '?')
    {
        putchar(c);
    }
    return 0;
}
```

（4）对下面程序，若输入数据同上，则程序运行结果为_____。

```
#include <stdio.h>
int main(void)
{
    while (putchar (getchar()) != '?') ;
    return 0;
}
```

（5）对下面程序，若运行时输入：abcdefg$abcdefg✓，则程序运行结果分别为_____。

```
#include <stdio.h>
int main(void)
{
    char  c;
    while ((c = getchar()) != '\n')
    {
        putchar(c);
    }
    printf("End!\n");
    return 0;
}
```

（6）对下面程序，若输入数据同上，则程序的运行结果为_____。

```c
#include <stdio.h>
int main(void)
{
    char  c;
    while ((c = getchar()) != '$')
    {
        putchar(c);
    }
    printf("End!\n");
    return 0;
}
```

（7）下面程序的运行结果为_____。

```c
#include <stdio.h>
int main(void)
{
    int  n;
    for (n=1; n<=5; n++)
    {
        if (n % 2)
            printf("*");
        else
            continue;
        printf("#");
    }
    printf("$\n");
    return 0;
}
```

〖参考答案〗

（1）

over!

（2）

right

（3）

right

（4）

right?

（5）

abcdefg$abcdefgEnd!

（6）

abcdefgEnd!

（7）

##*#$

4.3 阅读程序，按要求在空白处填写适当的表达式或语句，使程序完整并符合题目要求。

（1）从键盘任意输入一个年号，判断它是否是闰年。若是闰年输出 "Yes"，否则输出 "No"。

已知符合下列条件之一者是闰年：（a）能被 4 整除，但不能被 100 整除。（b）能被 400 整除。

```
#include <stdio.h>
int main(void)
{
    int  year, flag;
    printf("Enter year:");
    scanf("%d",&year );
    if (    ①    )
    {
        flag = 1;                      // 如果 year 是闰年，则标志变量 flag 置 1
    }
    else
    {
        flag = 0;                      // 否则，标志变量 flag 置 0
    }
    if (    ②    )
    {
        printf("%d is a leap year!\n",year);           // 输出 "是闰年"
    }
    else
    {
        printf("%d is not a leap year!\n",year);       // 输出 "不是闰年"
    }
    return 0;
}
```

〖参考答案〗

① (year % 4 == 0 && year % 100 != 0) || (year % 400 == 0)

② flag

（2）判断从键盘输入的字符是数字字符、大写字母、小写字母、空格还是其他字符。

```
#include <stdio.h>
int main(void)
{
    char  ch;
    ch = getchar();
    if (    ①    )
    {
        printf("It is an English character!\n");
    }
    else if (    ②    )
    {
        printf("It is a digit character!\n");
    }
    else if (    ③    )
    {
        printf("It is a space character!\n");
    }
    else
```

```
        {
            printf("It is other character!\n");
        }
        return 0;
    }
```

〖参考答案〗

① (ch>='a' && ch<='z')||(ch>='A' && ch<='Z')

② ch<='9' && ch>='0'

③ ch==' '

（3）华氏和摄氏温度的转换公式为 $C=5/9\times(F-32)$。式中，C 表示摄氏温度，F 表示华氏温度。要求：华氏 0℉～300℉，每隔 20℉输出一个华氏温度对应的摄氏温度值。

```
    #include <stdio.h>
    int main(void)
    {
        int  upper = 300, step = 20;
        float  fahr = 0, celsius;
        while (____①____ < upper)
        {
            ____②____;
            printf("%4.0f\t%6.1f\n", fahr, celsius);
            ____③____;
        }
        return 0;
    }
```

〖参考答案〗

① fahr

② celsius = 5.0 / 9 * (fahr - 32)

③ fahr = fahr + step

4.4 编程判断输入整数的正负性和奇偶性。

〖参考答案1〗

```
    #include <stdio.h>
    int main(void)
    {
        int  m;
        printf("Input m: ");
        scanf("%d", &m);                        // 输入一个整数
        if (m > 0)                              // 是否为正数
        {
            if (m % 2 == 0)                     // 是正数，且能被2整除，则是正偶数
            {
                printf("%d is a positive even\n", m);
            }
            else                                // 不能被2整除，则是正奇数
            {
                printf("%d is a positive odd\n", m);
```

```
            }
        }
        else if (m < 0)                                // 判断是否为负数
        {
            if (m % 2 == 0)
            {
                printf("%d is a negative even\n", m);   // 是负偶数
            }
            else
            {
                printf("%d is a negative odd\n", m);    // 是负奇数
            }
        }
        else
        {
            printf("%d is zero.It is an even\n", m);
        }
        return 0;
    }
```

〖参考答案 2〗

```
    #include <stdio.h>
    int main(void)
    {
        int  m;
        printf("Input m:");
        scanf("%d", &m);                               // 输入一个整数
        if (m > 0)                                     // 判断是否为正数
        {
            printf("%d is a positive ", m);            // 是正数
        }
        else if (m < 0)                                // 判断是否为负数
        {
            printf("%d is a negative ", m);            // 是负数
        }
        else
        {
            printf("%d is zero. It is an ", m);
        }
        printf(m%2==0 ? "even\n" : "odd\n");           // 是偶数输出"even",否则输出"odd"
        return 0;
    }
```

程序的 5 次测试结果如下：
① Input m:6↙
　6 is a positive even
② Input m:-7↙
　6 is a negative odd

③ Input m:-6✓
   -6 is a negative even
④ Input m:7✓
   7 is a positive odd
⑤ Input m:0✓
   0 is zero. It is an even

4.5 编程计算下面的分段函数，根据从键盘输入的 x 值，在屏幕上输出 y 值。

$$y = \begin{cases} e^{-x} & x > 0 \\ 1 & x = 0 \\ -e^{x} & x < 0 \end{cases}$$

〖参考答案〗

```c
#include <stdio.h>
#include <math.h>
int main(void)
{
    int  x;
    double  y;
    printf("Input x: ");
    scanf("%d", &x);                    // 输入一个整数
    if (x > 0)
    {
        y = exp(-x);                    // 如果大于 0，计算 y=exp(-x)的值
    }
    else if (x == 0)
    {
        y = 1;                          // x=0，则 y=1
    }
    else
    {
        y = -exp(x);                    // x<0，则 y=-exp(x)
    }
    printf("y=%f\n", y);
    return 0;
}
```

程序的三次测试结果如下：
① Input x:4✓
   y=0.018316
② Input x:0✓
   y=1.000000
③ Input x:-4✓
   y=-0.018316

4.6 输入三角形的三条边 a、b、c，判断它们能否构成三角形。若能构成三角形，指出是何种三角形（等腰三角形、直角三角形、一般三角形）。

〖参考答案〗

```c
#include <stdio.h>
#include <math.h>
#define EPS  1e-1
int main(void)
{
    float  a, b, c;
    int  flag = 1;
    printf("Input the three edge length: ");
    scanf("%f,%f,%f", &a, &b, &c);                 // 输入三角形的三条边
    if (a+b>c && b+c>a && a+c>b)                    // 三角形的基本条件
    {
        if (fabs(a-b)<=EPS||fabs(b-c)<=EPS||fabs(c-a)<=EPS)
        {
            printf("等腰");
            flag = 0;
        }
        if (fabs(a*a+b*b-c*c) <= EPS || fabs(a*a+c*c-b*b) <= EPS
                                    || fabs(c*c+b*b-a*a) <= EPS)
        {
            printf("直角");
            flag = 0;
        }
        if (flag)
        {
            printf("一般");
        }
        printf("三角形\n");
    }
    else
    {
        printf("不是三角形\n");
    }
    return 0;
}
```

程序的 4 次测试结果如下：
① `Input the three edge:3,4,5↙`
   直角三角形
② `Input the three edge:4,4,5↙`
   等腰三角形
③ `Input the three edge:10,10,14.14↙`
   等腰直角三角形
④ `Input the three edge:3,4,9↙`
   不是三角形

4.7　在屏幕上显示一张如下所示的时间表：

```
*****Time*****
1  morning
2  afternoon
```

3 night

Please enter your choice:

操作人员根据提示进行选择，程序根据输入的时间序号显示相应的问候信息，选择 1 时显示"Good morning"，选择 2 时显示"Good afternoon"，选择 3 时显示"Good night"，对于其他选择显示"Selection error!"，用 switch 语句编程实现。

〖参考答案〗 使用 printf()函数输出一个简单的菜单，通过 switch 语句进行菜单项选择。

```c
#include <stdio.h>
int main(void)
{
    int  choice;
    printf("*****Time*****\n");
    printf("1 morning\n");
    printf("2 afternoon\n");
    printf("3 night\n");
    printf("please enter your choice");      // 建立相应的菜单
    scanf("%d", &choice);                    // 输入选项
    switch (choice)                          // 通过 switch 语句选择
    {
        case 1:  printf("Good morning\n");     break;
        case 2:  printf("Good afternoon\n");   break;
        case 3:  printf("Good night\n");    break;
        default: printf("Selection error!\n");
    }
     return 0;
}
```

程序的两次测试结果如下：

① *****Time*****

1 morning

2 afternoon

3 night

Please enter your choice:1↙

Good moning

② *****Time*****

1 morning

2 afternoon

3 night

Please enter your choice:4↙

Selection error!

4.8 读入一个年份和月份，输出该月有多少天（考虑闰年），用 switch 语句编程。

〖参考答案〗

```c
#include <stdio.h>
int main(void)
{
    int  year, month;
    printf("Input year,month: ");
```

```
        scanf("%d, %d", &year, &month);                    // 输入相应的年和月
        switch (month)
        {
            case 1:
            case 3:
            case 5:
            case 7:
            case 8:
            case 10:
            case 12: printf("31 days\n");    break;
            case 2:  if ((year%4==0 && year%100!=0) || (year%400==0))
                        printf("29 days\n");              // 闰年的 2 月有 29 天
                     else
                        printf("28 days\n");              // 平年的 2 月有 28 天
                     break;
            case 4:
            case 6:
            case 9:
            case 11: printf("30 days\n");    break;
            default: printf("Input error!\n");
        }
        return 0;
    }
```

程序的三次测试结果如下：
① Input year,month : 1988,5↙
　　　　　 31 days
② Input year,month : 1988,2↙
　　　　　 29 days
③ Input year,month : 1989,2↙
　　　　　 28 days

4.9　编程计算 1+3+5+7+···+99+101 的值。

〖参考答案 1〗

利用 for 循环语句实现，在循环体外为 sum 赋初值 0。

```
    #include <stdio.h>
    int main(void)
    {
        int  i, sum = 0;
        for (i=1; i<=101; i=i+2)
        {
            sum = sum + i;
        }
        printf("sum=%d\n", sum);
        return 0;
    }
```

〖参考答案 2〗

利用 while 循环语句实现，在循环体外为 i 和 sum 赋初值。

```c
#include <stdio.h>
int main(void)
{
    int  i = 1, sum = 0;
    while (i <= 101)
    {
        sum = sum + i;
        i = i + 2;
    }
    printf("sum = %d\n", sum);
    return 0;
}
```

程序的运行结果如下：

    sum = 2601

4.10　编程计算 $1×2×3+3×4×5+\cdots+99×100×101$ 的值。

〖参考答案〗

用累加求和算法，通项公式为 term=i*(i+1)*(i+2)（i=1, 3, $\cdots$, 99）或 term=(i−1)*i*(i+1)（i=2, 4, $\cdots$, 100），步长为 2。

```c
#include <stdio.h>
int main(void)
{
    long  i;                          // 注意，这里的 i 必须被定义为 long 类型
    long  term, sum = 0;
    for (i=1; i<=99; i=i+2)
    {
        term = i * (i + 1) * (i + 2);
        sum = sum + term;
    }
    printf("sum = %ld", sum);
    return 0;
}
```

程序的运行结果如下：

    sum = 13002450

4.11　编程计算 $1!+2!+3!+4!+\cdots+10!$ 的值。

〖参考答案 1〗　用累加求和算法，累加项为 term=term*i（i=1, 2, $\cdots$, 10），term 初值为 1。

```c
#include <stdio.h>
int main(void)
{
    long  term = 1, sum = 0;
    int  i;
    for (i=1; i<=10; i++)
    {
        term = term * i;
```

```
        sum = sum + term;
    }
    printf("1!+2!+...+10! = %ld\n", sum);
    return 0;
}
```

〖参考答案 2〗　采用双重循环计算，用内层循环求阶乘 *i*!，外层循环控制累加的项数。

```
#include <stdio.h>
int main(void)
{
    long  term, sum = 0;
    int  i, j;
    for (i=1; i<=10; i++)
    {
        term = 1;
        for (j=1; j<=i; j++)
        {
            term = term * j;
        }
        sum = sum + term;
    }
    printf("1!+2!+…+10! = %ld\n", sum);
    return 0;
}
```

程序的运行结果如下：

```
1!+2!+…+10! = 4037913
```

4.12　编程计算 $a+aa+aaa+\cdots+aa\cdots a$（$n$ 个 a）的值，n 和 a 的值由键盘输入。

〖参考答案〗　用累加求和算法，累加项为 term=term*10+a（i=1, 2, …, n），term 初值为 0。

```
#include <stdio.h>
int main(void)
{
    long  term = 0, sum = 0;
    int  a, i, n;
    printf("Input a,n:");
    scanf("%d,%d", &a, &n);               // 输入 a，n 的值
    for (i=1; i<=n; i++)
    {
        term = term * 10 + a;             // 求累加项
        sum = sum + term;                 // 进行累加
    }
    printf("sum = %ld\n", sum);
    return 0;
}
```

程序的运行结果如下：

```
Input a,n:2,4↙
```

```
sum = 2468
```

4.13　利用 $\dfrac{\pi}{2}=\dfrac{2}{1}\times\dfrac{2}{3}\times\dfrac{4}{3}\times\dfrac{4}{5}\times\dfrac{6}{5}\times\dfrac{6}{7}\times\cdots$ 的前 100 项之积计算 π 的值。

〖参考答案 1〗　采用累乘求积算法，累乘项为 term=n*n/((n-1)*(n+1))（n=2, 4, …, 100），步长为 2。

```c
#include <stdio.h>
int main(void)
{
    double  term, result = 1;                   // 累乘项初值应为 1
    int  n;
    for (n=2; n<=100; n=n+2)
    {
        term = (double)( n * n)/(( n - 1) * ( n + 1));   // 计算累乘项
        result = result * term;
    }
    printf("result = %f\n", 2*result);
    return 0;
}
```

〖参考答案 2〗
采用累乘求积算法，累乘项为 term=2*n*2*n/((2*n-1)*(2*n+1))（n=1, 2, …, 50），步长为 1。

```c
#include <stdio.h>
int main(void)
{
    double  term, result = 1;
    int  n;
    for (n=1; n<=50; n++)
    {
        term = (double)(2*n*2*n)/((2*n-1)*(2*n+1));    // 计算累乘项
        result = result * term;
    }
    printf("result = %f\n", 2*result);
    return 0;
}
```

程序的运行结果如下：

```
result = 3.126078
```

4.14　利用泰勒级数 $e = 1+\dfrac{1}{1!}+\dfrac{1}{2!}+\dfrac{1}{3!}+\cdots+\dfrac{1}{n!}$，计算 e 的近似值，当最后一项的绝对值小于 10^{-5} 时认为达到了精度要求。要求统计总共累加了多少项。

〖参考答案 1〗
采用累加求和算法 e=e+term。利用前项计算后项寻找累加项的构成规律：由 $\dfrac{1}{2!}=\dfrac{1}{1!}\div 2$，$\dfrac{1}{3!}=\dfrac{1}{2!}\div 3$，…可以发现前后项之间的关系是 $term_n=term_{n-1}\div n$，写成 C 语言的语句为 "term=term/n; "，term 的初值为 1.0，n 的初值也为 1，n 按 n→n+1 变化。统计累加项数的计数

器变量为 count，初值为 0。

```
#include  <math.h>
#include <stdio.h>
int main(void)
{
    int  n = 1, count = 1;
    double  e = 1.0, term = 1.0;
    while (fabs(term) >= 1e-5)
    {
        term = term / n;
        e = e + term;
        n++;
        count++;
    }
    printf("e = %f, count = %d\n", e, count);
    return 0;
}
```

〖参考答案 2〗
先计算 1!，2!，3!，…，再将其倒数作为累加项 term。

```
#include  <math.h>
#include <stdio.h>
int main(void)
{
    int  n = 1, count = 1;
    double  e = 1.0, term = 1.0;
    long  fac = 1;
    for (n=1; fabs(term)>=1e-5; n++)
    {
        fac = fac * n;
        term = 1.0 / fac;
        e = e + term;
        count++;
    }
    printf("e = %f, count = %d\n", e, count);
    return 0;
}
```

程序的运行结果如下：
```
e = 2.718282, count = 10
```

4.15　计算 $1-\dfrac{1}{2}+\dfrac{1}{3}-\dfrac{1}{4}+\cdots+\dfrac{1}{99}-\dfrac{1}{100}+\cdots$，直到最后一项的绝对值小于 10^{-4} 为止。

〖参考答案〗　累加项为 term=sign/n，分子 sign=-sign，初值为 1，分母 n=n+1，初值为 1。

```
#include  <stdio.h>
#include  <math.h>
int main(void)
```

```
    {
        int  n = 1;
        float  term = 1, sign = 1, sum = 0;
        while (fabs(term) >= 1e-4)                    // 判末项大小
        {
            term = sign / n;                          // 求出累加项
            sum = sum + term;                         // 累加
            sign = -sign;                             // 改变项的符号
            n++;                                      // 分母加 1
        }
        printf("sum = %f\n", sum);
        return 0;
    }
```

程序的运行结果如下：

```
    sum = 0.693092
```

4.16 利用泰勒级数 $\sin x \approx x - \dfrac{x^3}{3!} + \dfrac{x^5}{5!} - \dfrac{x^7}{7!} + \dfrac{x^9}{9!} - \cdots$，计算 $\sin x$ 的值。要求最后一项的绝对值小于 10^{-5}，并统计出此时累加了多少项。

〖参考答案〗 x 由键盘输入，采用累加求和算法，sum=sum+term，sum 初值为 x，利用前项求后项的方法计算累加项 term= -term*x*x/((n+1)*(n+2))，term 初值为 x，n 初值为 1，n=n+2。

```
    #include  <math.h>
    #include  <stdio.h>
    int main(void)
    {
        int  n = 1, count = 1;
        double  x, sum, term;
        printf("Input x: ");
        scanf("%lf", &x);
        sum = x;
        term = x;                                     // 累加项赋初值
        do{
            term = -term * x * x / ((n + 1) * (n + 2));    // 计算累加项
            sum = sum + term;                         // 累加
            n = n + 2;
            count++;
        }while (fabs(term) >= 1e-5);
        printf("sin(x) = %f, count = %d\n", sum, count);
        return 0;
    }
```

程序的运行结果如下：

```
    Input x:3↙    (输入弧度值)
    sin(x) = 0.141120, count = 9
```

4.17 打印所有的"水仙花数"。所谓"水仙花数"，是指一个三位数，其各位数字的立方和等于该数本身。例如，153 是"水仙花数"，因为 $153=1^3+5^3+3^3$。

〖参考答案 1〗

首先确定水仙花数 n 可能存在的范围，因为 n 是一个三位数，所以范围确定为 n 从 100 变化到 999，分离出 n 的百位 i、十位 j、个位 k 后，只要判断 n 是否等于 i*i*i+j*j*j+k*k*k 即可知道 n 是否是水仙花数。

```c
#include <stdio.h>
int main(void)
{
    int  i, j, k, n;
    printf("result is:");
    for (n=100; n<1000; n++)
    {
        i = n / 100;                            // 分离出百位
        j = (n - i * 100) / 10;                 // 分离出十位
        k = n % 10;                             // 分离出个位
        if (i*100+j*10+k == i*i*i+j*j*j+k*k*k)
        {
            printf("%d\t ",n);                  // 输出结果
        }
    }
    printf("\n");
    return 0;
}
```

〖参考答案 2〗

```c
#include <stdio.h>
int main(void)
{
    int  i, j, k;
    printf("result is:");
    for (i=1; i<=9; i++)
        for (j=1; j<=9; j++)
            for (k=0; k<=9; k++)
            {
                if (i*i*i+j*j*j+k*k*k == 100*i+10*j+k)
                {
                    printf("%d\t", 100*i+10*j+k);
                }
            }
    printf("\n");
    return 0;
}
```

程序的运行结果如下：

```
result is:153   370   371   407
```

4.18 参考例 4.2，从键盘任意输入一个 4 位数 x，编程计算 x 的每一位数字相加之和（忽略整数前的正负号）。例如，输入 x 为 1234，则由 1234 分离出其千位 1、百位 2、十位 3、个

位 4，然后计算 1+2+3+4=10，并输出 10。

〖参考答案〗 对输入的整数取绝对值（用函数 fabs()），即可实现忽略整数前的正负号。

```c
#include <stdio.h>
#include <math.h>
int main(void)
{
    int  i1, i2, i3, i4, k, n;
    printf("Input data is:");
    scanf("%d", &n);
    k = abs(n);                                   // 对整数取绝对值
    i1 = k / 1000;                                // 分离出千位
    i2 = (k - i1 * 1000) / 100;                   // 分离出百位
    i3 = (k - i1 * 1000 - i2 * 100) / 10;         // 分离出十位
    i4 = k % 10;                                  // 分离出个位
    printf("The sum of the total bit is %d\n", i1+i2+i3+i4);
    return 0;
}
```

程序的两次测试结果如下：

① Input data is :1234✓

The sum of the total bit is 10

② Input data is :-5678✓

The sum of the total bit is 26

4.19 韩信点兵。韩信有一队兵，他想知道有多少人，便让士兵排队报数。按从 1 至 5 报数，最末一个士兵报的数为 1；按从 1 至 6 报数，最末一个士兵报的数为 5；按从 1 至 7 报数，最末一个士兵报的数为 4；最后再按从 1 至 11 报数，最末一个士兵报的数为 10。你知道韩信至少有多少兵吗？

〖参考答案 1〗

设兵数为 x，按题意 x 应满足关系式：x%5 ==1 && x%6==5 &&x %7==4 && x%11==10，采用穷举法对 x 从 1 开始试验，可得到韩信至少有多少兵。

```c
#include <stdio.h>
int main(void)
{
    int  x = 1;
    int  find = 0;                                // 设置找到标志为假
    while (!find)
    {
        if (x%5==1 && x%6==5 && x%7==4 && x%11==10)
        {
            printf("x = %d\n", x);
            find = 1;
        }
        x++;
    }
    return 0;
```

```
        }
```

〖参考答案 2〗

```
        #include <stdio.h>
        int main(void)
        {
            int  x = 1;
            while (1)
            {
                if (x%5==1 && x%6==5 && x%7==4 && x%11==10)
                {
                    printf("x = %d\n", x);
                    break;
                }
                x++;
            }
            return 0;
        }
```

〖参考答案 3〗

```
        #include <stdio.h>
        int main(void)
        {
            int  x = 0, find = 0;
            do{
                x++;
                find = x%5==1 && x%6==5 && x%7==4 && x%11==10;
            } while (!find);
            printf("x = %d\n", x);
            return 0;
        }
```

〖参考答案 4〗

```
        #include <stdio.h>
        int main(void)
        {
            int  x = 0;
            do{
                x++;
            } while (!(x%5==1 && x%6==5 && x%7==4 && x%11==10));
            printf("x = %d\n", x);
            return 0;
        }
```

程序的运行结果如下:

```
    x = 2111
```

4.20 爱因斯坦数学题。爱因斯坦曾出过这样一道数学题：有一条长阶梯，若每步跨 2 阶，最后剩下 1 阶；若每步跨 3 阶，最后剩下 2 阶；若每步跨 5 阶，最后剩下 4 阶；若每步跨 6 阶，最后剩下 5 阶；只有每步跨 7 阶，最后才正好 1 阶不剩。请问，这条阶梯共有多少阶？

〖参考答案 1〗

设阶梯数为 x，按题意阶梯数应满足关系式：x%2 == 1 && x%3 == 2 && x%5 == 4 && x%6 == 5 && x%7 == 0，采用穷举法对 x 从 1 开始试验，可计算出阶梯共有多少阶。

```c
#include <stdio.h>
int main(void)
{
    int  x = 1, find = 0;
    while (!find)
    {
        if (x%2==1 && x%3==2 && x%5==4 && x%6==5 && x%7==0)
        {
            printf("x = %d\n", x);
            find = 1;
        }
        x++;
    }
    return 0;
}
```

〖参考答案 2〗

```c
#include <stdio.h>
int main(void)
{
    int  x = 1;
    while (1)
    {
        if (x%2==1 && x%3==2 && x%5==4 && x%6==5 && x%7==0)
        {
            printf("x = %d\n", x);
            break;
        }
        x++;
    }
    return 0;
}
```

〖参考答案 3〗

```c
#include <stdio.h>
int main(void)
{
    int  x = 0, find = 0;
    do {
```

```
        x++;
        find = x%2==1 && x%3==2 && x%5==4 && x%6==5 && x%7==0;
    } while (!find);
    printf("x = %d\n", x);
    return 0;
}
```

〖参考答案 4〗

```
#include <stdio.h>
int main(void)
{
    int  x = 0;
    do {
        x++;
    } while (!(x%2==1 && x%3==2 && x%5==4 && x%6==5 && x%7==0));
    printf("x = %d\n", x);
    return 0;
}
```

程序的运行结果如下：

```
x = 119
```

4.21　三色球问题。若一个口袋中放有 12 个球，其中有 3 个红色的，3 个白色的，6 个黑色的，从中任取 8 个球，问共有多少种不同的颜色搭配？

〖参考答案〗　设任取的红、白、黑球个数分别为 i、j、k。依题意，红、白、黑球个数的取值范围分别为 $0 \leqslant i \leqslant 3$，$0 \leqslant j \leqslant 3$，$0 \leqslant k \leqslant 6$。只要满足 i+j+k=8，则 i、j、k 的组合即为所求。

```
#include <stdio.h>
int main(void)
{
    int  i, j, k;
    for (i=0; i<=3; i++)
    {
        for (j=0; j<=3; j++)
        {
            for (k=0; k<=6; k++)
            {
                if (i + j + k == 8)
                {
                    printf("i=%d, j=%d, k=%d\n", i, j, k);
                }
            }
        }
    }
    return 0;
}
```

程序的运行结果如下：

```
i=0,j=2,k=6
i=0,j=3,k=5
i=1,j=1,k=6
i=1,j=2,k=5
i=1,j=3,k=4
i=2,j=0,k=6
i=2,j=1,k=5
i=2,j=2,k=4
i=2,j=3,k=3
i=3,j=0,k=5
i=3,j=1,k=4
i=3,j=2,k=3
i=3,j=3,k=2
```

4.22　鸡兔同笼，共有 98 个头，386 只脚，编程求鸡、兔各多少只。

〖参考答案〗　设鸡数为 x，兔数为 y，据题意有 $x+y=98$，$2x+4y=386$。采用穷举法，x 从 1 变化到 97，y 取 $98-x$，如果 x 和 y 同时满足条件 $2x+4y=386$，则输出 x、y 的值。

```c
#include <stdio.h>
int main(void)
{
    int  x, y;
    for (x=1; x<=97; x++)
    {
        y = 98 - x;
        if (2*x+4*y == 386)
        {
            printf("x = %d, y = %d", x, y);
        }
    }
    return 0;
}
```

程序的运行结果如下：

```
x = 3, y = 95
```

4.23　我国古代的《张丘建算经》中有这样一道著名的百鸡问题："鸡翁一，值钱五；鸡母一，值钱三；鸡雏三，值钱一。百钱买百鸡，问鸡翁、母、雏各几何？"其意为：公鸡每只 5 元，母鸡每只 3 元，小鸡 3 只 1 元。用 100 元买 100 只鸡，问公鸡、母鸡和小鸡各能买多少只？

〖参考答案〗　设公鸡、母鸡、小鸡数分别为 x、y、z，依题意列出方程组 $x+y+z=100$，$5x+3y+z/3=100$，采用穷举法求解，因 100 元买公鸡最多可买 20 只，买母鸡最多可买 33 只，所以，x 从 0 变化到 20，y 从 0 变化到 33，则 $z=100-x-y$，只要判断第 2 个条件是否满足即可。注意：程序中的 $z/3.0$ 不能写成 $z/3$，因为 $z/3$ 是整数除法运算，以 $z=75$ 为例，$75/3$ 的结果与 $76/3$ 和 $77/3$ 的结果一样，因此这样将导致输出结果中多出几组不合理的解。

```c
#include <stdio.h>
int main(void)
{
```

```
        int  x, y, z;
        for (x=0; x<=20; x++)
        {
            for (y=0; y<=33; y++)
            {
                z = 100 - x - y;
                if (5*x + 3*y + z/3.0 == 100)
                {
                    printf("x=%d, y=%d, z=%d\n", x, y, z);
                }
            }
        }
        return 0;
    }
```

程序的运行结果如下：

```
    x=0,y=25,z=75
    x=4,y=18,z=78
    x=8,y=11,z=81
    x=12,y=4,z=84
```

4.24　用 1 元 5 角钱人民币兑换 5 分、2 分和 1 分的硬币（每一种都要有）共 100 枚，问共有几种兑换方案？每种方案各换多少枚？

〖参考答案〗 设 5 分、2 分和 1 分的硬币各换 x, y, z 枚，依题意有 $x+y+z=100$，$5x+2y+z=150$。由于每一种硬币都要有，故 5 分硬币最多可换 29 枚，2 分硬币最多可换 72 枚，1 分硬币可换 $100-x-y$ 枚，x、y、z 只需满足第 2 个方程即可，对每一组满足条件的 x、y、z 值用计数器计数即可得到兑换方案的数目。

```
        #include <stdio.h>
        int main(void)
        {
            int  x, y, z, count = 0;
            for (x=1; x<=29; x++)
            {
                for (y=1; y<=72; y++)
                {
                    z = 100 - x - y;
                    if (5*x+2*y+z == 150)
                    {
                        count++;
                        printf("%d, %d, %d\n", x, y, z);
                    }
                }
            }
            printf("count = %d\n", count);
            return 0;
        }
```

程序的运行结果如下：

```
1,46,53
2,42,56
3,38,59
4,34,62
5,30,65
6,26,68
7,22,71
8,18,74
9,14,77
10,10,80
11,6,83
12,2,86
count = 12
```

4.25　编程输出如下上三角形式的九九乘法表。

```
1  2  3  4  5  6  7  8  9
   4  6  8 10 12 14 16 18
      9 12 15 18 21 24 27
        16 20 24 28 32 36
           25 30 35 40 45
              36 42 48 54
                 49 56 63
                    64 72
                       81
```

〖参考答案〗　根据题意，第 1 行从第 1 列开始输出 9 列数字，第 2 行从第 2 列开始输出 8 列数字，…，第 9 行从第 9 列开始输出 1 列数字，为了输出上三角形式，每列数字占 4 位字符宽度，需要在第 n 行先输出 4×n-4 个空格，再按%4d 格式输出两数相乘结果。

```c
#include <stdio.h>
int main(void)
{
    int  m, n, i;
    for (n=1; n<10; n++)                    // 被乘数 n 从 1 变化到 9
    {
        for (i=1; i<=4*n-4; i++)
        {
            printf(" ");                     // 输出相应空格使数字右对齐
        }
        for (m=n; m<10; m++)                 // 乘数 m 从 n 变化到 9
        {
            printf("%4d", m*n);              // 输出第 n 行 m 列中的 m*n 的值
        }
        printf("\n");                        // 输出换行符,准备输出下一行
    }
    return 0;
}
```

4.26　按如下格式输出 100 以内整数的平方根表。

	0	1	2	3	4	5	6	7	8	9
0	0.000	1.000	1.414	1.732	2.000	2.236	2.449	2.646	2.828	3.000
1	3.162	3.317	3.464	3.606	3.742	3.873	4.000	4.123	4.243	4.359
2	4.472	4.583	4.690	4.796	4.899	5.000	5.099	5.196	5.292	5.385
3	5.477	5.568	5.657	5.745	5.831	5.916	6.000	6.083	6.164	6.245
4	6.325	6.403	6.481	6.557	6.633	6.708	6.782	6.856	6.928	7.000
5	7.071	7.141	7.211	7.280	7.348	7.416	7.483	7.550	7.616	7.681
6	7.746	7.810	7.874	7.937	8.000	8.062	8.124	8.185	8.246	8.307
7	8.367	8.426	8.485	8.544	8.602	8.660	8.718	8.775	8.832	8.888
8	8.944	9.000	9.055	9.110	9.165	9.220	9.274	9.327	9.381	9.434
9	9.487	9.539	9.592	9.644	9.695	9.747	9.798	9.849	9.899	9.950

〖参考答案〗　表内第 1 行输出 0~9 的平方根，第 2 行输出 10~19 的平方根，第 3 行输出 20~29 的平方根，…，第 10 行输出 90~99 的平方根。设表的行数为 x，表的列数为 y，则表内对应第 x 行第 y 列的表值为 sqrt(x*10+y)。

```c
#include <stdio.h>
#include <math.h>
int main(void)
{
    int  m, n;
    for (m=0; m<10; m++)
    {
        printf("%7d", m);                          // 输出表头
    }
    printf("\n");
    for (n=0; n<10; n++)                            // 乘数 n 从 1 变化到 9
    {
        printf("%d", n);                           // 输出每行的开头数字
        for (m=0; m<10; m++)                        // 被乘数 m 从 1 变化到 9
        {
            printf("%7.3f", sqrt(n*10+m));
        }                                          // 输出第 m 行 n 列中的值
        printf("\n");                              // 输出换行符,准备输出下一行
    }
    return 0;
}
```

4.27　分别编程输出以下 4 种不同的图案。

```
（1）******           （2）    ******      （3） *         （4）      *
      ******                  ******            ***              ***
      ******                  ******           *****            *****
      ******                  ******          *******          *******
```

〖参考答案〗

（1）

```c
#include <stdio.h>
int main(void)
```

```
    {
        int  i, j, k;
        char  space = ' ';
        for (i=1; i<=4; i++)
        {
            for (j=1; j<=i; j++)
            {
                printf("%c",space);
            }
            for (k=1; k<=6; k++)
            {
                printf("*");
            }
            printf("\n");
        }
        return 0;
    }
```

（2）

```
    #include <stdio.h>
    int main(void)
    {
        int  i, j, k;
        for (i=1; i<=4; i++)                    // i 控制行数
        {
            for (j=1; j<=4-i; j++)              // 随着行数的增加，输出递减数目的空格
            {
                printf(" ");
            }
            for (k=1; k<=6; k++)                // 每行输出 6 个*字符
            {
                printf("*");
            }
            printf("\n");                       // 将光标移到下一行起始位置处
        }
        return 0;
    }
```

（3）

```
    #include <stdio.h>
    int main(void)
    {
        int  i , k;
        for (i=1; i<=4; i++)                    // 控制行数
        {
            for (k=1; k<=(2 * i - 1); k++)      // 控制每行输出的*的个数
            {
```

```
            printf("*");
        }
        printf("\n");                              // 输出一行后换行
    }
    return 0;
}
```

（4）

```
#include <stdio.h>
int main(void)
{
    int i , j, k ;
    for (i=1; i<=4; i++)                          // 控制行数
    {
        for (j=1; j<=8-i; j++)                    // 随着行数的增加，输出递减数目的空格
        {
            printf(" ");
        }
        for (k=1; k<=(2*i-1); k++)
        {
            printf("*");
        }
        printf("\n");
    }
    return 0;
}
```

1.5　习题 5 及参考答案

5.1　多项选择题。

（1）下列关于调试的说法中，正确的是＿＿＿＿＿。

　　A）可以一条语句一条语句地执行

　　B）调试过程中如果修改了源代码，不需要重新编译就能继续运行

　　C）可以随时查看变量值

　　D）可以跟踪进入用户自己编写的函数内部

（2）下面所列举的函数名正确且具有良好风格的是＿＿＿＿＿。

　　A）abcde()　　　　　　B）GetNumber()　　　　　C）change_directory()

　　D）gotofirstline()　　　　E）Find@()　　　　　　F）2_power()

〖参考答案〗

（1）ACD　　　　　　　　（2）BC

5.2　单项选择题。

（1）阅读程序，选择程序的运行结果。

```
#include <stdio.h>
int Try(int n)
```

```
    {
        if (n > 0)
            return(n*Try(n-2));
        else
            return 1;
    }
    int main(void)
    {
        int  x;
        x = Try(5);
        printf("%d\n", x);
        return 0;
    }
```
A）15   B）120   C）1   D）前面三个答案都是错的

（2）下面对函数 Fun 有两次调用，请选择程序的运行结果。

```
    #include <stdio.h>
    int Fun(int m)
    {
        static int  n = 0;
        m /= 2;
        m = m * 2;
        if (m)
        {
            n *= m;
            return(Fun(m-2));
        }
        else     return n;
    }
    int main(void)
    {
        int  a, i, j;
        for (i=0; i<2; i++)
        {
            a = Fun(4+i);
            printf("%d\n", a);
        }
         return 0;
    }
```
① 第 1 次输出的结果   A）8   B）0   C）64   D）4
② 第 2 次输出的结果   A）8   B）0   C）64   D）4

〖参考答案〗
（1）A   （2）① B ② B

5.3 指出下面这段程序中的错误。
```
    #include <stdio.h>
    int main(void)
    {
        printf("Delay()=%d\n", Delay());
```

```
        return 0;
    }
    int Delay()
    {
        int  i, times;
        for (i=0; i<times; i++)
            ;
    }
```

〖参考答案〗

（1）Delay()未先定义就使用；（2）没有参数的函数应该注明 void；（3）变量 times 未赋值就使用；（4）Delay()函数中没有 return 语句。

5.4 写出下面程序的运行结果。

（1）
```
#include <stdio.h>
int Square(int i)
{
    return i * i;
}
int main(void)
{
    int  i = 0;
    i = Square(i);
    for ( ; i<3; i++)
    {
        static int  i = 1;
        i += Square(i);
        printf("%d,", i);
    }
    printf("%d\n", i);
    return 0;
}
```

〖参考答案〗 2，6，42，3

补充说明：函数 main()中 for 语句内部定义的静态变量 i 和 for 语句前面定义的自动变量 i 是两个不同的变量，因为它们各自的作用域不同，所以虽然同名，但互不干扰。for 语句内部定义的静态变量 i 只在 for 语句的一对"{}"内起作用，在此"{}"之外，是 for 语句前面定义的自动变量 i 的作用域，这两个变量的值的变化情况如下所示：

for 循环	自动变量 i 的值	循环开始时静态变量 i 的值	循环结束时静态变量 i 的值
第 1 次 for 循环	0	1	2
第 2 次 for 循环	1	2	6
第 3 次 for 循环	2	6	42
for 循环结束时	3	—	—

（2）
```
#include <stdio.h>
void Bin(int x)
{
    if (x/2 > 0)
```

```
        Bin(x/2);
        printf("%d\n", x%2);
    }
    int main(void)
    {
        Bin(12);
        return 0;
    }
```

〖参考答案〗
```
1
1
0
0
```

5.5　程序填空。

（1）下面函数是求阶乘的递归函数，请将程序补充完整。

```
long Fact(int n)
{
    if (n < 0)
        return 0;
    if (n==1 || n==0)
        ___①___;
    else
        ___②___;
}
```

（2）Y()是实现 n 层嵌套平方根计算的函数，其公式如下，请将程序补充完整。

$$y(x)=\sqrt{x+\cdots+\sqrt{x+\sqrt{x}}}$$

```
double Y(double x, int n)
{
    if (n == 0)
        return 0;
    else
        return (square(x + ___①___));
}
```

（3）函数 Sum(int n)是用递归方法计算 $\sum_{i=1}^{n} i$ 的值，请补充程序中缺少的内容。

```
int Sum(int n)
{
    if (n <= 0)
    printf("data error\n");
    if (n == 1)
        ___①___;
    else
        return ___②___;
}
```

〖参考答案〗

（1）①　　return 1　　　　　　　②　　　return n*Facto(n-1)

（2）①　　　Y(x, n-1)

（3）①　　　return 1　　　　　　　　②　　　n+Sum(n-1)

5.6　设计一个函数，用来判断一个整数是否为素数。

〖参考答案 1〗

```
#include <math.h>
#include <stdio.h>
int IsPrimeNumber(int number);
int main(void)
{
    int  n, ret;
    printf("Input n:");
    scanf("%d", &n);
    ret = IsPrimeNumber(n);
    if (ret != 0)
    {
        printf("%d is a prime number\n", n);
    }
    else
    {
        printf("%d is not a prime number\n", n);
    }
     return 0;
}
// 函数功能：判断 number 是否是素数，函数返回非 0 值表示是素数，否则不是素数
int IsPrimeNumber(int number)
{
    int  i;
    if (number <= 1)
        return 0;                      // 负数、0 和 1 都不是素数
    for (i=2; i<=sqrt(number); i++)
    {
        if (number % i == 0)           // 被整除，不是素数
            return 0;
    }
    return 1;
}
```

〖参考答案 2〗

函数 IsPrimeNumber()还可以用如下方法编程。

```
int IsPrimeNumber(int number)
{
    int  i, flag = 1;                  // 标志变量置为真，假设是素数
    if (number <= 1)
        flag = 0;                      // 负数、0 和 1 都不是素数
    for (i=2; i<=sqrt(number); i++)
    {
```

```
        if (number%i == 0)                    // 被整除，不是素数
        {
            flag = 0;
        }
    }
    return flag;
}
```

程序的三次测试结果如下：

① Input n:4↙
   4 is not a prime number
② Input n:7↙
   7 is a prime number
③ Input n:1↙
   1 is not a prime number

5.7 编程计算组合数 $p=C_m^k=\dfrac{m!}{k!(m-k)!}$ 的值。

〖参考答案〗 此公式中用到三次阶乘，所以可把计算阶乘设计为一个函数。因为负数没有阶乘，所以函数的参数应采用无符号类型。阶乘的值都非常大，所以用无符号长整型作为返回值。p 的运算结果可能是浮点数，所以 p 被定义为 double 类型。注意，0 的阶乘为 1。

```
#include <stdio.h>
unsigned long Factorial(unsigned int number);
int main(void)
{
    int  m, k;
    double  p;
    do{
        printf("Please input m,k (m>=k>0):");
        scanf("%d, %d", &m, &k);
    } while (m<k || m<0 || k<0) ;
    p = (double)Factorial(m) / (Factorial(k) * Factorial (m-k));
    printf("p=%.0f\n", p);
    return 0;
}
// 函数功能：计算无符号整型数 number 的阶乘
unsigned long Factorial(unsigned int number)
{
    unsigned long  i, result = 1;
    for (i=2; i<=number; i++)
    {
        result *= i;
    }
    return result;
}
```

程序的三次测试结果如下：
① Please input m,k (m>=k>0): 3,2↙

```
p=3
```
② `Please input m,k (m>=k>0): 2,3↙`
`Please input m,k (m>=k>0): 3,3↙`
```
p=1
```
③ `Please input m,k (m>=k>0): -2,-4↙`
`Please input m,k (m>=k>0): 4,2↙`
```
p=6
```

5.8　设计一个函数 MinCommonMultiple()，计算两个正整数的最小公倍数。

〖参考答案〗　对于 a 和 b 两个正整数，a 和 b 的公倍数可以从 a 的倍数中寻找 b 的倍数，或者从 b 的倍数中寻找 a 的倍数，因为 $b×a$ 一定是 a 和 b 的公倍数，所以寻找 a 和 b 最小公倍数的范围不会超过 $b×a$。因此，计算 a 和 b 的最小公倍数的方法为：在 a，$2×a$，$3×a$，…，$b×a$中，从前往后依次判断是否能被 b 整除，第一个能被 b 整除的数就是 a 和 b 的最小公倍数。

```c
#include <stdio.h>
int MinCommonMultiple(int a, int b);
int main(void)
{
    int  a, b, x;
    printf("Input a,b:");
    scanf("%d,%d", &a, &b);
    x = MinCommonMultiple(a, b);
    if (x != -1)
        printf("MinCommonMultiple = %d\n", x);
    else
        printf("Input error!\n");
    return 0;
}
// 函数功能：计算两个正整数的最小公倍数，-1 表示没有最小公倍数
int MinCommonMultiple(int a, int b)
{
    int  i;
    if (a<=0 || b<=0)
        return -1;                          // 保证输入的参数为正整数
    for (i=1; i<b; i++)
    {
        if ((i * a) % b == 0)
            return i * a;
    }
    return b * a;
}
```

程序的两次测试结果如下：
① `Input a,b: 16,24↙`
`MinCommonMultiple = 48`
② `Input a,b: -16,24↙`
`Input error!`

5.9　设计一个函数 MaxCommonFactor()，利用欧几里德算法（也称为辗转相除法）计算两

个正整数的最大公约数。

〖参考答案〗欧几里德算法是计算两个数最大公约数的传统算法。假设有两个整数 m 和 n，通过连续运用求余运算，直到余数为 0 为止，最后非 0 的余数就是最大公约数。用 f 表示计算最大公约数函数，那么 m 和 n 最大公约数的求解过程可表示为 $f(m, n)=f(n, m\%n)$。例如，15 和 50 的最大公约数的求解过程可表示为 $f(15,50)=f(50,15)=f(15,5)=f(5,0)=5$。

```c
#include <stdio.h>
int MaxCommonFactor(int a, int b);
int main(void)
{
    int  a, b, x;
    printf("Input a,b:");
    scanf("%d,%d", &a, &b);
    x = MaxCommonFactor(a, b);
    if (x != -1)
    {
        printf("MaxCommonFactor = %d\n", x);
    }
    else
    {
        printf("Input error!\n");
    }
    return 0;
}
// 函数功能：计算两个正整数的最大公约数，-1 表示没有最大公约数
int MaxCommonFactor(int a, int b)
{
    int  r;
    if (a<=0 || b<=0)
        return -1;                                    // 保证输入的参数为正整数
    do{
        r = a % b;
        a = b;
        b = r;
    } while (r != 0);
    return  a;
}
```

程序的两次测试结果如下：

① Input a,b: 16,24↙
MaxCommonFactor = 8
② Input a,b: -16,24↙
Input error!

5.10 设计函数 MaxCommonFactor()，计算两个正整数的最大公约数。

〖参考答案〗对于 a 和 b 两个数，当 $a>b$ 时，如果 a 中含有与 b 相同的公约数，则 a 中去掉 b 后剩余的部分 $a-b$ 中也应该含有与 b 相同的公约数，对 $a-b$ 和 b 计算公约数就相当于对 a 和 b 计算公约数。反复使用最大公约数的三个性质，直到 a 和 b 相等为止，这时 a 或 b 就是它

们的最大公约数。这三个性质用公式表示如下：

- ❖   性质 1：当 $a>b$ 时，计算 a 与 b 的公约数等价于计算 $a-b$ 与 b 的公约数。
- ❖   性质 2：当 $a<b$ 时，计算 a 与 b 的公约数等价于计算 $b-a$ 与 b 的公约数。
- ❖   性质 3：当 $a=b$ 时，a 与 b 的公约数等于 a 或 b。

```c
#include <stdio.h>
int MaxCommonFactor(int a, int b);
int main(void)
{
    int  a, b, x;
    printf("Input a,b:");
    scanf("%d,%d", &a, &b);
    x = MaxCommonFactor(a, b);
    if (x != -1)
    {
        printf("MaxCommonFactor = %d\n", x);
    }
    else
    {
        printf("Input error!\n");
    }
    return 0;
}
// 函数功能：计算两个正整数的最大公约数，函数返回最大公约数；-1 表示没有最大公约数
int MaxCommonFactor(int a, int b)
{
    if (a <=0 || b <=0)
        return -1;                          // 保证输入的参数为正整数
    while (a != b)
    {
        if (a > b)
        {
            a = a - b;
        }
        else if (b > a)
        {
            b = b - a;
        }
    }
    return a;
}
```

程序的两次测试结果如下：
① Input a,b: 16,24✓
   MaxCommonFactor = 8
② Input a,b: -16,24✓
   Input error!

5.11   用下面给定的代码调用，实现函数 int CommonFactors(int a, int b)，计算 a 和 b 的所

有公约数。第一次调用，返回最大公约数。以后只要再使用相同参数调用，每次返回下一个小一些的公约数。无公约数时返回-1。

〖参考答案〗只要用户这次输入的参数与上次的不同，就重新开始计算。算法采用穷举法，用静态变量实现。

```c
#include <stdio.h>
int CommonFactors(int a, int b);
int main(void)
{
    int  sub;
    while((sub=CommonFactors(100, 50)) > 0)
    {
        static int counter = 1;
        printf("Common factor %d is %d\n", counter++, sub);
    }
     return 0;
}
// 函数功能：指明计算哪两个数的公约数
int CommonFactors(int a, int b)
{
    static int  num1 = -1;
    static int  num2 = -1;
    static int  curFactor;
    if (a < 0 || b < 0)
        return -1;
    if (num1 != a || num2 != b)              // 使用了新的参数
    {
        num1 = a;
        num2 = b;
        curFactor = a > b ? b : a;           // curFactor 置为两个数中较小的那个
    }
    // 因从大到小求公约数，所以从 a,b 的最小值开始查找公约数，直到全部找到为止
    while(curFactor>0)
    {
        if (a%curFactor == 0 && b%curFactor == 0)
        {
            return curFactor--;              // 如果不减 1，则下次还会测试这个数
        }
        curFactor--;
    }
    return -1;
}
```

程序的运行结果如下：

```
Common factor 1 is 50
Common factor 2 is 25
Common factor 3 is 10
Common factor 4 is 5
```

```
Common factor 5 is 2
Common factor 6 is 1
```

5.12　设计一个模块 cmnfctr，计算给定的两个整数的所有公约数。CalcCommonFactorOf() 用来设定参与计算的两个整数，然后每调用一次 NextCommonFactor() 得到一个公约数，按照从大到小的顺序给出。用下面给定的代码调用此模块。

〖参考答案〗　CalcCommonFactorOf() 函数把参数保存到模块自己的全局变量内，由 NextCommonFactor() 函数使用。NextCommonFactor() 采用从大到小逐个整数试验的方法寻找公约数，每次调用都是从上一次调用找到的公约数减 1 后开始继续寻找。文件 cmnfctr.c 如下：

```c
static int  a, b;
static int  curFactor;
// 函数功能：指明计算哪两个数的公约数
void CalcCommonFactorOf(int num1, int num2)
{
    a = num1;
    b = num2;
    curFactor = a > b ? b : a;                // curFactor 置为两个数中较小的那个
}
// 函数功能：得到下一个公约数，函数返回下一个公约数；-1 表示再也没有新的公约数
int NextCommonFactor(void)
{
    if (a <=0 || b <=0)
        return -1;                            // 保证输入的参数正确
    while(curFactor>0)
    {
        if ( a%curFactor == 0 && b%curFactor == 0 )
        {
            return curFactor--;               // 如果不减 1，则下次还会测试这个数
        }
        curFactor--;
    }
    return -1;
}
```

文件 cmnfctr.h 如下：

```c
void CalcCommonFactorOf(int num1, int num2);
int NextCommonFactor(void);
```

调用代码如下：

```c
#include <stdio.h>
#include "cmnfctr.h"
int main(void)
{
    int  sub;
    CalcCommonFactorOf(100, 50);
    while((sub=NextCommonFactor()) > 0)
```

```
    {
        static int  counter = 1;
        printf("Common factor %d is %d\n", counter++, sub);
    }
    return 0;
}
```

1.6 习题 6 及参考答案

6.1 选择题。

（1）以下能将外部一维数组 a（含有 10 个元素）正确初始化为 0 的语句是_____。

　　A）int a[10] = (0,0,0,0,0);　　　　　　　B）int a[10] = {};

　　C）int a[10] = {0};　　　　　　　　　　D）int a[10] = {10*1};

（2）以下能对外部二维数组 a 进行正确初始化的语句是_____。

　　A）int a[2][] = {{1,0,1},{5,2,3}};

　　B）int a[][3] = {{1,2,1},{5,2,3}};

　　C）int a[2][4] = {{1,2,1},{5,2},{6}};

　　D）int a[][3] = {{1,0,2},{},{2,3}};

（3）若二维数组 a 有 m 列，则在 a[i][j] 之前的元素个数为_____。

　　A）j*m+i　　　　　B）i*m+j　　　　　C）i*m+j-1　　　　　D）i*m+j+1

（4）已知有语句 "static int a[3][4];，" 则数组 a 中各元素_____。

　　A）可在程序运行阶段得到初值 0　　　　B）可在程序编译阶段得到初值 0

　　C）不能得到确定的初值　　　　　　　D）可在程序的编译或运行阶段得到初值 0

（5）判断字符串 s1 是否大于字符串 s2，应当使用_____。

　　A）if (s1 > s2)　　　　　　　　　　　B）if (strcmp(s1, s2))

　　C）if (strcmp(s2, s1) > 0)　　　　　　D）if (strcmp(s1, s2) > 0)

（6）若用数组名作为函数调用时的实参，则实际上传递给形参的是_____。

　　A）数组的首地址　　　　　　　　　　B）数组的第一个元素值

　　C）数组中全部元素的值　　　　　　　D）数组元素的个数

（7）在函数调用时，以下说法中正确的是_____。

　　A）在 C 语言中，实参与其对应的形参各占独立的存储单元

　　B）在 C 语言中，实参与其对应的形参共占同一个存储单元

　　C）在 C 语言中，只有当实参与其对应的形参同名时，才共占同一个存储单元

　　D）在 C 语言中，形参是虚拟的，不占存储单元

（8）C 语言中形参的默认存储类别是_____。

　　A）自动（auto）　　　　　　　　　　B）静态（static）

　　C）寄存器（register）　　　　　　　　D）外部（extern）

（9）C 语言规定，简单变量作为实参时，它与对应形参之间数据的传递方式为_____。

　　A）地址传递　　　　　　　　　　　　　B）单向值传递

　　C）由实参传给形参，再由形参传回给实参　　D）由用户指定传递方式

（10）以下关于数组的描述中正确的是_____。

A）数组的大小是固定的，但可以有不同类型的数组元素

B）数组的大小是可变的，但所有数组元素的类型必须相同

C）数组的大小是固定的，但所有数组元素的类型必须相同

D）数组的大小是可变的，但可以有不同类型的数组元素

（11）下列说法中正确的是_____。

A）C 语言中，不带下标的数组名代表数组的首地址，即第一个元素在内存中的地址

B）C 语言中，数组的下标都是从 1 开始的

C）C 语言中，二维数组在内存中是按列存储的

D）在定义完数组以后，在程序运行过程中也可以改变数组的大小

（12）下列说法中正确的是_____。

A）数组名做函数参数时，修改形参数组元素值会导致实参数组元素值的修改

B）在声明函数的二维数组形参时，通常不指定数组的大小，而用另外的形参来指定数组的大小

C）在声明函数的二维数组形参时，可省略数组第二维的长度，但不能省略数组第一维的长度

D）数组名做函数参数时，是将数组中所有元素的值传给形参

（13）下列说法中错误的是_____。

A）C 语言中，二维数组在内存中是按列存储的

B）C 语言中，数组的下标都是从 0 开始的

C）C 语言中，不带下标的数组名代表数组的首地址，即第一个元素在内存中的地址

D）C89 规定，不能使用变量定义数组的大小，但是在访问数组元素时在下标中可以使用变量或表达式

（14）下列说法中错误的是_____。

A）字符数组可以存放字符串

B）字符数组中的字符串可以进行整体输入输出

C）可以在赋值语句中通过赋值运算符=对字符数组进行整体赋值

D）字符数组中第一个字符的地址就是字符数组中字符串的地址

〖参考答案〗

（1）C　　（2）B　　（3）B　　（4）B　　（5）D　　（6）A　　（7）A

（8）A　　（9）B　　（10）C　　（11）A　　（12）A　　（13）A　　（14）C

6.2　阅读程序，写出运行结果。

（1）

```
#include <stdio.h>
int main(void)
{
    int  a[6][6], i, j;
    for (i=1; i<6; i++)
    {
        for (j=1; j<6; j++)
        {
            a[i][j] = (i / j) * (j / i);
        }
    }
```

```
        }
        for (i=1; i<6; i++)
        {
            for (j=1; j<6; j++)
            {
                printf("%2d", a[i][j]);
            }
            printf("\n");
        }
        return 0;
    }
```

（2）

```
    #include <stdio.h>
    void Func(int x)
    {
        x = 20;
    }
    int main(void)
    {
        int  x = 10;
        Func(x);
        printf("%d", x);
        return 0;
    }
```

（3）

```
    #include <stdio.h>
    void Func(int b[])
    {
        int  j;
        for (j=0; j<4; j++)
        {
            b[j] = j;
        }
    }
    int main(void)
    {
        static int  a[] = {5,6,7,8},i;
        Func(a);
        for (i=0; i<4; i++)
        {
            printf("%d", a[i]);
        }
        return 0;
    }
```

〖参考答案〗

（1）

```
    1 0 0 0 0
```

```
      0  1  0  0  0
      0  0  1  0  0
      0  0  0  1  0
      0  0  0  0  1
```

（2）10

（3）0　1　2　3

6.3　阅读程序，按要求在空白处填写适当的表达式或语句，使程序完整并符合题目要求。

（1）下面程序模拟了骰子的 6 000 次投掷，用函数 rand()产生 1～6 之间的随机数 face，然后统计每一面 1～6 出现的机会（概率）存放到数组 frequency 中。

```c
#include <stdlib.h>
#include <time.h>
#include <stdio.h>
int main(void)
{
    int  face, roll, frequency[7] = {0};
    srand(time (NULL));
    for (roll=1; roll <= 6000; roll++)
    {
        face = ___①___;
        ++___②___;
    }
    printf("%4s%17s\n", "Face", "Frequency");
    for (face=1; face<=6; face++)
    {
        printf("%4d%17d\n", face, frequency[face]);
    }
     return 0;
}
```

〖参考答案〗

①　　rand()%6 + 1;　　　　　　　// 利用随机函数产生 1～6 之间的随机数

②　　frequency[face];　　　　　　// 计数器分类计数

（2）输入 10 个整型数据，存入数组 a 中，计算其最大值、最小值及其所在元素的下标位置。

```c
#include <stdio.h>
int main(void)
{
    int  a[10], n, max, min, maxPos, minPos;
    for (n=0; n<10; n++)
    {
        scanf("%d",&a[n]);
    }
    max = min = a[0];
    maxPos = minPos = 0;
    for (n=0; n<10; n++)
    {
        if ( ___①___ )
        {
```

```
            max = a[n];
            maxPos =    ②    ;
        }
        else if (   ③   )
        {
            min = a[n];
            minPos =    ④   ;
        }
    }
    printf("max=%d, pos=%d\n",max, maxPos);
    printf("min=%d, pos=%d\n",min, minPos);
    return 0;
}
```

〖参考答案〗

①　　a[n] > max

②　　n

③　　a[n] < min

④　　n

（3）下面程序从键盘输入一行字符并统计其中有多少单词。假设单词之间以空格分开。

```
#include <stdio.h>
int main(void)
{
    char  str[20];
    int  i, num;
    gets(str);
    num = str[0] != ' '? 1 : 0;
    for (i=1; str[i]  ①        ; i++)
    {                       // 若当前被字符不是空格，而前一字符是空格，则表示有新单词出现
        if (str[i]    ②    && str[i-1]    ③    )
        {
            num++;
        }
    }
    printf("num=%d\n", num);
    return 0;
}
```

〖参考答案〗

①　　!= '\0'

②　　!= ' '

③　　== ' '

（4）下面函数的功能是删除字符串 s 中所出现的与变量 c 相同的字符。

```
void  Squeeze(char s[], char c)
{
    int  i, j;
    for (i=j=0;    ①    ; i++)
    {
```

```
            if (s[i] != c)
            {
                ②     ;
                j++;
            }
        }
        s[j] = '\0';
    }
```

〖参考答案〗

①　　s[i] != '\0'

②　　s[j] = s[i]

（5）下面函数 MrStrcmp()用于实现函数 strcmp()的功能，将两个字符串 s 和 t 进行比较，然后将两个字符串中第一个不相同字符的 ASCII 码值之差作为函数值返回。

```
    int MyStrcmp(char s[], char t[])
    {
        int  i;
        for (i=0; s[i] == t[i]; i++ )
        {
            if (s[i] ==   ①    )
                return 0 ;
        }
        return (   ②   );
    }
```

〖参考答案〗

①　　'\0'

②　　s[i] - t[i]

6.4　编程实现从键盘任意输入 20 个整数，统计非负数个数，并计算非负数之和。

〖参考答案〗

```
    #include <stdio.h>
    int main(void)
    {
        int  i, n, sum = 0, counter = 0;
        printf("Input 20 Numbers:\n");
        for (i=0; i<20; i++)
        {
            scanf("%d", &n);
            if (n >= 0)                  // 判断是否为非负数
            {
                sum += n;                // 非负数求和
                counter++;               // 非负数个数计算
            }
        }
        printf("sum = %d, counter = %d\n", sum, counter);
        return 0;
    }
```

程序的运行结果如下：

```
Input 20 Numbers:
1    2    3     4     5     6     7     8     -9    -10↙
12   -45  56    -99   34    87    90    -23   0     65↙
sum = 380, counter = 15
```

6.5 从键盘任意输入 10 个整数，用函数编程实现将其中最大数与最小数的位置对换后，再输出调整后的数组。

〖参考答案〗

```c
#include <stdio.h>
#define ARR_SIZE 10
// 函数功能：找出 n 个数中的最大数与最小数，并将其位置对换
void MaxMinExchang(int a[], int n)
{
    int maxValue = a[0], minValue = a[0], maxPos = 0, minPos = 0;
    int i, temp;
    for (i=1; i<n; i++)
    {
        if (a[i] > maxValue)
        {
            maxValue = a[i];
            maxPos = i;
        }
        if (a[i] < minValue)
        {
            minValue = a[i];
            minPos = i;
        }
    }
    temp = a[maxPos];
    a[maxPos] = a[minPos];
    a[minPos] = temp;
}
int main(void)
{
    int a[ARR_SIZE], i, n;
    printf("Input n(n<=10):");
    scanf("%d", &n);
    printf("Input %d Numbers:\n", n);
    for (i=0; i<n; i++)
    {
        scanf("%d", &a[i]);
    }
    MaxMinExchang(a, n);
    printf("After MaxMinExchange:\n");
    for (i=0; i<n; i++)
    {
        printf("%4d", a[i]);
```

```
        }
        printf("\n") ;
        return 0;
    }
```

程序的运行结果如下：

```
Input n(n<=10):10↙
Input 10 Numbers:
12  45  23  0  -22  46  67  33  99  11 ↙
After MaxMin Exchange:
12  45  23  0  99  46  67  33  -22  11
```

6.6 输入 5×5 阶的矩阵，编程计算：（1）两条对角线上的各元素之和。（2）两条对角线上行、列下标均为偶数的各元素之积。

〖参考答案〗

```
#include <stdio.h>
#define ARR_SIZE 10
int main(void)
{
    int a[ARR_SIZE][ARR_SIZE], i, j, n, sum = 0;
    long product = 1;
    printf("Input n:");
    scanf("%d", &n) ;
    printf("Input %d*%d matrix:\n", n, n);
    for (i=0; i<n; i++)
    {
        for (j=0; j<n; j++)
        {
            scanf("%d",&a[i][j]);
        }
    }
    for (i=0; i<n; i++)
    {
        for (j=0; j<n; j++)
        {
            if (i == j || i+j == n-1)
                sum += a[i][j];
            if ((i == j || i+j == n-1) && i%2 == 0 && j%2 == 0)
                product *= a[i][j];
        }
    }
    printf("sum = %d\nproduct = %ld\n", sum, product);
    return 0;
}
```

程序的运行结果如下：

```
Input n:5↙
Input 5*5 matrix:
```

```
1  2  3  4  5  ✓
2  3  4  5  6  ✓
3  4  5  6  7  ✓
4  5  6  7  8  ✓
5  6  7  8  9  ✓
sum = 45
product = 1125
```

6.7 编程打印如下形式的杨辉三角形。

```
          1
          1   1
          1   2   1
          1   3   3   1
          1   4   6   4   1
          1   5   10  10  5   1
```

【算法思想】 用二维数组存放杨辉三角形中的数据，这些数据的特点是：第 0 列全为 1，对角线上的元素全为 1，其余的左下角元素 a[i][j] = a[i-1][j-1] + a[i-1][j]，用数组元素作为函数参数编程实现计算，并存放这些元素的值。

〖参考答案1〗

```c
#include<stdio.h>
#define  ARR_SIZE  11
void  YHTriangle(int a[][ARR_SIZE], int  n);
void  PrintYHTriangle(int a[][ARR_SIZE], int  n);
int main(void)
{
    int  a[ARR_SIZE][ARR_SIZE], n;
    printf("input  n (n<=10):");
    scanf("%d",&n);                      // 根据要求输入杨辉三角形的行数
    YHTriangle(a,n);
    PrintYHTriangle(a,n);
    return 0;
}
// 函数功能：计算 n 行杨辉三角形中各元素数值
void YHTriangle(int a[][ARR_SIZE], int n)
{
    int  i, j ;
    for (i=1; i<=n; i++)
    {
        a[i][1] = 1;
        a[i][i] = 1;
    }
    for (i=3; i<=n; i++)
    {
        for (j=2; j<=i-1; j++)
        {
            a[i][j] = a[i-1][j-1] + a[i-1][j];
```

```
        }
      }
    }
// 函数功能：输出 n 行杨辉三角形
void PrintYHTriangle(int a[][ARR_SIZE], int n)
{
    int  i , j ;
    for (i=1; i<=n; i++)
    {
        for (j=1; j<=i; j++)
        {
            printf("%4d", a[i][j]);
        }
        printf("\n");
    }
}
```

〖参考答案 2〗

参考答案 1 中的函数 YHTriangle() 还可以用以下方法编写。

```
void YHTriangle(int a[][ARR_SIZE], int n)
{
    int  i, j;
    for (i=1; i<=n; i++)
    {
        for (j=1; j<=i; j++)
        {
            if (j==1 || i==j)
            {
                a[i][j] = 1;
            }
            else
            {
                a[i][j] = a[i-1][j-1] + a[i-1][j];
            }
        }
    }
}
```

程序的运行结果如下：
```
input  n (n<=10):6↙
1
1  1
1  2  1
1  3  3  1
1  4  6  4  1
1  5  10  10  5  1
```
6.8 编程将下列矩阵中的元素向右移动一列，最右一列移至第一列。

$$1 \quad 4 \quad 6$$
$$8 \quad 10 \quad 12$$

〖参考答案〗 用二维数组 v 存放矩阵中元素，数组 v 可在定义时初始化；有两种方法实现这种移动：一种方法是将移动后的元素放在另一个二维数组中；另一种方法是利用一个中间变量将移动后的元素仍放在数组 v 中。

```c
#include<stdio.h>
#define  ROW 2
#define  COL 3
int main(void)
{
    int  a[ROW][COL] = {1,4,6,8,10,12};
    int  i, j, temp;
    for (i=0; i<ROW; i++)
    {
        temp = a[i][COL-1];                    // 将当前行最后一列暂存
        for (j=COL-2; j>=0; j--)
        {
            a[i][j+1] = a[i][j];               // 将当前行其他列后移
        }
        a[i][0] = temp;                        // 将暂存数据赋予当前行 0 列
    }
    for (i=0; i<ROW; i++)
    {
        for (j=0; j<COL; j++)
        {
            printf("%6d", a[i][j]);
        }
        printf("\n");
    }
    return 0;
}
```

程序的运行结果如下：

```
6    1    4
12   8    10
```

6.9 用二维数组作为函数参数，利用公式 $c_{ij}=a_{ij}+b_{ij}$ 计算 $m×n$ 阶矩阵 A 和 $m×n$ 阶矩阵 B 之和，已知 a_{ij} 为矩阵 A 的元素，b_{ij} 为矩阵 B 的元素，c_{ij} 为矩阵 C 的元素（$i=1,2,\cdots,m$；$j=1,2,\cdots,n$）。

〖参考答案〗

```c
#include<stdio.h>
#define      ROW     2
#define      COL     3
// 函数功能：输入矩阵元素，存于数组 a 中
void  InputMatrix(int a[ROW][COL])
{
    int  i , j ;
    for (i=0; i<ROW; i++)
```

```
    {
        for (j=0; j<COL; j++)
        {
            scanf("%d", &a[i][j]);
        }
    }
}
// 函数功能：计算矩阵 a 与 b 之和，即计算矩阵 a、b 对应元素之和，结果存于数组 c 中
void  AddMatrix(int a[ROW][COL], int b[ROW][COL], int c[ROW][COL])
{
    int  i, j;
    for (i=0; i<ROW; i++)
    {
        for (j=0; j<COL; j++)
        {
            c[i][j] = a[i][j] + b[i][j];
        }
    }
}
// 函数功能：输出矩阵 a 中的元素
void  PrintMatrix(int a[ROW][COL])
{
    int  i , j ;
    for (i=0; i<ROW; i++)
    {
        for (j=0; j<COL; j++)
        {
            printf("%6d", a[i][j]);
        }
        printf("\n");
    }
}
int main(void)
{
    int  a[ROW][COL], b[ROW][COL], c[ROW][COL];
    printf("Input 2*3 matrix a:\n");
    InputMatrix(a);
    printf("Input 2*3 matrix b:\n");
    InputMatrix(b);
    AddMatrix(a, b, c);
    printf("Results:\n");
    PrintMatrix(c);
    return 0;
}
```

程序的运行结果如下：
```
Input 2*3 matrix a:
1  2  3 ✓
```

```
4  5  6
Input 2*3 matrix b:
7  8  9
10  11  12
Results:
 8    10    12
14    16    18
```

*6.10   利用公式 $c_{ij}=\sum_{k=1}^{n}a_{ik}*b_{kj}$ 计算矩阵 **A** 和矩阵 **B** 之积。已知 a_{ij} 为 $m×n$ 阶矩阵 **A** 的元素 ($i=1$，2，$\cdots$，m；$j=1$，2，$\cdots$，n)，b_{ij} 为 $n×m$ 阶矩阵 **B** 的元素 ($i=1$，2，$\cdots$，n；$j=1$，2，$\cdots$，m)，c_{ij} 为 $m×m$ 阶矩阵 **C** 的元素 ($i=1$，2，$\cdots$，m；$j=1$，2，$\cdots$，m)。

〖参考答案〗 用二维数组元素作为函数参数编程实现矩阵相乘。在 i 和 j 的双重循环中，设置 k 的循环，进行累加求和运算 c[i][j]=c[i][j]+term，累加项为 term=a[i][j]*b[i][j]。

```c
#include<stdio.h>
#define      ROW      2
#define      COL      3
// 函数功能：计算矩阵 a 与 b 之积，结果存于数组 c 中
void  MultiplyMatrix(int a[ROW][COL], int b[COL][ROW], int c[ROW][ROW])
{
    int i, j, k;
    for (i=0; i<ROW; i++)
    {
        for (j=0; j<ROW; j++)
        {
            c[i][j] = 0;                     // 一定要在这里将 c[i][j]初始化为 0 值
            for (k=0; k<COL; k++)
            {
                c[i][j] = c[i][j] + a[i][k] * b[k][j];
            }
        }
    }
}
// 函数功能：输出矩阵 a 中的元素
void  PrintMatrix(int a[ROW][ROW])
{
    int  i , j ;
    for (i=0; i<ROW; i++)
    {
        for (j=0; j<ROW; j++)
        {
            printf("%6d", a[i][j]);
        }
        printf("\n");
    }
}
int main(void)
```

```
    {
        int  a[ROW][COL], b[COL][ROW], c[ROW][ROW], i, j;
        printf("Input 2*3 matrix a:\n");
        for (i=0; i<ROW ;i++)
        {
            for (j=0; j<COL; j++)
            {
                scanf("%d", &a[i][j]);
            }
        }
        printf("Input 3*2 matrix b:\n");
        for (i=0; i<COL; i++)
        {
            for (j=0; j<ROW; j++)
            {
                scanf("%d", &b[i][j] );
            }
        }
        MultiplyMatrix(a, b, c);
        printf("Results:\n");
        PrintMatrix(c);
        return 0;
    }
```

程序的运行结果如下:

```
    Input 2*3 matrix a:
    1  2  3 ✓
    4  5  6 ✓
    Input 3*2 matrix b:
    7  8✓
    9  0✓
    1  2✓
    Results:
    28     14
    79     44
```

6.11　输入一行字符，统计其中的英文字符、数字字符、空格和其他字符的个数。

〖参考答案〗

```
    #include <stdio.h>
    #include <string.h>
    #define      ARR_SIZE      80
    int main(void)
    {
        char str[ARR_SIZE];
        int  i, letter = 0, digit = 0, space = 0, others = 0;
        printf("Please input a  string:");
        gets(str);
        for (i=0; str[i]!='\0'; i++)
        {
```

```
        if (str[i]>='a' && str[i]<='z' || str[i]>='A' && str[i]<='Z')
            letter ++;                          // 统计英文字符个数
        else if (str[i] >= '0' && str[i] <= '9' )
            digit ++;                           // 统计数字字符个数
        else if (str[i] == ' ' )
            space ++;                           // 统计空格数
        else
            others ++;                          // 统计其他字符的个数
    }
    printf("English character: %d\n", letter);
    printf("digit character: %d\n", digit);
    printf("space: %d\n", space);
    printf("other character: %d\n", others);
    return 0;
}
```

程序的运行结果如下：

```
Please input a string: *****c language.***** ✓
English character: 9
digit character: 0
space: 1
other character: 11
```

6.12　编写一个函数 Inverse()，实现将字符数组中的字符串逆序存放的功能。

〖参考答案 1〗

利用两个数组实现字符串的逆序存放。用数组 a 存放逆序存放前的数组元素，用数组 b 存放逆序存放后的数组元素。

```
#include <stdio.h>
#include <string.h>
#define       ARR_SIZE      80
void Inverse(char str[], char ptr[]);
int main(void)
{
    char a[ARR_SIZE], b[ARR_SIZE];
    printf("Please enter a string: ");
    gets(a);
    Inverse(a, b);
    printf("The inversed string is: ");
    puts(b);
    return 0;
}
// 函数功能：实现将字符数组 str 中的字符串逆序存放，结果存于数组 ptr 中
void Inverse(char str[], char ptr[])
{
    int  i = 0, j;
    j = strlen(str) - 1;
    while (str[i] != '\0')
    {
```

```
                ptr[j] = str[i];
                i++;
                j--;
            }
            ptr[i]='\0';
        }
```

〖参考答案 2〗

利用一个数组实现字符串的逆序存放。借助于一个中间变量 temp，将数组中首尾对称位置的元素互换。i 指向数组首部的元素，从 0 依次加 1 变化；j 指向数组尾部的元素，从 n-1 依次减 1 变化，变化到 i>j 时，结束元素互换操作。

```
#include<string.h>
#include<stdio.h>
#define      ARR_SIZE      80
void Inverse(char str[]);
int main(void)
{
    char a[ARR_SIZE] ;
    printf("Please enter a string: ");
    gets(a);
    Inverse(a);
    printf("The inversed string is: ");
    puts(a);
}
// 函数功能：实现将字符数组中的字符串逆序存放
void Inverse(char str[])
{
    int  len, i, j;
    char  temp;
    len = strlen(str);
    for (i=0, j=len-1; i<j; i++, j--)
    {
        temp = str[i];
        str[i] = str[j];
        str[j] = temp;
    }
}
```

程序的运行结果如下：

```
Please enter a string: ABCDEFGHI ↙
The inversed string is: IHGFEDCBA
```

6.13　不用函数 strcat()，编程实现字符串连接函数 strcat() 的功能，将字符串 srcStr 连接到字符串 dstStr 的尾部。

〖参考答案〗　用 i 和 j 分别作为字符数组 srcStr 和字符数组 dstStr 的下标，先将 i 和 j 同时初始化为 0，然后移动 i 使其位于字符 dstStr 的尾部，即字符串结束标志处，再将字符数组 srcStr 中的字符依次复制到字符数组 dstStr 中。

```
#include <stdio.h>
#include <string.h>
#define        ARR_SIZE      80
void MyStrcat(char dstStr[], char srcStr[]);
int main(void)
{
    char  s[ARR_SIZE], t[ARR_SIZE];
    printf("Please enter source string: ");
    gets(s);
    printf("Please enter destination string: ");
    gets(t);
    MyStrcat(t,s);
    printf("The concatenate string is: ");
    puts(t);
    return 0;
}
// 函数功能：将字符串 srcStr 连接到字符串 dstStr 后面
void MyStrcat(char dstStr[], char srcStr[])
{
    unsigned int  i, j;
    i = strlen(dstStr);                     // 将下标移动到目的字符串末尾
    for (j=0; j<=strlen(srcStr); j++, i++)
    {
        dstStr[i] = srcStr[j];
    }
}
```

函数 MyStrcat() 的第 2 种实现方法如下。

```
void MyStrcat(char dstStr[], char srcStr[])
{
    int  i = 0, j;                  // 数组下标初始化为 0
    while (dstStr[i] != '\0')       // 将下标移动到目的字符串末尾
    {
        i++;
    }
    for (j=0; srcStr[j]!='\0'; j++, i++)
    {
        dstStr[i] = srcStr[j];
    }
    dstStr[i] = '\0';               // 在字符串 dstStr 的末尾添加一个字符串结束标志
}
```

程序的运行结果如下：
```
Please enter source string: Hello ✓
Please enter destination string: China! ✓
The concatenate string is: Hello China!
```

1.7 习题 7 及参考答案

7.1 选择题。

（1）下列对字符串的定义中，错误的是_____。

 A）char str[7] = "FORTRAN";

 B）char str[] = "FORTRAN";

 C）char *str = "FORTRAN";

 D）char str[] = {'F','O','R','T','R','A','N',0};

（2）以下程序段的输出结果是_____。

```
char  a[] =  "ABCDE" ;
char  *p = NULL;
for (p=a; p<a+5; p++)
{
    printf("%s\n", p);
}
```

A）ABCDE	B）A	C）E	D）ABCDE
	B	D	BCDE
	C	C	CDE
	D	B	DE
	E	A	E

（3）下列程序是对字符串的相关操作，正确的是_____。

A）
```
#include <stdio.h>
int main(void)
{
    static char  a[5];
        a = "abcde";
    printf("%s\n", a);
    return 0;
}
```
B）
```
#include <stdio.h>
int main(void)
{
    static char  a[7] = "goodbye!";
    printf("%s\n", a);
     return 0;
}
```
C）
```
#include <stdio.h>
int main(void)
{
    char  a[5] = "abcde";
    printf("%s\n", a);
```

```
        return 0;
    }
D）
#include <stdio.h>
int main(void)
{
    static  char a[] = "abcde";
    printf("%s\n", a);
    return 0;
}
```

（4）下列函数的功能为_____。

```
void  Exchange(int *p1, int *p2)
{
    int  p;
    p = *p1;
    *p1 = *p2;
    *p2 = p;
}
```

A）交换*p1 和*p2 的值　　　　　B）正确，但无法改变*p1 和*p2 的值

C）交换*p1 和*p2 的地址　　　　D）可能造成系统故障

（5）设有语句"int array[3][4];"，则在下面几种引用下标为 i 和 j 的数组元素的方法中，不正确的引用方式是_____。

A）array[i][j]　　　　　　　　　B）*(*(array + i) + j)

C）*(array[i] + j)　　　　　　　D）*(array + i*4 + j)

（6）声明语句 int (*p)();的含义是_____。

A）p 是一个指向一维数组的指针变量

B）p 是指针变量，指向一个整型数据

C）p 是一个指向函数的指针，该函数的返回值是一个整型

D）以上都不对

（7）声明语句"int *f();"中的 f 的含义是_____。

A）一个用于指向整型数据的指针变量　　B）一个用于指向一维数组的行指针

C）一个用于指向函数的指针变量　　　　D）一个返回值为指针类型的函数名

（8）有 int *p[10];以下说法错误的是_____。

A）p 是数组名　　　　　　　　　B）p 是一个指针数组

C）p 中每个元素都是一个指针变量　　　D）p++操作是合法的

〖参考答案〗

（1）A　　（2）D　　（3）D　　（4）A　　（5）D　　（6）C　　（7）D　　（8）D

7.2　阅读程序，写出运行结果。

（1）

```
#include <stdio.h>
int main(void)
{
    static int x[]  =  {1,2,3};
```

```
        int  s = 1, i, *p = x;
        for (i=0; i<3; i++)
        {
            s*= *(p + i);
        }
        printf("%d\n", s);
        return 0;
    }
```
（2）
```
    #include <stdio.h>
    int main(void)
    {
        int  a[] = {1,2,3,4,5};
        int  *p = a;
        printf("%d, ", *p);
        printf("%d, ", *(++p));
        printf("%d, ", *++p);
        printf("%d, ", *(p--));
        printf("%d, ", *p++);
        printf("%d, ", *p);
        printf("%d, ", ++(*p));
        printf("%d\n", *p);
        return 0;
    }
```
（3）
```
    #include  <stdio.h>
    int main(void)
    {
        int  i = 0;
        char  b[] = "program";
        char  *a = "PROGRAM";
        printf("%c%s\n", *a, b + 1);
        while (putchar(*(a + i)))
        {
            i++;
        }
        printf("i = %d\n", i);
        while (--i)
        {
            putchar (*(b + i));
        }
        printf("\n%s\n", &b[3]);
        return 0;
    }
```
（4）当命令行参数为 "demo.exe This is a program" 时，下面程序（已知程序文件名为 demo.c，假设 demo.c 及其可执行程序 demo.exe 位于目录 E:\demo 下）的运行结果是什么？
```
    #include <stdio.h>
```

```
int main(int argc, char *argv[])
{
    int i;
    for (i=0; i<argc; i++)
    {
        printf("%s\n", argv[i]);
    }
    return 0;
}
```

〖参考答案〗
（1）
```
6
```
（2）
```
1,2,3,3,2,3,4,4
```
（3）
```
Program
PROGRAM i=7
margor
gram
```
（4）
```
demo.exe
This
is
a
program
```

7.3 阅读程序，按要求在空白处填写适当的表达式或语句，使程序完整并符合题目要求。

（1）下面函数实现函数 strlen()的功能，即计算指针 p 所指向的字符串中的实际字符个数。

```
unsigned int MyStrlen(char *p)
{
    unsigned int len;
    len = 0;
    for (; *p!= ___①___ ; p++)
    {
        len ___②___ ;
    }
    return ___③___ ;
}
```

〖参考答案〗
① '\0'
② ++
③ len

（2）下面函数也实现函数 strlen()的功能，但计算方法与（1）有所不同。

```
unsigned int MyStrlen(char s[])
{
    char *p = s;
    while (*p!= ___①___ )          // 移动指针 p 使其指向字符串结束标志
```

```
        {
            p++;
        }
        return ___②___ ;          // 指针 p 与字符串首地址间的差值即为字符串的实际字符个数
    }
```

〖参考答案〗

① 　'\0'

② 　(p-s)

（3）下面函数实现函数 strcmp() 的功能，即比较两个字符串的大小，将两个字符串中第一个出现的不相同字符的 ASCII 码值之差作为比较的结果返回。返回值大于 0，表示第一个字符串大于第二个字符串；返回值小于 0，表示第一个字符串小于第二个字符串；当两个字符串完全一样时，返回值为 0。

```
        int  MyStrcmp(char *p1, char *p2)
        {
            for (; *p1 == *p2; p1++,p2++)
            {
                if (*p1 == '\0')
                    return ___①___ ;
            }
            return ___②___ ;
        }
```

〖参考答案〗

① 　0

② 　(*p1-*p2)

（4）下面的函数用于计算两个整数之和，并通过指针形参 z 得到 x 和 y 相加后的结果。

```
        void Add(int x,int y, ___①___ z)
        {
            ___②___ = x+y;
        }
```

〖参考答案〗

① 　int　*

② 　*z

7.4　在下面使用指针数组的程序中存在一个错误，试分析这个程序，并上机运行，观察运行结果，找到这个错误，并分析出错的原因。

```
        #include <stdio.h>
        void  Print(char *arr[], int len);
        int main(void)
        {
            char  *pArray[] = {"Fred","Barrey","Wilma","Betty"};
            int  num = sizeof(pArray) / sizeof(char);
            printf("Total string numbers = %d\n", num);
            Print(pArray, num);
            return 0;
        }
        void  Print(char *arr[], int len)
```

```c
{
    int  i;
    for (i=0; i<len; i++)
    {
        printf("%s,  ", arr[i]);
    }
    printf("\n");
}
```

程序希望得到的运行结果如下：

```
Total string numbers = 4
Fred, Barrey, Wilma, Betty
```

〖参考答案〗

程序第 5 行语句计算指针数组的大小的方法是错误的。指针数组的元素类型是字符指针，需要的字节数为 sizeof(char*)，不是 sizeof(char)。程序第 5 行语句应修改为：

```c
int  num = sizeof(pArray) / sizeof(char*);
```

此外，为了不在所有字符串的最后输出逗号，第 13 行语句应修改为：

```c
for (i=0; i<len-1; i++)
```

第 17 行语句应修改为：

```c
printf("%s\n", arr[len-1]);
```

7.5 参考例 7.2，用指针变量作函数参数实现两数交换函数，利用该函数交换数组 a 和数组 b 中的对应元素值。

〖参考答案〗

```c
#include <stdio.h>
#define      ARRAY_SIZE      10
void  Swap(int *x, int *y);
void Exchange(int a[], int b[], int n);
void InputArray(int a[],int n);
void PrintArray(int a[],int n);
int main(void)
{
    int  a[ARRAY_SIZE], b[ARRAY_SIZE], n;
    printf("Input array lenth n<=10: ");
    scanf("%d", &n);
    printf("Input array a:\n");
    InputArray(a, n);
    printf("Input array b:\n");
    InputArray(b, n);
    Exchange(a,b,n);
    printf("After swap:\n");
    printf("Array a:\n");
    PrintArray(a, n);
    printf("Array b:\n");
    PrintArray(b, n);
    return 0;
}
void Swap(int *x, int *y)                    // 交换两个整型数据
```

```
{
    int  temp;
    temp = *x;
    *x = *y;
    *y = temp;
}
void Exchange(int a[], int b[], int n)        // 交换两个数组元素的值
{
    int i;
    for (i=0; i<n; i++)
    {
        Swap(&a[i], &b[i]);                   // 交换两个整型数据
    }
}
void InputArray(int a[], int n)               // 输入数组元素
{
    int i;
    for (i=0; i<n; i++)
    {
        scanf("%d", &a[i]);
    }
}
void PrintArray(int a[], int n)               // 输出数组元素
{
    int i;
    for (i = 0;i < n;i++)
    {
        printf("%d ", a[i]);
    }
    printf("\n");
}
```

程序的运行结果如下：

```
Input array length n<=10: 5↙
Input array a:
1 3 5 7 9↙
Input array b:
2 4 6 8 10↙
After swap:
Array a:
2 4 6 8 10
Array b:
1 3 5 7 9
```

7.6　参考例 7.3，从键盘任意输入 10 个整数，用指针变量作函数参数编程计算最大值和最小值，并返回它们所在数组中的位置。

〖参考答案 1〗

```
#include <stdio.h>
```

```c
int FindMax(int num[], int n, int *pMaxPos);
int FindMin(int num[], int n, int *pMinPos);
int main(void)
{
    int num[10], maxValue, maxPos, minValue, minPos, i;
    printf("Input 10 numbers:\n ");
    for (i=0; i<10; i++)
    {
        scanf("%d", &num[i]);                       // 输入 10 个数
    }
    maxValue = FindMax(num, 10, &maxPos);          // 找最大值及其所在下标位置
    minValue = FindMin(num, 10, &minPos);          // 找最小值及其所在下标位置
    printf("Max=%d, Position=%d, Min=%d, Position=%d\n",
                              maxValue, maxPos, minValue, minPos);
    return 0;
}
// 函数功能：求有 n 个元素的整型数组 num 中的最大值及其所在下标位置，函数返回最大值
int FindMax(int num[], int n, int *pMaxPos)
{
    int  i, max;
    max = num[0];                               // 假设 num[0]为最大值
    *pMaxPos = 0;                               // 假设最大值在数组中的下标位置为 0
    for (i=1; i<n; i++)
    {
        if (num[i] > max)
        {
            max = num[i];
            *pMaxPos = i;                       // pMaxPos 指向最大值数组元素的下标位置
        }
    }
    return max ;
}
// 函数功能：求有 n 个元素的整型数组 num 中的最小值及其所在下标位置，函数返回最小值
int FindMin(int num[], int n, int *pMinPos)
{
    int  i, min;
    min = num[0];                               // 假设 num[0]为最小
    *pMinPos = 0;                               // 假设最小值在数组中的下标位置为 0
    for (i=1; i<10; i++)
    {
        if (num[i] < min)
        {
            min = num[i];
            *pMinPos = i;                   // pMinPos 指向最小值数组元素的下标位置
        }
    }
    return min;
}
```

〖参考答案 2〗

```
#include <stdio.h>
void FindMax(int num[], int n, int *pMax, int *pMaxPos);
void FindMin(int num[], int n, int *pMin, int *pMinPos);
int main(void)
{
    int  num[10], maxValue, maxPos, minValue, minPos, i;
    printf("Input 10 numbers:\n ");
    for (i=0; i<10; i++)
    {
        scanf("%d", &num[i]);                   // 输入 10 个数
    }
    FindMax(num, 10, &maxValue, &maxPos);       // 找最大值及其所在下标位置
    FindMin(num, 10, &minValue, &minPos);       // 找最小值及其所在下标位置
    printf("Max=%d, Position=%d, Min=%d, Position=%d\n",
                            maxValue, maxPos, minValue, minPos);
    return 0;
}
// 函数功能：求有 n 个元素的整型数组 num 中的最大值及其所在下标位置
void FindMax(int num[], int n, int *pMax, int *pMaxPos)
{
    int i;
    *pMax = num[0];                             // 假设 num[0]为最大
    *pMaxPos = 0;                               // 假设最大值在数组中的下标位置为 0
    for (i=1; i<n; i++)
    {
        if (num[i] > *pMax)
        {
            *pMax = num[i];                     // pMax 指向最大值数组元素
            *pMaxPos = i;                       // pMaxPos 指向最大值数组元素的下标位置
        }
    }
}
// 函数功能：求有 n 个元素的整型数组 num 中的最小值及其所在下标位置
void FindMin(int num[], int n, int *pMin, int *pMinPos)
{
    int  i;
    *pMin = num[0];                             // 假设 num[0]为最小
    *pMinPos = 0;                               // 假设最小值在数组中的下标位置为 0
    for (i=1; i<10; i++)
    {
        if (num[i] < *pMin)
        {
            *pMin = num[i];                     // pMin 指向最小值数组元素
            *pMinPos = i;                       // pMinPos 指向最小值数组元素的下标位置
        }
    }
}
```

程序的运行结果如下：

```
Input 10 numbers:
1 2 3 45 67 8 9 12 7 8↙
Max=67, Position=4, Min=1, Position=0
```

7.7　参考例 7.5 和习题 6.13，不使用函数 strcat()，用字符指针变量作函数参数编程实现字符串连接函数 strcat()的功能，将字符串 srcStr 连接到字符串 dstStr 的尾部。

〖参考答案〗

```
#include <stdio.h>
int main(void)
{
    char  s[80];                           // 源字符串
    char  t[80];                           // 待连接字符串
    printf("Please enter the source string: \n");
    gets(s);
    printf("Please enter the other string: ");
    gets(t);                               // 输入字符串
    MyStrcat(s, t);                        // 将字符数组 t 中的字符串连到 s 的尾部
    printf("The concat is:\n");
    puts(s);                               // 输出连接后的字符串 s
    return 0;
}
void  MyStrcat(char *dstStr, char *srcStr) // 用字符指针作为函数参数
{
    while (*dstStr != '\0')
    {
        dstStr++;
    }
    while (*srcStr != '\0')                //若 srcStr 所指字符不是字符串结束标志
    {
        *dstStr = * srcStr;        // 将 srcStr 所指字符复制到 dstStr 所指的存储单元中
        srcStr++;                          // 使 srcStr 指向下一个字符
        dstStr++;                          // 使 dstStr 指向下一个存储单元
    }
    *dstStr = '\0';                // 在字符串 dstStr 的末尾添加一个字符串结束标志
}
```

程序的运行结果如下：

```
Please enter the source string:abcd↙
Please enter the other string:efgh↙
The concat is:
abcdefgh
```

7.8　从键盘输入一个字符串，编程将其字符顺序颠倒后重新存放，并输出这个字符串。

【算法思想】　定义两个指针分别指向字符串的两端，同时向前和向后边移动边交换。

〖参考答案 1〗

```
#include <stdio.h>
#include <string.h>
```

```
        void Inverse(char *pStr);
        int main(void)
        {
            char  str[80];
            printf("Input a string:\n");
            gets(str);                          // 输入字符串
            Inverse(str);                       // 将存于 str 数组中的字符串逆序存放
            printf("The inversed string is:\n");
            puts(str);                          // 输出字符串
            return 0;
        }
        // 函数功能： 实现字符串逆序存放
        void Inverse(char *pStr)
        {
            int  len;
            char temp;
            char *pStart;                       // 指针变量 pStart 指向字符串的第一个字符
            char *pEnd;                         // 指针变量 pEnd 指向字符串的最后一个字符
            len = strlen(pStr);                 // 求出字符串长度
            for (pStart=pStr,pEnd=pStr+len-1; pStart<pEnd; pStart++,pEnd--)
            {
                temp = *pStart;
                *pStart = *pEnd;
                *pEnd = temp;
            }
        }
```

〖参考答案 2〗

参考答案 1 程序中的函数 Inverse()还可以用如下方法编写。

```
        void Inverse(char *pStr)
        {
            int  len = 0;
            char  temp;
            char  *pStart = pStr;               // 指针变量 pStart 指向字符串的第一个字符
            char  *pEnd;                        // 指针变量 pEnd 指向字符串的最后一个字符
            for (; *pStart!='\0'; pStart++)
                len++;                          // 求出字符串长度
            for (pStart=pStr,pEnd=pStr+len-1; pStart<pEnd; pStart++,pEnd--)
            {
                temp = *pStart;
                *pStart = *pEnd;
                *pEnd = temp;
            }
        }
```

程序的运行结果如下：
```
    Input a string:
    abcdef✓
```

```
The inversed string is:
fedcba
```

*7.9 编程判断输入的一串字符是否为"回文"。所谓"回文"，是指顺读和倒读都一样的字符串，如"level"和"ABCCBA"都是回文。

【算法思想】 由题意可知，回文就是一个对称的字符串，利用这一特点可采用如下算法：

（1）设置两个指针 pStart 和 pEnd，让 pStart 指向字符串首部，让 pEnd 指向字符串尾部。

（2）利用循环从字符串两边对指针所指字符进行比较，当对应的两字符相等且两指针未超越对方时，使指针 pStart 向前移动一个字符位置（加 1），使指针 pEnd 向后移动一个字符位置（减 1），一旦发现两字符不等或两指针已互相超越（不可能是回文），则立即停止循环。

（3）根据退出循环时两指针的位置，判断字符串是否为回文。

〖参考答案〗

```c
#include <stdio.h>
#include <string.h>
int main(void)
{
    char  str[80], *pStart, *pEnd;
    int  len;
    printf("Input string: ");
    gets(str);
    len = strlen(str);
    pStart = str;
    pEnd = str + len - 1;
    while ((*pStart == *pEnd) && (pStart < pEnd))
    {
        pStart++;
        pEnd--;
    }
    if (pStart < pEnd)
    {
        printf("No!\n");
    }
    else
    {
        printf("Yes!\n");
    }
    return 0;
}
```

程序的两次测试结果如下：

① Input string:abccba✓
   Yes!
② Input string:abccbd✓
   No!

*7.10 参考例 7.9，用指针变量作函数参数编程计算任意 $m×n$ 阶矩阵的转置矩阵。

〖参考答案 1〗

用指向一维数组的指针变量即二维数组的行指针作函数参数。

```c
#include <stdio.h>
#define     ROW     3
#define     COL     4
void Transpose(int (*a)[COL], int (*at)[ROW], int row, int col);
void InputMatrix(int (*s)[COL], int row, int col);
void PrintMatrix(int (*s)[ROW], int row, int col);
int main(void)
{
    int  s[ROW][COL];                // s 代表原矩阵
    int  st[COL][ROW];               // st 代表转置后的矩阵
    printf("Please enter matrix:\n");
    InputMatrix(s, ROW, COL);        // 输入原矩阵，s 指向矩阵 s 的第 0 行，行指针
    Transpose(s, st, ROW, COL);      // 对矩阵 s 进行转置，结果存放于 st 中
    printf("The transposed matrix is:\n");
    PrintMatrix(st, COL, ROW);       // 输出转置矩阵，*st 指向 st 的第 0 行，行指针
    return 0;
}
// 函数功能：对任意 row 行 col 列的矩阵 a 转置，转置后的矩阵为 at
void Transpose(int (*a)[COL], int (*at)[ROW], int row, int col)
{
    int  i, j;
    for (i=0; i<row; i++)
    {
        for (j=0; j<col; j++)
        {
            *(*(at+j)+i) = *(*(a+i)+j);
        }
    }
}
void InputMatrix(int (*s)[COL], int row, int col)           // 输入矩阵元素
{
    int i, j;
    for (i=0; i<row; i++)
    {
        for (j=0; j<col; j++)
        {
            scanf("%d", *(s+i)+j);                // 这里*(s+i)+j 等价于&s[i][j]
        }
    }
}
void PrintMatrix(int (*s)[ROW], int row, int col)           // 输入矩阵元素
{
    int  i, j;
    for (i=0; i<row; i++)
    {
        for (j=0; j<col; j++)
```

```
        {
            printf("%d\t", *(*(s+i)+j)); //这里*(*(s+i)+j)等价于s[i][j]
        }
        printf(" \n");
    }
}
```

〖参考答案 2〗
用指向整型数组元素的指针变量即二维数组的列指针作函数参数。

```
#include <stdio.h>
#define      ROW      3
#define      COL      4
void Transpose(int *a, int *at, int row, int col);
void InputMatrix(int *s, int row, int col);
void PrintMatrix(int *s, int row, int col);
int main(void)
{
    int  s[ROW][COL];                    // s 代表原矩阵
    int  st[COL][ROW];                   // st 代表转置后的矩阵
    printf("Please enter matrix:\n");
    InputMatrix(*s, ROW, COL);        // 输入原矩阵，*s 指向矩阵 s 的 0 行 0 列，列指针
    Transpose(*s, *st, ROW, COL);            // 对矩阵 s 进行转置，结果存放于 st 中
    printf("The transposed matrix is:\n");
    PrintMatrix(*st, COL, ROW);        // 输出转置矩阵，*st 指向 st 的 0 行 0 列，列指针
    return 0;
}
// 函数功能：对任意 row 行 col 列的矩阵 a 转置，转置后的矩阵为 at
void Transpose(int *a, int *at, int row, int col)
{
    int  i, j;
    for (i=0; i<row; i++)
    {
        for (j=0; j<col; j++)
        {
            *(at + j * row + i) = *(a + i * col + j);
        }
    }
}
void InputMatrix(int *s, int row, int col)      // 输入矩阵元素
{
    int i, j;
    for (i=0; i<row; i++)
    {
        for (j=0; j<col; j++)
        {
            scanf("%d", s+i*col+j);                 // 这里 s+i*col+j 等价于&s[i][j]
        }
    }
```

```
        }
    }
    void PrintMatrix(int *s, int row, int col)        // 输入矩阵元素
    {
        int  i, j;
        for (i=0; i<row; i++)
        {
            for (j=0; j<col; j++)
            {
                printf("%d\t",*(s+i*col+j));            // 这里*(s+i*col+j)等价于 s[i][j]
            }
            printf(" \n");
        }
    }
```

程序的运行结果如下：

```
Please enter matrix:
1 2 3 4↙
1 2 3 4↙
1 2 3 4↙
The transposed matrix is:
1    1    1
2    2    2
3    3    3
4    4    4
```

*7.11　用指针数组编程实现：从键盘任意输入一个数字表示月份值 *n*，程序输出该月份的英文表示，若 *n* 不在 1～12 之间，则输出 "Illegal month"。

〖参考答案〗　定义一个指针数组存放月份的英文表示，然后输出相应月份。

```
    #include <stdio.h>
    int main(void)
    {
        int  n;
        char  *monthName[]={"Illegal month", "January", "February","March",
                            "April", "May", "June", "July", "August",
                            "September", "October", "November", "December"};
        printf("Input month number:");
        scanf("%d", &n);                                // 输入月份
        if ((n <= 12) && (n >= 1))
        {
            printf("month %d is %s\n", n, monthName[n]);     // 输出相应月份
        }
        else
        {
            printf("%s\n", monthName[0]);               // 输出错误
        }
        return 0;
    }
```

程序的三次测试结果如下：
① Input month number:5✓
   month 5 is May
② Input month number:12✓
   month 12 is December
③ Input month number:13✓
   Illegal month

7.12　口袋中有若干红、黄、蓝、白、黑 5 种颜色的球，每次从口袋中取出 3 个球，编程输出得到 3 种不同颜色的球的所有可能取法。

〖参考答案〗　用三重循环模拟取球过程，但每次取出的球如果与前面的球颜色相同就抛弃。

```c
#include <stdio.h>
int main(void)
{
    char  *bColor[] = {"RED","YELLOW","BLUE","WHITE","BLACK"};
    int  i, j, k, m = 0;
    for (i=0; i<5; i++)
    {
        for (j=i+1; j<5; j++)
        {
            for (k=j+1; k<5; k++)
            {
                m++;
                printf("%d:%s,%s,%s\n", m, bColor[i], bColor[j], bColor[k]);
            }
        }
    }
    return 0;
}
```

程序的运行结果如下：
```
1:RED,YELLOW,BLUE
2:RED,YELLOW,WHITE
3:RED,YELLOW,BLACK
4:RED,BLUE,WHITE
5:RED,BLUE,BLACK
6:RED,WHITE,BLACK
7:YELLOW,BLUE,WHITE
8:YELLOW,BLUE,BLACK
9:YELLOW,WHITE,BLACK
10:BLUE,WHITE,BLACK
```

1.8　习题 8 及参考答案

8.1　选择题。

（1）已知有如下共用体变量的定义，则 sizeof(test) 的值是_____。

union

```
{
    int   i;
    char  c;
    float a;
} test;
```
A）4　　　　　　　B）5　　　　　　　C）6　　　　　　　D）7

（2）若有以下说明，则_____的叙述是正确的（已知 int 占 2 字节）。
```
struct st
{
    int  a;
    int  b[2];
} a;
```
A）结构体变量 a 与结构体成员 a 同名，定义是非法的

B）程序只在执行到该定义时才为结构体 st 分配存储单元

C）程序运行时为结构体变量 a 分配 6 字节存储单元

D）类型名 struct st 可以通过 extern 关键字提前引用

（3）若有以下结构体定义，则选择_____赋值是正确的。
```
struct s
{
    int  x;
    int  y;
}vs;
```
A）s.x = 10　　　　　　　　　　B）s.vs.x = 10

C）struct s va; va.x = 10　　　　D）struct s va = {10};

（4）已知学生记录描述为
```
struct student
{
    int  no;
    char name[20];
    char sex;
    struct
    {
        int  year;
        int  month;
        int  day;
    }birth;
} s;
```
设变量 s 中的"生日"是 1984 年 11 月 11 日，下列对"生日"的正确赋值方式是_____。

A）year = 1984;month = 11;day = 11;

B）birth.year = 1984;birth.month = 11;birth.day = 11;

C）s.year = 1984;s.month = 11; s.day = 11;

D）s.birth.year = 1984;s.birth.month = 11;s.birth.day = 11;

（5）已知有如下结构体定义，且有 p=&data，则对 data 中的成员 a 的正确引用是_____。
```
struct sk
{
```

```
        int a;
        float b;
    }data, *p;
```

A）(*p).data   B）(*p).a   C）p->data.a   D）p.data.a

（6）下面语句中引用形式非法的是_____。

```
    struct student
    {
        int num;
        int    age;
    } stu[3]={{1001,20},{1002,19},{1003,21}};
    struct student *p = stu;
```

A）(p++)->num   B）p++   C）(*p).num   D）p = &stu.age

〖参考答案〗

（1）A   （2）C   （3）D   （4）D   （5）B   （6）D

8.2 填空题。

已知有如下定义，则表达式 ++p->x 的值为__①__，表达式(++p)->x 的值为__②__。

```
    struct
    {
        int  x;
        int  y;
    } s[2] = {{1,2},{3,4}},*p=s;
```

〖参考答案〗

① 2

② 3

8.3 阅读程序，选择程序运行结果。

（1）程序如下：

```
    #include "stdio.h"
    struct s
    {
        int  x;
        int  y;
    } cnum[2] = {1,3,2,7};
    int main(void)
    {
        printf("%d\n", cnum[0].y * cnum[1].x);
        return 0;
    }
```

A）0   B）1   C）3   D）6

（2）运行下列程序后，选择全局变量 t.x 和 t.s 的正确输出结果。

```
    #include "stdio.h"
    struct tree
    {
        int  x;
        char  s[20];
    }t;
```

```
    void Func(struct tree t)
    {
        t.x = 10;
        strcpy(t.s, "computer");
    }
    int main(void)
    {
        t.x = 1;
        strcpy(t.s, "Microcomputer");
        Func(t);
        printf("%d,%s\n", t.x, t.s);
        return 0;
    }
```

A）10,computer   B）1,Microcomputer

C）1,computer   D）10,Microcomputer

〖参考答案〗

（1）D   （2）B

8.4 判断下列对结构体的声明是否正确。如果不正确，写出正确方法。

```
    struct  STUDENT
    {
        char  name[10];
        int  age;
    }
    STUDENT  student;
    student->age = 20;
    union val
    {
        char  w;
        float  x;
        int  m;
    }v = {1.2};
```

〖参考答案〗

正确的写法应为：

```
    struct  STUDENT
    {
        char  name[10];
        int  age;
    };
    struct  STUDENT  student;
    student.age = 20;
    union val
    {
        char  w;
        float  x;
        int  m;
    } v = {'0'};
```

8.5　在计算机中有一个重要的概念——堆栈。堆栈是指这样一段内存，它可以理解为一个筒结构，先放进筒中的数据被后放进筒中的数据"压住"，只有在后放进筒中的数据都取出后，先放进去的数据才能被取出，这称为"后进先出"。堆栈的长度可以随意增加。堆栈结构可以用链表实现。设计一个链表结构需包含两个成员：一个存放数据，一个为指向下一个节点的指针。当每次有一个新数据要放入堆栈时，称为"压入堆栈"，这时动态建立一个链表的节点，并连接到链表的结尾；当每次从堆栈中取出一个数据时，称为"弹出堆栈"，意味着从链表的最后一个节点中取出该节点的数据成员，同时删除该节点，释放该节点所占的内存。堆栈不允许在链表中间添加、删除节点，只能在链表的结尾添加和删除节点。试着用链表的方法实现堆栈结构。

【算法思想】　从对堆栈的描述来看，堆栈是一个特殊的链表，其特殊之处在于，不会在任意两个节点之间插入一个节点，每个新的节点必须插入到链表的尾部；也不会从链表中间删除任意一个节点，每一次的删除必须从链表的最后一个节点删除。即每次"压入堆栈"意味着在链表的尾部增加一个节点；而每次"弹出堆栈"意味着读出链表尾部节点的数据，并且将该节点删除。所以需要编写两个函数：压入堆栈，STACK *PushStack(int num)；弹出堆栈，int PopStack(void)。

"压入堆栈"包括两个操作过程：① 建立一个新节点；② 将要保存的数据放到新的节点的数据区。注意，链表结构中的数据区的数据类型与 PushStack 函数的参数的数据类型应一致。

"弹出堆栈"包括三个操作过程：① 找到链表的最后一个节点；② 将节点数据区的数据内容读出，放在一个临时变量中；③ 删除该节点，返回临时变量中的值。

〚参考答案〛

```c
#include <stdio.h>
#include <stdlib.h>
struct stack
{
    int  data;
    struct stack  *next;
};
typedef struct stack  STACK;
STACK *head, *pr;
int  nodeNumber = 0;                        // 堆栈节点数计数器
// 函数功能：生成一个新节点，用整型变量 num 的值为其赋初值，函数返回指向新节点的指针
STACK *CreateNode(int num)
{
    STACK  *p;
    p = (STACK *)malloc(sizeof(STACK));      // 动态申请一段内存
    if (p == NULL)                // 如果返回空指针，申请失败，输出错误信息并退出程序
    {
        printf("No enough memory!\n");
        exit(0);                             // 结束程序运行
    }
    p->next = NULL;                          // 为新建的节点指针域赋空指针
    p->data = num;                           // 为新建的节点数据区赋值
    return p;
```

```
}
// 函数功能：将整型变量 num 的值压入堆栈，函数返回指向链表新节点的指针
STACK *PushStack(int num)
{
    if (nodeNumber == 0)
    {                                       // 如果是第一个节点，保留该节点首地址在 head 中
        head = CreateNode(num);
        pr = head;
        nodeNumber++;                       // 堆栈节点数计数器加 1
    }
    else
    {                                       // 不是第一个节点，将新建节点连到链表的结尾处
        pr->next = CreateNode(num);
        pr = pr->next;
        nodeNumber++;                       // 堆栈节点数计数器加 1
    }
    return pr;
}
// 函数功能：弹出堆栈，函数返回弹出堆栈的位于栈顶的数据
int PopStack(void)
{
    STACK   *p;
    int  result;
    p = head;
    for (; ;)
    {
        if (p->next == NULL)        // 查找最后一个节点
        {
            break;
        }
        else
        {
            pr = p;                         // 记录最后一个节点的前一个节点的地址
            p = p->next;
            nodeNumber--;                   // 堆栈节点数计数器减 1
        }
    }
    pr->next = NULL;                        // 将最后一个节点的前一个节点置成末尾节点
    result = p->data;
    free(p);                                // 释放被弹出堆栈的节点数据占用的内存
    return result;
}
int main(void)
{
    int  pushNum[5] = {111,222,333,444,555 };
    int  popNum[5];
    int  i;
    for (i=0; i<5; i++)
```

```
        {
            PushStack(pushNum[i]);
            printf("Push %dth Data :  %d\n", i+1, pushNum[i]);
        }
        for (i=0; i<5; i++)
        {
            popNum[i] = PopStack();
            printf("Pop %dth Data :  %d\n", 5-i, popNum[i]);
        }
         return 0;
    }
```

程序的运行结果如下：

```
    Push 1th Data :   111
    Push 2th Data :   222
    Push 3th Data :   333
    Push 4th Data :   444
    Push 5th Data :   555
    Pop 5th Data :   555
    Pop 4th Data :   444
    Pop 3th Data :   333
    Pop 2th Data :   222
    Pop 1th Data :   111
```

1.9 习题 9 及参考答案

9.1 用基本文件操作编写 DOS 下的 type 命令，即把文件内容以 ASCII 码字符方式向标准输出设备输出。

〖参考答案〗 在没有参数时提示语法错误，有参数时就把所有的参数当做文件名输出。

```
    #include <io.h>
    #include <stdio.h>
    #include <fcntl.h>
    int type(const char* filename);
    int main(int argc, char *argv[])
    {
        int  i;
        if (argc < 2)
        {
            printf("The syntax of the command is incorrect.\n");
            return -1;
        }
        for (i=1; i<argc; i++)                    // 所有参数逐一输出
        {
            if ( type(argv[i]) == 0 )
                perror(argv[i]);
        }
```

```
        return 0;
    }
// 函数功能：把文件 filename 输出到 stdout，函数返回为非 0 表示成功，否则出错
int type(const char* filename)
{
#define      BUF_SIZE    1024
    int  fh, rtn, val = 1;
    char  buf[BUF_SIZE];
    fh = open(filename, O_RDONLY | O_TEXT);
    if (fh == -1)
        return 0;
    while((rtn = read(fh, buf, BUF_SIZE-1)) > 0)
    {                                        // BUF_SIZE-1 为'\0'留个空间
        buf[rtn] = '\0';                     // 字符串终结符
        printf(buf);
    }
    if (rtn == -1)
        val = 0;
    close(fh);
#undef BUF_SIZE
    return val;
}
```

9.2 用基本文件操作编写与例 9.4 有同样文件复制功能的程序。

〖参考答案〗用基本文件操作函数一个字符一个字符地读/写，效率太低了，应该整块整块地复制。只要修改函数 CopyFile() 即可，这也体现了函数的优越性。

```
// 函数功能：把 srcName 文件内容复制到 dstName，函数返回值为非 0 值表示复制成功，否
//          则出错
int CopyFile(const char* srcName, const char* dstName)
{
#define      BUF_SIZE    1024
    char  buf[BUF_SIZE];
    int  fhSrc = -1;
    int  fhDst = -1;
    int  rval = 1;
    int  rtn;
    fhSrc = open(srcName, O_RDONLY | O_BINARY);          // 打开文件
    if (fhSrc == -1)
        goto ERROR;
    fhDst = open(dstName, O_WRONLY | O_CREAT | O_TRUNC | O_BINARY);
    if (fhDst == -1)
        goto ERROR;
    while ((rtn = read(fhSrc, buf, BUF_SIZE)) > 0)       // 复制文件
    {
        if (write(fhDst, buf, rtn) == -1)
            goto ERROR;
    }
```

```
            if (rtn == 0)
                goto EXIT;
ERROR:  Rval = 0;
EXIT:   if (fhSrc != -1)
            close(fhSrc);
        if (fhDst != -1)
            close(fhDst);
    #undef BUF_SIZE
        return rval;
    }
```

9.3 已知文件的前若干字符与文件类型的对应关系为

前若干字符	文 件 类 型
MZ	EXE
Rar!	RAR
PK	ZIP
%PDF	PDF
BM	BMP
GIF	GIF
RIFF	AVI 或 WAV 等
MThd	MID

有些软件通过改变文件的扩展名隐藏文件的真实类型。比如，有些游戏的音乐和动画其实就是标准的 MID 和 AVI 文件，只要把扩展名改回来，就能直接播放。现在编写一个程序，使它能从一个配置文件中获得字符串与文件类型的对应表，然后判断用户指定的文件的真实类型。

〖参考答案〗

```
#include <io.h>
#include <stdio.h>
#include <fcntl.h>
#include <stdlib.h>
#include <string.h>
/*  配置文件名。格式为
 *
 *  3
 *  MZ
 *  EXE
 *  Rar!
 *  RAR
 *  RIFF
 *  AVI or WAV etc.
 *
 *  第一行的数字表示类型数。其他行的偶数行是特征，奇数行是类型名
 */
#define    CONFIG_FILENAME      "truetype.ini"
#define    CHARARCTER_LEN       10
#define    NAME_LEN             22
typedef struct
```

```
{
    char   character[CHARARCTER_LEN];
    char   name[NAME_LEN];
} FILETYPE;
int  typeCount;                                    // 类型总数
FILETYPE*  typeTable=NULL;                          // 类型表
int MakeTypeTable(void);
void FreeTypeTable(void);
int TrueType(const char* filename);
const char* TypeName(int type);
void TrimNewLineChar(char* str);
int main(int argc, char *argv[])
{
    int  i;
    if (argc < 2)
    {
        printf("You must specify one filename at least.\n");
        return 1;
    }
    if ( !MakeTypeTable() )
    {
        printf("Error on config file.\n");
        return 2;
    }
    for (i=1; i<argc; i++)                          // 逐一判断所有参数
    {
        int  type = TrueType(argv[i]);
        if (type == -1 )
            perror(argv[i]);
        else if (type == -2)
            printf("Unknown type.\n");
        else
            printf("File %s's true type is: %s\n",argv[i],TypeName(type));
    }
    FreeTypeTable();
    return 0;
}
// 函数功能：从 CONFIG_FILENAME 读入文件特征类型对应表，函数返回非 0 值表示成功，否
//          则失败
int MakeTypeTable(void)
{
    FILE*  fp = NULL;
    int  rval = 1, i;
    fp = fopen(CONFIG_FILENAME, "r");
    if (fp == NULL)
        goto ERROR;
    if (fscanf(fp, "%d\n", &typeCount) != 1)    // 读类型数及其结尾的'\n'
        goto ERROR;
```

```
        // 申请表空间
        FreeTypeTable();                              // 如果已经建立过类型表，要先删除
        typeTable = (FILETYPE*) malloc( typeCount * sizeof(FILETYPE) );
        if (typeTable == NULL)
            goto ERROR;
        memset(typeTable, 0, typeCount * sizeof(FILETYPE));
        for (i=0; i<typeCount; i++)                   // 读表
        {
            char*  pRtn;
            pRtn = fgets(typeTable[i].character, CHARARCTER_LEN, fp);    // 读特征
            if (pRtn == NULL)
                goto ERROR;
            TrimNewLineChar(typeTable[i].character);
            pRtn = fgets(typeTable[i].name, NAME_LEN, fp);          // 读类型名
            if (pRtn == NULL)
                goto ERROR;
            TrimNewLineChar(typeTable[i].name);
        }
        rval = 1;                                     // 成功
        goto EXIT;                                    // 转出口处理
ERROR:   rval = 0;
        FreeTypeTable();
EXIT:    if (fp != NULL)    fclose(fp);
        return rval;
}
// 函数功能：判断打开文件名 filename 的类型
// 函数返回值：类型 ID，从 0 开始计数，-1 表示文件操作出错，-2 表示无法得到真实类型
int TrueType(const char* filename)
{
    int  fh = -1, rval;
    int  rtn, i;
    char  buf[NAME_LEN];
    fh = open(filename, O_RDONLY | O_BINARY);
    if (fh == -1)
        goto ERROR;
    rtn = read(fh, buf, NAME_LEN);
    if (rtn == -1)
        goto ERROR;
    // 开始比较
    rval = -2;
    for (i=0; i<typeCount; i++)
    {                              // 比较 typeTable[i].character 和 buf 中等长的字符串
        int cmp = strncmp(typeTable[i].character, buf,
                                    strlen(typeTable[i].character));
        if (cmp == 0)
        {
            rval = i;
            break;
```

```
            }
        }
        goto EXIT;
ERROR:    rval = -1;
EXIT:     if (fh != -1)    close(fh);
        return rval;
}
// 函数功能：返回类型 ID 对应的类型名
const char* TypeName(int type)
{
    if (type < 0 || type > typeCount-1 )
        return "Unknown";
    else
        return typeTable[type].name;
}
// 函数功能：释放类型表空间
void FreeTypeTable(void)
{
    if (typeTable != NULL)
        free(typeTable);
    typeTable = NULL;
}
// 函数功能：去掉字符串 str 最后的 '\n'
void TrimNewLineChar(char* str)
{
    char* pRtn = strrchr(str, '\n');
    if (pRtn != NULL)
        *pRtn = '\0';
}
```

　　此程序利用高级文件操作函数按行读方式处理配置文件，利用基本文件操作按字节读方式读取被判断的文件。可以说，这两种文件处理方法各得其所。

　　只要对此程序稍加修改，就可将其包装成一个判断文件真实类型的模块。可以用任意文本编辑器编辑文件 truetype.ini 来扩充数据，支持更多类型的判断，而程序不需要修改。

第2章 上机实验指导

2.1 程序调试技术

"一次过"是编程的最高境界。

绝世高手面对窗口坐着，眺望着窗外的群山。房间很大，但除了他座下的沙发和远处角落里微微响着的一台主机外，别无他物。他膝盖上平放着一块键盘，无线的，很旧。消瘦的手指在键盘上飞舞，敲击声连成一片，时高时低，时短时长，袅袅声声，甚为动听。

突然，"啪"的一声回车后，高手停止了敲击。他伸了一个懒腰，把键盘挪到一旁，交叠了双腿，继续眺望远山。

"铃～～～，铃～～～，铃～～～"，古朴的铃音打破沉寂。高手按下电话的免提接听键，一个异常兴奋的声音在房间里响起：

"太厉害了！真是太厉害了！没想到这么快就能把程序搞定，真是救命菩萨呀！我刚测试完你传过来的程序，没发现问题，已经上线使用了。等发现问题，我再联系你啊。"

"下次急用程序，再找我。"绝世高手挂断了电话。

这就是神一般存在的"一次过"。只编译、运行一次，程序即告通过，无须任何更改。古往今来，能修炼到如此境界的神人可能并不存在，但这却是所有程序员都倾力而为之奋斗的终极目标。

缺乏经验、思考不够周全的菜鸟在编程时都会犯下无数大大小小的错误，并且随着程序"个头"的增长，错误也越来越多、越来越奇怪。犯错不可怕，可怕的是不知道错在哪里，连改正的机会都没有。这样，通过调试（Debug）来查错、改错的技术就显得特别重要。同时，调试也是一种直观学习 C 语言的好方法。所以，调试技术是每个菜鸟最先要掌握的技术。现在我们就开始学习调试，但最终目标是不再需要调试。

2.1.1 调试的"七种武器"

如果把调试看成一种武功，堪比"独孤九剑"。两者的招式都不多，精妙之处在于实战中的变化。根据当时的情形，迅速思考对策，用最有效的招式向最薄弱的位置出击，便能一招制敌，百战百胜。

调试的"起手式"是用调试方式编译程序，并在调试状态下运行程序。用调试方式编译生成的目标代码，会比不用调试方式编译生成的程序略大，执行效率也略低。这是因为，在代码中要融入很多辅助调试的信息。因为在开发过程中总要调试，只有交付用户使用的程序才没有调试的必要，所以大多数编程环境的默认编译方式都是调试方式。只要执行环境的"开始调试"而不是"运行"命令，就可以在调试状态下运行程序了。此后，使用下面介绍的"七种武器"，来解决程序中种种问题。

1．蒙汗药——断点

断点（**Breakpoint**）好比蒙汗药，让飞快运行的程序突然间停止前进，瘫软在地，任由我们检查。一个程序可以设置很多断点，这丝毫不会影响程序的正常执行。当以调试状态运行程序时，每次运行到断点所在的代码行，程序会暂停，这时可以用下面介绍的"武器"控制和查看程序的状态。

2．时间机器——单步跟踪

单步跟踪（**Tracker**）是一台时间机器，可以让你控制时间，令其静止，亦或缓步前行、全速跳跃。当然，它控制的不是真正的时间，而是程序运行的时间。

当程序在断点处暂停时，就进入了单步跟踪状态。断点所在行的代码是下一行要被执行的代码，叫做当前代码行。此时，程序的执行有 6 个选择。

（1）单步执行（**Step Over**）：执行一行代码，再暂停。

（2）单步进入（**Step into**）：执行一行代码。如果此行有函数调用，则进入当前代码行所调用的函数内部，在该函数的第一行代码处暂停，也就是跟踪到函数内部；如果此行没有函数调用，其作用与单步执行等价。单步进入一般只能进入有源代码的函数，如用户自己编写的函数。有的编译器提供了库函数代码，可以跟踪到库函数里执行。如果库函数没有源代码，就不能跟踪进入了。此时，有的调试器会以汇编代码的方式单步执行函数，有的调试器则忽略函数调用。

（3）运行出函数（**Step Out**）：继续运行程序，当遇到断点或返回函数调用者时暂停。

（4）继续运行（**Continue**）：继续运行程序，当遇到断点时暂停。

（5）运行到光标（**Run to Cursor**）：继续运行程序，当遇到断点或光标时暂停。

（6）停止调试（**Stop**）：程序运行终止，回到编辑状态。

单步跟踪是最基本的调试技术。在学习分支和循环时，利用这种方式，可以更直观地看到语句是如何控制程序流程的。例如，当程序运行发生死循环时，很容易通过这种方法确定程序在什么位置发生的死循环。

注意：这里每次执行的单位是行，而不是语句。若一行中有多条语句，则将连续执行这些语句，因此，为了提高程序的**可测试性**（**Testability**），不建议在一行内写多条语句。

3．手术刀——监视窗

当程序暂停时，除了可以控制它的执行，还可以通过**监视窗**（**Watch**）来查看和修改各变量的值。所以，监视窗很像手术刀，用来剖开程序的表面——源代码，观察到决定程序成败的各种数据的真实面目，还能一刀一刀地修改它们。

综合使用监视窗口和单步执行功能，是找出程序中隐蔽错误的最简单方法，因为每运行一行就可以看看程序究竟做了些什么，变量的值发生了怎样的变化，它们是否按设计者的意图在变化。若程序是按要求正常工作的，则这一行就算调试通过了，否则需要找到错误所在。当程序的运行结果不正确时，这种方法可以显示出可能出错的局部和全局变量的值，可以有效地帮助我们检查程序的错误所在，如变量没有初始化。

4．显微镜——内存镜像

程序的所有代码和数据都保存在内存中。在**内存镜像**（**Memory Dump**）中，只需给出一个起始地址，就可以从该地址开始依次显示每字节的模样，如同显微镜一样细致入微。其最大的作用是，用户可以清晰地看到不同变量在内存中的存放顺序，这对 C 语言编程是非常重要的。

这直接告诉你，如果指针指错、数组下标越界，访问到的会是什么。在学习指针和数组时，如果能灵活运用此武器，可以对相关概念理解得更透彻。

5. 病历——函数调用栈

如果程序在一个函数内的断点处暂停，通过监视，你可以发现传给函数的一个参数值有错。怎样知道这个错误来自于哪里的函数调用呢？函数**调用栈（Call Stack）**里会列出一层层的函数调用过程，沿着它的指示寻找，就像查看病历一样能追根溯源，找到病根。学习函数和递归时，函数调用栈也是一个形象的教具。

6. 防火墙——assert()

assert()总给我们带来意外的惊喜。把所有断点取消，在调试状态下运行程序，此时与直接执行没什么两样，该出错还是出错，出错后依然不好定位。但是，如果在程序中的险要位置布置下足够的防火墙——assert()，那么当 assert()检查到有错误发生时，就相当于在 assert()的位置设置了一个断点，程序暂停执行。然后，从此位置向前看，各种武器都招呼上，可以快速排查出错误根源。可见，如果把错误比作大火，assert()就是一堵能防止火势蔓延的防火墙，只要放对了位置，就能保护我们的"财产"。

7. 板砖——fprintf()

导弹容易打偏，枪炮经常卡壳，刀剑总有钝时，还是路边顺手抄起的板砖最稳定可靠。板砖是石块的嫡传，是上古时代的猿人就已经会使用的武器。所以，原始的东西可能不先进，但是在很多极端情况下是仅有的有效工具。

fprintf()很原始，于是几乎所有号称先进的调试工具都不理睬它。但是，调试器不是任何时候都能发挥作用的。比如程序交付给了用户，用户自然不会用调试器运行它；就算用了，在发生错误时，用户也不会知道该怎么办。再如，多进程、多线程的程序，嵌入式环境运行的程序，长时间运行后才出问题的程序等，它们要么是调试器的能力不可及，要么就是人类没有耐心不停地盯着一行行的代码看。在这些情况下，最常用的手段就是把程序运行的关键数据的历史变化记录下来，通过分析历史数据来判断错误所在。历史数据习惯上被称为**日志（Log）**。在还没有调试器的年代，这是唯一的调试手段，但在今天仍然发挥着巨大作用。

fprintf()最简单的用法是：

```
fprintf(stderr, "DEBUG: foo = %d", foo);
```

这样就能在标准错误输出中看到变量 foo 值的变化。稍复杂一些，还要在输出中加上更多的数据，以及输出时间甚至函数调用的历史等一切对查找错误有帮助的信息。

标准错误输出的容纳能力有限，把它重定向到文件能更方便查看。可以用命令行进行重定向，也可以使用下面的语句达到同样的效果：

```
freopen("FILENAME.TXT", "a", stderr);
```

以上抽象地介绍了调试技术。现在结合 Visual C++ 6.0 和 Code::Blocks 这两种比较常用的 C/C++集成开发环境，来介绍如何调试 C 程序。

如果你只偏爱其中的一种而不想理睬另一种，请直接跳到相应的部分，这丝毫不会影响阅读与理解。当然，都读也可，只不过看到完全一样的文字不要见怪。

2.1.2　Visual C++ 6.0 的使用与调试

C++的发展使 C++的开发环境大行其道。因为 C++几乎完全兼容 C 语言，无论是编译器还是编辑器、调试器都可以用同一套程序实现，而且 C++共享 C 的库函数，很多软件还是用两者混合编程实现的，所以基本上 C++的所有环境都同时支持 C 语言。

美国微软公司出品的 Visual C++是 Windows 平台上最流行的 C/C++集成开发环境之一。从1993 年发行 1.0 版本开始，历经多年锤炼，于 2010 年推出 Visual C++ 2010（也被称为 Visual C++10.0）。但因为 Visual C++ 2003 及以后的版本与.NET 平台等很多软件硬性结合在一起，过于庞大，安装过程缓慢且烦琐，所以并不适合初学者。本书将介绍如何在更易获得的 Visual C++ 6.0（以下简称 VC）下开发和调试 C 语言程序。

1. 使用

VC 强大的 AppWizard 可以方便地自动生成多种功能丰富的应用程序框架，但无一例外地要求这些程序必须用 C++开发。面对这份孤傲，我们需要独辟蹊径。

如图 2-1 所示，首先单击图标①，建立一个空的文本文件，然后单击图标②或按快捷键Ctrl+S 保存此文件，弹出"Save As"对话框，从中选择目录，并填上文件名。**注意：文件名一定要以".c"作为扩展名。**再单击"Save"按钮，就可以输入程序了。

图 2-1　VC 中建立和保存 C 语言源程序文件界面

VC 编辑器是标准的 Windows 风格，光标的移动、插入、删除、复制和粘贴等基本操作方法都与普通的文本编辑程序一致，还有许多专门为编写代码而开发的功能，比如：

❖　关键字加亮显示。

❖　根据输入的代码，智能判断应该缩进还是反缩进。

❖　按快捷键 Alt+F8 自动调整选定文本的代码风格。

❖　输入调用函数的代码时，自动提示函数参数。

❖　按快捷键 Ctrl+]自动寻找配套的括号。

❖　按快捷键 Ctrl+F2 定义书签，按 F2 键在书签间移动光标。

❖　鼠标和键盘配合使用各种功能，大大加快了编码速度。

　　程序编写完毕，单击图标③或按 F7 键，开始编译。但在正式编译之前会弹出如图 2-2 所示的对话框，询问是否建立一个默认的项目工作区。VC 必须有项目才能编译，所以必须回答"Yes"。然后在保存 .c 文件的目录里会生成与 C 源程序文件同名的 .dsw 和 .dsp 等文件。以后可以直接打开这些文件来继续编写程序，不必再重复上面的过程。

图 2-2　VC 询问是否建立项目工作区

　　如果修改完代码后没有保存程序，这时会提示是否保存。保存后，VC 下方的白色消息区会显示如图 2-3 所示的内容。如果编译出错，消息区内还会显示所有错误和警告发生的位置和内容，并统计个数。双击错误信息，光标立刻跳转到发生错误的代码处。

```
--------------------Configuration: main - Win32 Debug--------------------
Compiling...
main.c
Linking...

main.exe - 0 error(s), 0 warning(s)
```
```
Build / Debug \ Find in Files 1 \ Find in Files 2 \ Results /
```

图 2-3　VC 的编译信息

　　如果程序编译和链接都没有错误，就可以运行了。单击图 2-1 中的图标④或按快捷键 Ctrl+F5，程序将在一个新打开的 DOS 窗口中运行并显示结果。在程序运行结果的后面会显示一行提示信息"Press any key to continue"，这是 VC 自动加上的，并不是程序的输出。看到此条提示时，说明程序已经运行完毕，按任意键关闭窗口。

2．调试

　　VC 的调试功能是本书介绍的三种开发环境中最强大和最稳定的，熟练使用后，定会如虎添翼。下面的例子将演示调试的过程和操作方法。

　　【例 2-1】　本程序没有实际意义，仅用于演示调试过程。

```c
#include <stdio.h>
#define SIZE 10
int foo(int para1, int para2)
{
    int  a, b;
    a = para1;
    b = para2;
    return a + b;
}
int main(void)
{
    int  i;
    int  array[SIZE];
    i = 1;
    i = 2;
```

```
        for (i=0; i<SIZE; i++)
        {
            array[i] = i;
        }
        i = foo(5, 6);
        return 0;
    }
```

在默认情况下，VC 中的程序都采用调试方式进行编译。关闭调试的方法是执行菜单"Build"中的"Set Active Configuration"命令，在弹出的对话框中选择"Win32 Release"。如果选择"Win32 Debug"，就又切换回调试方式。

无论用什么方式编译，按快捷键 Ctrl+F5 都会直接运行程序，而不是在调试状态下运行。VC 进入调试状态的起手式是按 F5 键，等程序执行到断点，就暂停执行了。

不妨在第一条可执行语句"i = 1;"上设置断点。把光标停在该行，按 F9 键，这行代码前会出现一个红色的大圆点，如图 2-4 所示，标志着你"下蒙汗药"成功。

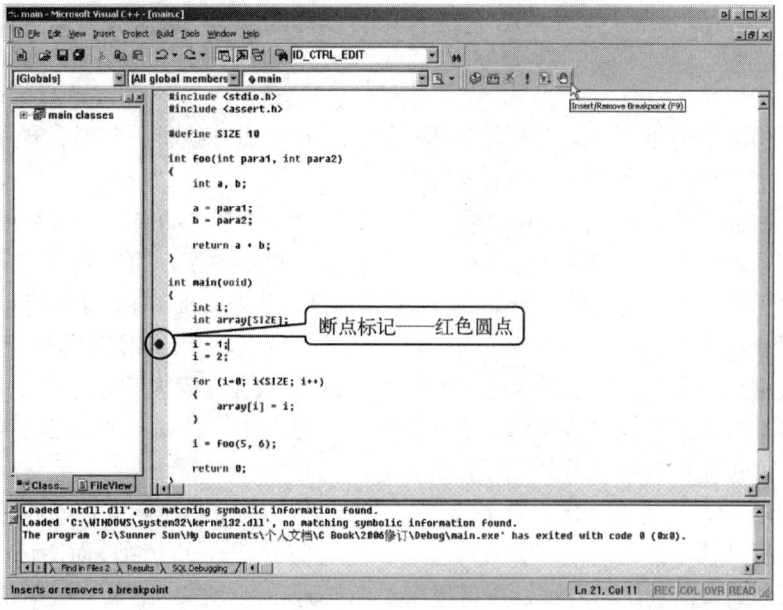

图 2-4 VC 中设置断点

此书独爱黑色油墨，图 2-4 中看不到红色，于是在图中标出了断点所在。此图中的鼠标正指向设置和取消断点的图标，弹出的提示说明了这个图标的功能和快捷键 F9。单击这个图标与按 F9 键完全等价，都是切换光标所在行的断点状态，也就是说，再按一次，断点就取消了，恢复正常。如果断点已经设置，再在断点行按快捷键 Ctrl+F9，红色圆点会变成空心的红色圆圈，表明该断点还存在，但是已失效（相当于没有）。再按快捷键 Ctrl+F9，断点又重新激活了。快捷键 Ctrl+B 是另一个与断点有关的快捷键，按它，会弹出一个综合管理所有断点的对话框。

按 F5 键开始调试这个程序，程序刚运行就遇到断点，于是暂停，进入跟踪状态。停止在哪条语句，哪条语句前就会出现一个黄色的小箭头。现在当然停在"i = 1;"处，时间静止了，等待你的下一个指令，如图 2-5 所示。如果未出现 Debug 工具栏，那么在其他工具栏的任意位置单击右键，在弹出的菜单中选择"Debug"命令就行了。

图 2-5　VC 中的调试状态

　　记住，暂停的语句是下一条要执行的语句，此时还没有被执行。那么，现在 i 有值吗？会是多少？用手术刀剖开，在监视窗中看看便知。

　　VC 有两个监视窗：变量窗口和监视窗口。变量窗口中会自动显示当前环境下涉及的各变量的值，而监视窗口中只显示在此输入的表达式的值。单击数字，可以直接修改相应的值。

　　图 2-5 的变量窗口中显示出了 array 数组的首地址，单击 array 前的加号可以看到所有元素的值。我们现在更关心 i 的值，–858993460，这是一个垃圾数，也叫随机数。不过在 VC 中如果用调试方式编译，这个值总是固定的，如现在 array 中的各元素也都是这个值。程序中要把 1 赋值给它。按 F10 键，开始单步执行。黄色箭头马上指向下一条语句"i = 2;"，而"i = 1;"已经执行完毕，通过监视窗可以看到 i 的值确实变成了 1。

　　继续按 F10 键，黄色箭头随之逐条下行，i 的值也随之而变。当进入循环时，可以清晰地看到黄色箭头循环往复地运动，i 和 array 元素的值也随着一次次的循环而变化。

　　本例中只执行 10 次循环，我们还可以有足够的耐心等待循环结束，如果是成百上千近万超亿次循环，那么按这种单步方式一步步地走下去，直到循环的尽头，也许循环未尽，我们就已烦死了。即使还有耐心，相信你按键的手也会被累得酸痛无比了。

　　此时如果想中止运行，按快捷键 Shift+F5 停止调试；如果想全速继续运行，按 F5 键（没错，与开始调试是同一个键），程序会一直运行到结束或再次遇到断点。

　　如果仅仅想完成这个循环，那么把光标挪到"i = foo(5, 6);"这一行，按快捷键 Ctrl+F10，传说中的"运行到光标"，唰地一声，黄色箭头就闪现到这里了，所有循环都已然完成。此时再按 F10 键，i 的值变为 11，变量窗口中还会显示 foo()返回了 11，黄色箭头停到"return 0;"处。

　　请稍等，先别忙着继续。你是否好奇 foo()这个函数怎么返回 11 这个结果呢？按 F10 键是不进入函数内部单步跟踪的。为了对函数内部语句的执行情况进行跟踪，当黄色箭头停在函数调用语句时，请莫按 F10 键，改按 F11 键——**单步进入**，如图 2-6 所示，黄色箭头暂停在了函数 foo()上。

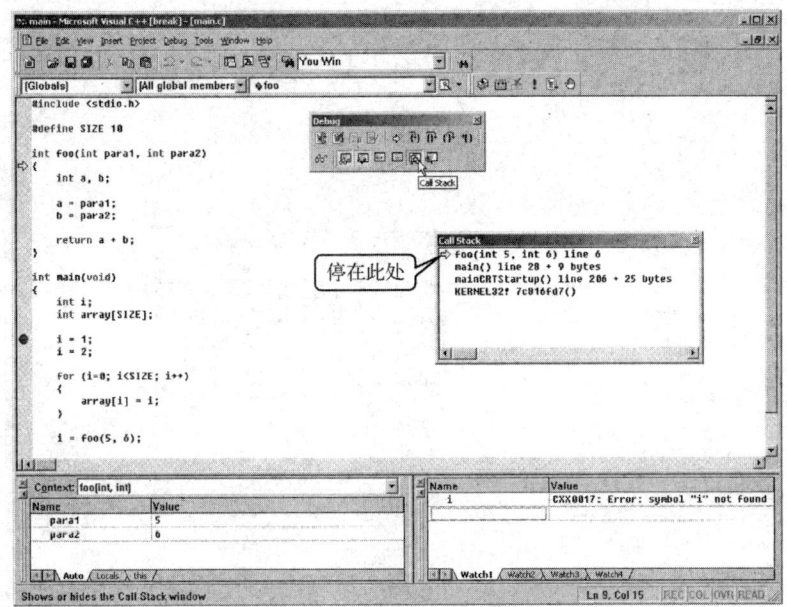

图 2-6　VC 中跟踪到函数内部

图 2-6 中的 "Call Stack" 窗口就是 "函数调用栈"，从中能看出是 main() 调用了 foo()，两个参数是 int 类型的 5 和 6。除 main() 之外还有函数，但那已经超出我们能控制的范畴。双击里面的任意一行都可以立刻把环境切换到函数的该次调用，进而查看该次调用时各变量和参数的值。不过函数调用栈一般不是自动弹出的，要单击 Debug 工具栏中的 "图标" 才会出现。

现在，可以按 F10、F11 键或快捷键 Ctrl+F10 等，在 foo() 函数中慢慢调试。注意，图 2-6和图 2-5 中监视窗口里的 i 变成了 "CXX0017: Error: symbol "i" not found"，这是因为它在函数 foo() 中未定义。变量窗口中已经显示了 para1 和 para2，看看它们的值，直观体会一下函数参数是如何对应传递的。然后按 F10 或 F11 键，一步步观察函数里面都做了什么，直到函数返回。如果不想逐条跟踪，按快捷键 Shift+F11 就可以 "运行出函数"，直接回到调用者。

foo() 返回后，仍停在 "i = foo(5, 6);" 处。这时 foo() 的调用已经结束，变量窗口中可以看到它的返回值。再向下执行，i 被赋值，然后停在 "return 0;" 处。再向下，程序将正常退出。

还有一招 "显微镜——内存镜像" 更重要。想直观体会数组 array 元素的分布规律吗？想知道 array 和 i 在内存中是否相连和前后顺序吗？暂停时单击 "图标"，在弹出的 Memory 窗口中，Address 的后面输入 "array"，然后按 Enter 键，从 array 的首地址开始，内存中的逐字节都展现了出来，如图 2-7 所示。在这里能直接查询和修改任意地址数据。

还有更重要的吗？有！那就是 **assert()**！

如果我们将程序中的如下代码：

```
for (i=0; i<SIZE; i++)
{
    array[i] = i;
}
```

修改为

```
for (i=0; i<=SIZE; i++)
{
    assert(i>=0 && i<SIZE);
```

图 2-7　VC 中的内存镜像功能

```
        array[i] = i;
    }
```

当然，不要忘记在程序的开头加上下面这条编译预处理命令：

```
#include <assert.h>
```

那么此时，按 F5 键在调试状态下运行程序，当 assert()发生断言错时，会弹出如图 2-8 所示的对话框。

图 2-8　VC 中发生断言错

这时单击"Retry"按钮，程序执行被暂停，VC 会提示中断位置，并可能打开一些乱七八糟的代码。不用慌乱，打开"Call Stack"窗口，双击其中最靠上的我们自己的 main()函数，就进入了我们自己的代码，一个绿色箭头指示了出事地点，如图 2-9 所示。

从图 2-9 的信息分析可知，i 的值是 10，超出了 array 的下标范围，所以我们事先设定的 assert()就如愿地报错了。再进一步分析 i 值异常的原因，是因为 for 循环条件中多了一个"="。去掉它，于是 bug 被排除。

不仅针对断言错，在各种调试状态下发生的异常，如除 0 错和内存访问越界，都可以如法炮制，能快速解决很多不易发现的隐藏错误。这也是 VC 调试功能强大的一个体现。

此外，VC 可以在汇编代码级进行调试，具有强制跳转到指定语句再继续执行等更酷的功能。但因为它们并不常用，仅在比较特别的情况下才能发挥巨大作用，所以不再详细介绍。

图 2-9　VC 中对付异常错误

2.1.3　Code::Blocks 的使用与调试

Code::Blocks（以下简称 CB，http://www.codeblocks.org）是近年才出现并慢慢获得关注的 C/C++开发环境。其首要优势是遵循 GPL2 协议发布，是一款**自由软件**。这意味着，任何人不仅可以免费使用它，还可以免费获得它的源代码，以供学习或者按自己的需要修改。合法使用 VC 则必须向微软公司付费。

不要以为免费的就一定不如收费的好用。CB 的功能优于 VC，如它在 Linux 和 Windows 上都能使用，支持多种编译器，有大量的免费插件扩展其功能等。

有一点 CB 不能与 VC 相比，那就是它只是一个 IDE（集成开发环境），没有内置的编译器和调试器。但这也是它的优势，所以它可以支持多种编译器，其中包括 Visual C++ 6.0 和 2010 版。建议大家使用 GCC 编译器和 GDB 调试器。

GCC 全称是 GNU Compiler Collection，GDB 全称是 GNU Project Debugger，它们都是由自由软件基金会 GNU 维护的自由软件，可以免费使用。经过全世界无数自由软件开发者的千锤百炼，它们已经相当成熟和完善，获得广泛的认可。绝大多数 Linux 和 UNIX 上的软件都是使用它们开发的。

GCC 在 Windows 下有一个特别的包装版，叫做 MinGW。Code::Blocks 在 Windows 上使用的就是它。在官方下载页面（http://www.codeblocks.org/downloads）可以下载到最新版。

1. CB 的使用

CB 的 template 功能可以方便地自动生成多种功能丰富的应用程序框架。这里只介绍标准 C 语言程序的开发。

单击图 2-10 所示界面中间的 "Create a new project"，弹出如图 2-11 所示的对话框。双击 "Console application" 图标，进入下一个界面，如图 2-12 所示。这里只需要输入第一项 "Project title"，选择好第二项 "Folder to create project in"，后两项一般使用自动填充的内容就足够了。随后会出现选择编译器的界面，不要做任何修改，除非你很清楚你自己在改什么。接下来选

图 2-10　CB 的初始界面

图 2-11　CB 中选择项目类型

图 2-12　CB 中输入项目名称

择编程语言，当然选 C 语言了，然后单击"Finish"按钮，项目建立完毕。双击图 2-13 中的"main.c"，就可以打开默认的源代码，它是一个我们都很熟悉的"Hello world"程序。用此程序作为框架，开始编写自己的代码。

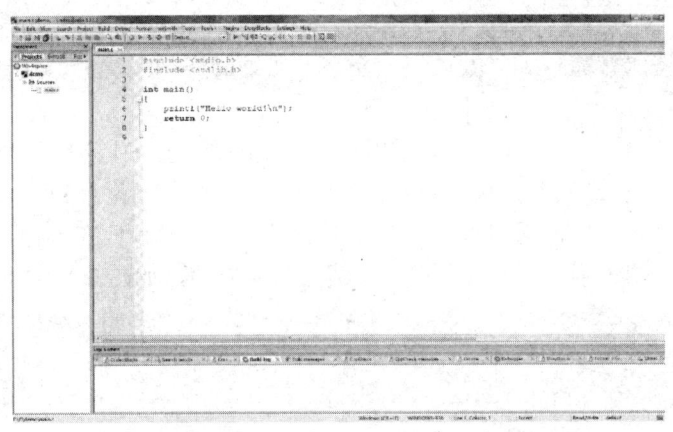

图 2-13　CB 中建立的默认项目

CB 的代码编辑器在同类软件中是很先进的，是标准的 Windows 风格，光标的移动、插入、删除、复制和粘贴等基本操作方法都与普通的文本编辑程序一致，还有许多专门为编写代码而开发的功能，比如：

❖ 标识符和常量等加亮显示。
❖ 配套的括号加亮显示。
❖ 根据输入的代码，智能判断应该缩进还是反缩进。
❖ 用 AStyle 插件按照设定的风格自动调整代码。
❖ 输入调用函数的代码时，自动提示函数参数。
❖ 输入任意标识符的前 4 个字符自动补完余下的字符。
❖ 自动完成代码，如输入 switch、whileb 或 ifei 后按快捷键 Ctrl+J。
❖ 快捷键 Ctrl+B 定义书签，快捷键 Alt+PageUp 和 Alt+PageDown 在书签间移动光标。
❖ 按 F12 键折叠和打开代码块。

还有很多贴心的小功能有待你来发掘。CB 真正地让编辑程序成为了一种享受。

运行程序很简单，单击图 2-13 左上角所示的"Build and run"图标，或者按 F9 键，编译信息显示在界面下方的 Messages 窗口中。如果编译出错，窗口内会显示所有错误和警告发生的位置与内容，并统计个数。双击错误信息，光标立刻跳转到发生错误的代码处。

如果程序编译和链接都没有错误，程序将在一个新打开的 DOS 窗口中运行并显示结果。在程序运行结果的后面会显示一行程序的返回值和运行时间，还有一行提示信息"Press any key to continue."。这是 CB 自动加上的，并不是程序的输出。看到此提示时，说明程序已经运行完毕，按任意键关闭窗口。

2．调试

GDB 是一个功能异常强大的调试器，但它是一个纯命令行的程序，对初学者显得不够友好。CB 通过文本解析技术包装了 GDB，使我们可以通过可视的图形界面使用它。但 CB 的包装并不全面，没能百分之百发挥出 GDB 的能力，并且在一些极端情况下可能无法与 GDB 配合好，影响稳定性。相信这些会随着 CB 的成长逐渐改善。就目前来说，它的调试功能已经远远优于 TC，比 VC 略逊，但已经足够用了。

我们将使用 2.1.2 节中的例 2-1 程序演示调试的过程和操作方法。

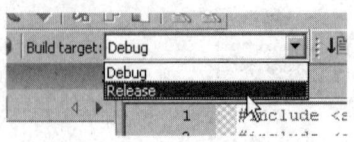

图 2-14　CB 中关闭调试

在默认情况下，CB 中的程序都采用调试方式进行编译。关闭调试的方法是，在工具栏的"Build target"后选择"Release"命令。如果选择"Debug"，又切换回到调试方式，如图 2-14 所示。

无论用什么方式编译，按 F9 键都会直接运行程序，不是在调试状态下运行。CB 进入调试状态的方式是按 F8 键，等程序执行到断点，就暂停执行了。

我们不妨在第一条可执行语句"i = 1;"上设置断点。把光标停在该行，按 F5 键，这行代码前会出现一个红色的大圆点，标志着你"下蒙汗药"成功，如图 2-15 所示。

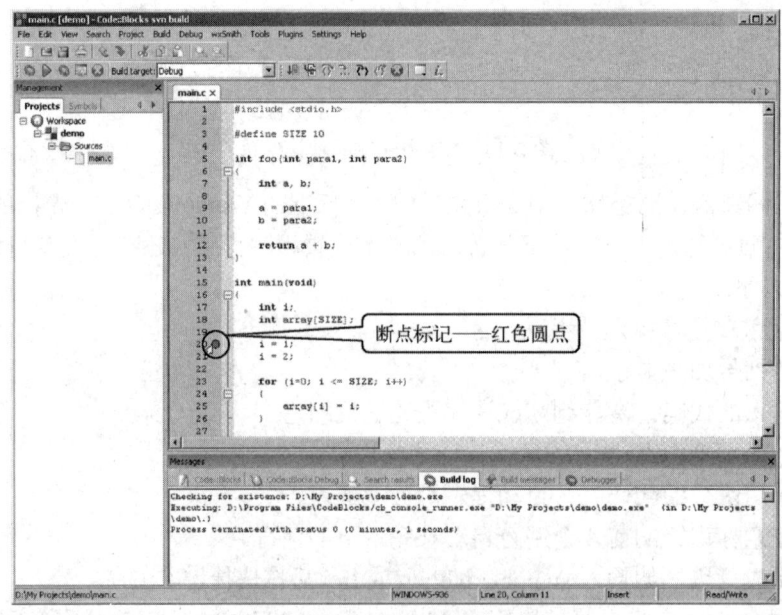

图 2-15　CB 中设置断点

此书独爱黑色油墨，图 2-15 中看不到红色，于是在图中标出了断点所在。在图中鼠标指针指向的位置单击和按 F5 键完全等价，都是切换第 20 行的断点状态，也就是说，再按一次，断点就取消了，恢复正常。

按 F8 键开始调试这个程序，程序刚运行就遇到断点，于是暂停，进入跟踪状态。停止在哪条语句，哪条语句前就会出现一个黄色的小箭头。现在当然停在"i = 1;"处，时间静止了，等待你的下一个指令，如图 2-16 所示。

记住，暂停的语句是下一条要执行的语句，也就是还没有被执行。那么现在 i 有值吗？会是多少？用手术刀剖开，在监视窗中看看便知。

CB 的监视窗叫 Watches，在菜单中依次选择"Debug→Debugging windows→Watches"命令，可以打开它；也可以单击工具栏中的▦图标，在弹出的菜单中选择"Watches"命令。监视窗会自动显示当前函数下各局部变量和参数的值。在变量上单击右键，会弹出一个菜单，如图 2-17 所示。选择"Change value"命令，可以修改该变量的值；选择"Add watch"命令，可以在监视窗内添加新的表达式，监视它的值。

i 的值为 4198571，这是一个垃圾数，也叫随机数。只要换个编译器/计算机就有可能得到

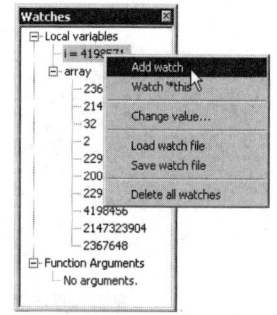

图 2-16　CB 在调试状态　　　　　　　　　图 2-17　CB 中添加监视变量

不同的值。在本程序中，我们要给它一个确定的数，就是把 1 赋值给它。按 F7 键，开始单步执行。黄色箭头马上指向下一条语句"i = 2;"处，而"i = 1;"已经执行完毕，通过监视窗可以看到 i 的值确实变成 1 了。

继续按 F7 键，黄色箭头随之逐条下行，i 的值也随之而变。当进入循环时，可以清晰地看到黄色箭头循环往复地运动，i 和 array 元素的值也随着一次次的循环而变化。

本例中只执行 10 次循环，我们还可以有足够的耐心等待循环结束，如果是成百上千近万超亿次循环，那么按这种单步方式一步步地走下去，直到循环的尽头，也许循环未尽，我们就已经烦死了。即使还有耐心，相信你按键的手也会被累得酸痛无比了。

此时如果想中止运行，单击图标 ✖，它会立刻停止调试；如果想全速继续运行，按快捷键 Ctrl+F7，程序会一直运行到结束或再次遇到断点。

如果仅仅是想完成这个循环，那么把光标挪到"i = foo(5, 6);"这一行，按 F4 键，传说中的**"运行到光标"**，唰地一声，黄色箭头就闪现到这里了，所有循环都已然完成。此时再按 F7 键，i 的值变为 11，说明 foo()返回了 11，黄色箭头停到"return 0;"处。

请稍等，先别忙着继续。你是否好奇 foo()这个函数怎么返回 11 这个结果呢？按 F7 键是不进入函数内部单步跟踪的。为了对函数内部语句的执行情况进行跟踪，当黄色箭头停在调用它的语句时，请莫按 F7 键，改按快捷键 Shift+F7——单步进入，黄色箭头暂停在函数 foo()内如图 2-18 所示。

图 2-18 中的"Call stack"窗口就是**函数调用栈**了，从中能看出是 main()调用了 foo()，两个参数是 5 和 6。在里面的任意一行单击右键，在弹出的菜单中选择"Switch to this frame"命令，可把环境切换到函数的该次调用，进而查看该次调用时各变量和参数的值。不过函数调用栈一般不是自动弹出的，要用打开 Watches 的方法"Call stack"才会出现。

现在，可以按 F7 键、快捷键 Shift+F7 或 F4 键等在函数 foo()中慢慢调试。监视窗中已经显示了 para1 和 para2 两个参数，看看它们的值，直观体会一下函数参数是如何对应传递的。然后按 F7 键或快捷键 Shift+F7，一步步观察函数都做了什么，直到函数返回。如果不想逐条

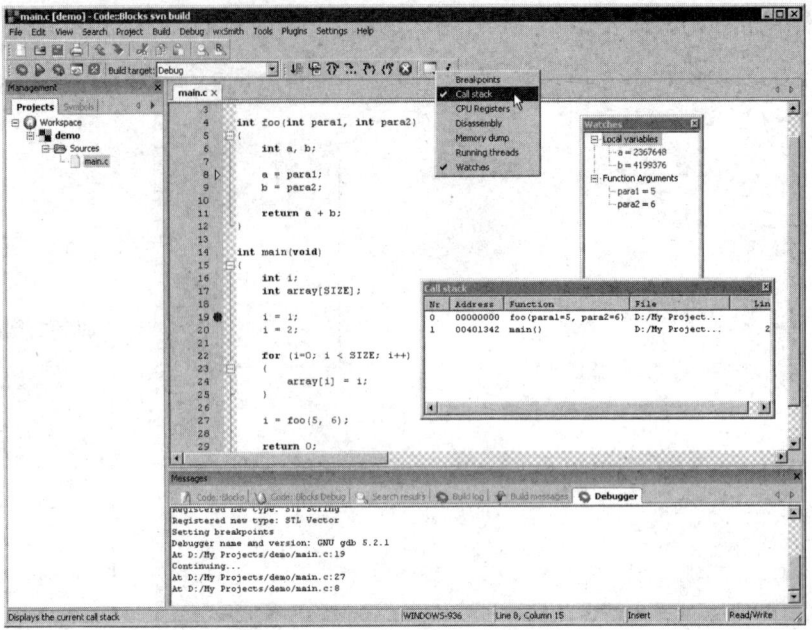

图 2-18　CB 中跟踪到函数内部

跟踪，按快捷键 Ctrl+Shift+F7 就可以"**运行出函数**"，直接运行到函数的出口，再按 F7 键就回到调用者。

foo()返回后，停在"return 0;"处。再向下执行，程序将正常退出。

还有一招"显微镜——**内存镜像**"更重要。想直观体会数组 array 元素的分布规律吗？想知道 array 和 i 在内存中是否相连以及其前后顺序吗？暂停时用打开 Watches 的方法打开"Memory dump"，弹出 Memory 窗口，在 Address 的后面输入"array"，然后按 Enter 键，从 array 的首地址开始内存中的逐字节都展现了出来，如图 2-19 所示。

图 2-19　CB 中的内存镜像功能

CB 提供的调试命令基本上就这些，不很丰富，但足够用，最大的遗憾是在 assert()发生断言错时只能中断程序，不能进入调试状态。

2.1.4　集成开发环境操作总结

执行软件中的命令一般有三种途径：菜单、图标（也叫按钮）和快捷键。新手往往更爱菜单和图标，其实快捷键相对而言更重要，这也是本章前面主要介绍调试用各种快捷键的原因。

键盘的效率通常高于鼠标，因为可以双手完全配合，手不需在鼠标和键盘间移动，鼠标指针定位的速度也远不及按几下键盘。很多设计良好的软件都可以实现无鼠标操作，导致有人在工作时干脆把鼠标变成一只翻倒的乌龟，仅在玩 CS，WOW 这样的游戏时才把它正过来。

使用键盘还是鼠标纯属个人习惯。这里为了方便读者，总结了 Visual C++ 6.0 和 Code::Blocks 中常用调试命令的菜单、图标和快捷键，列于表 2.1 中。因为 VC 和 CB 都有很强的定制性，用户可根据自己的喜好改变快捷键和软件外观，所以这里给出的只是默认情况。

表 2.1　VC 和 CB 常用调试命令表

功　能	Visual C++ 6.0			Code::Blocks		
	菜单	图标	快捷键	菜单	图标	快捷键
运行程序	Build→Execute xxx.exe		Ctrl+F5	Build→Build and run		F9
开始调试	Build→Start Debug→Go		F5	Debug→Start		F8
继续运行	同"开始调试"			Debug→Continue		Ctrl+F7
运行到光标	Debug→Run to Cursor		Ctrl+F10	Debug→Run to cursor		F4
停止调试	Debug→Stop Debugging		Shift+F5	Debug→Stop debugger		无
设置/取消断点	Edit→Breakpoints...		F9	Debug→Toggle breakpoint	无	F5
单步进入	Debug→Step Into		F11	Debug→Step into		Shift+F7
单步执行	Debug→Step Over		F10	Debug→Next line		F7
运行出函数	Debug→Step Out		Shift+F11	Debug→Step out		Ctrl+Shift+F7

2.1.5　用 fprintf()调试程序

fprintf()的使用是不依赖于任何开发环境的，所以单独介绍它。由于 printf()使程序的正常输出与调试信息混合在一起，所以一般不建议使用 printf()调试程序。

【例 2-2】　修改例 2-1 的程序，演示如何利用 fprintf()调试程序，其中下划线部分为新添的代码。

```
#include <stdio.h>
#define SIZE 10
int foo(int para1, int para2)
{
    int  a, b;
    fprintf(stderr,"DEBUG: Call foo() with %d and %d\n", para1, para2);
    a = para1;
    b = para2;
    return a + b;
}
```

```
int main(void)
{
    int  i;
    int  array[SIZE];
    i = 1;
    i = 2;
    for (i=0; i<SIZE; i++)
    {
        fprintf(stderr, "DEBUG: i = %d\n", i);
        array[i] = i;
    }
    i = foo(5, 6);
    fprintf(stderr, "DEBUG: foo() returns %d\n", i);
    return 0;
}
```

程序的运行结果如下：

```
DEBUG: i = 0
DEBUG: i = 1
DEBUG: i = 2
DEBUG: i = 3
DEBUG: i = 4
DEBUG: i = 5
DEBUG: i = 6
DEBUG: i = 7
DEBUG: i = 8
DEBUG: i = 9
DEBUG: i = 10
DEBUG: Call foo() with 5 and 6
DEBUG: foo() returns 11
```

从这些信息便可知晓，程序都运行到过哪里，在该处的状态是什么。显然，这样做会破坏程序的正常界面，不过这个问题很好解决。在程序入口处加一行代码：

```
freopen("DEBUG.TXT", "a", stderr);
```

运行后，fprintf()不再向屏幕输出，不会破坏程序界面，而在当前目录下会生成 DEBUG.TXT 文件，里面保存着所有调试信息。

2.1.6 常见编译错误信息英汉对照

常见编译错误信息的英汉对照如表 2.2 所示。

表 2.2 常见编译错误信息英汉对照表

常见编译错误的英文提示信息	常见错误的中文解释	补 充 说 明
Ambiguous symbol 'xxx'	具有二义性的符号'xxx'	两个或多个结构体的某一域名相同，在变量或表达式中引用该域名而未带结构体名时，会产生二义性，此时需在引用时加上结构体名
Argument list syntax error	参数表出现语法错误	函数调用的参数间要以逗号隔开，并以一个右括号结束，否则出错

续表

常见编译错误的英文提示信息	常见错误的中文解释	补 充 说 明
Array bounds missing]	数组的定界符] 丢失	在源程序中定义了一个数组，但此数组没有以右方括号结束
Array size too large	数组太大	定义的数组太大，超过了可用内存空间
Bad file name format in include directive	文件包含指令中文件名格式错误	必须用引号或尖括号将包含文件名括起来，否则出错
Call of non-functin	调用了未定义的函数	通常是由错误的函数声明或函数名拼错而造成的
Cannot modify a const object	不能修改一个常量对象	通常是因为对定义为常量的对象进行赋值等非法操作而引起的
case outside of switch	case 语句出现在 switch 语句之外	通常是由括号不匹配造成的
case statement missing:	case 语句漏掉 :	case 语句必须包含一个以冒号结束的常量表达式，如果漏了冒号或在冒号前多了其他符号，则会出错
Constant expression required	需要常量表达式	数组的大小必须是常量，通常由#define 定义的常量拼写错误造成
Declaration syntax error	声明出现语法错误	通常因为变量声明时丢失了某些符号或输入多余的符号而引起，也可能是函数定义时在函数头部的行末输入了不该输入的分号引起的
default outside of switch	default 语句在 switch 语句外出现	通常由括号不匹配引起的
Division by zero	除数为 0	
Do statement must have while	do 语句中必须有关键字 while	
Do while statement missing;	do-while 语句中丢掉了分号	
Duplicate case	case 情况不唯一	switch 语句的每个 case 必须有一个唯一的常量表达式值，否则导致此类错误发生
enum syntax error	enum 语法错误	通常由 enum 说明的标识符表的格式错误引起
Enumeration constant syntax error	枚举常量语法错误	通常是由赋值给枚举常量的表达式值不为常量引起的
Error Writing output file	写输出文件错误	通常由磁盘空间已满而无法进行写入操作造成的
Expression syntax error	表达式语法错误	通常由于出现两个连续的操作符、括号不匹配或缺少括号、前一语句漏掉了分号而引起
Extra parameter in call to 'xxx'	调用'xxx'函数时出现了多余参数	通常由调用函数时实际参数个数多于函数定义中的参数个数而引起
File name too long	文件名太长	通常由#include 指令给出的文件名太长引起，DOS 下的文件名长度通常不能超过 64 个字符
for statement missing ;	for 语句中缺少 ;	通常因 for 语句中某个表达式后的分号被误写成逗号导致
Function call missing)	函数调用缺少)	通常由函数调用的参数表漏掉了右括号或括号不匹配造成
goto statement missing label	goto 语句中缺少标号	
if statement missing (	if 语句中缺少 (	
if statement missing)	if 语句中缺少)	
Mismatch number of parameters in definition	定义中的参数个数不匹配	
Misplaced else	else 位置错	通常由 if 表达式 ")" 后面多了一个 ";" 造成
Out of memory	内存不够	
Pointer required on left side of	操作符左边必须是一指针	
Redeclaration of 'xxx'	'xxx'重定义	通常由该标识符在不同位置被重复定义导致，如函数的形参在函数内又被定义为局部变量
Size of structure or array not known	结构或数组大小未知	

续表

常见编译错误的英文提示信息	常见错误的中文解释	补 充 说 明
Structure size too large	结构太大	通常由于定义结构体类型时使用了本结构体类型来定义域名的类型而引起
Statement missing ;	语句缺少 ；	通常是由于前一行语句缺少分号导致的
Subscription missing]	下标缺少]	
Too few parameter in call to 'xxx'	调用'xxx'时参数太少	
Type mismatch in parameter 'yyy' in call to 'xxx'	调用'xxx'时参数'yyy'的数据类型不匹配	
Type mismatch in redeclaration of 'xxx'	重定义'xxx'类型不匹配	通常由于缺少函数原型导致了函数声明与函数定义的类型不匹配
Undefined symbol 'xxx'	标识符'xxx'没有定义	通常由字母拼写错误使得已定义的标识符和实际使用的标识符不一致而导致，如数字 1 和小写字母 l 混淆、字母大小写混淆等
Unable to create output file 'xxx'	不能创建输出文件'xxx'	通常由于磁盘空间已满导致不能创建输出文件
Unable to open include file 'xxx.xxx'	不能打开包含文件'xxx.xxx'	通常由于当前路径下不存在此文件而导致
Unable to open input file 'xxx.xxx'	不能打开输入文件'xxx.xxx'	通常由当前路径下不存在此文件或该文件已损坏而导致
Undefined structure 'xxx'	结构'xxx'未定义	
Untermimated character constant	未终结的字符常量	通常由书写字符常量时丢失单引号而导致
Unterminated string	未终结的字符串	通常由书写字符串时丢失双引号而导致
while statement missing (	while 语句漏掉 (	
while statement missing)	while 语句漏掉)	
Wrong number of arguments in of 'xxx'	调用'xxx'时参数个数错误	

2.2　课内上机实验题目

2.2.1　实验 1：熟悉上机环境和顺序结构编程练习

1．键盘输入与屏幕输出练习

问题 1　要使下面程序的输出语句在屏幕上显示"1, 2, 34"，则从键盘输入的数据格式应为以下备选答案中的_____。

```
#include <stdio.h>
int main(void)
{
    char  a,b;
    int  c;
    scanf("%c%c%d",&a,&b,&c);
    printf("%c,%c,%d\n",a,b,c);
    return 0;
}
```

A）1 2 34　　　　　　B）1, 2, 34　　　　　　C）'1', '2', 34　　　　　D）12 34

问题 2　在与上面程序的键盘输入相同的情况下，要使上面程序的输出语句在屏幕上显示"1 2 34"，则应修改程序中的哪条语句？怎样修改？

问题 3　要使上面程序的键盘输入数据格式为"1, 2, 34",输出语句在屏幕上显示的结果也为"1, 2, 34",则应修改程序中的哪条语句?怎样修改?

问题 4　要使上面程序的键盘输入数据格式为"1, 2, 34",而输出语句在屏幕上显示的结果为"'1', '2', 34",则应修改程序中的哪条语句?怎样修改?**提示:**利用转义字符输出字符单引号字符。

问题 5　要使上面程序的键盘输入无论用下面哪种格式输入数据,程序在屏幕上的输出结果都为"'1', '2', 34",则程序应修改程序中的哪条语句?怎样修改?

第 1 种输入方式:1,2,34↙（以逗号作为分隔符）

第 2 种输入方式:1 2 34↙（以空格作为分隔符）

第 3 种输入方式:1　　2　　34↙（以 Tab 键作为分隔符）

第 4 种输入方式:1↙

　　　　　　　　2↙

　　　　　　　　34↙（以回车符作为分隔符）

提示:利用忽略输入修饰符。

2．计算定期存款本利之和

设银行定期存款的年利率 rate 为 2.25%,并已知存款期为 n 年,存款本金为 capital 元,试编程计算 n 年后的本利之和 deposit。要求定期存款的年利率 rate、存款期 n 和存款本金 capital 均由键盘输入。

2.2.2　实验 2:选择结构编程练习

1．身高预测

每个做父母的都关心自己孩子成人后的身高,据有关生理卫生知识与数理统计分析表明,影响小孩成人后身高的因素包括遗传、饮食习惯与体育锻炼等。小孩成人后的身高与其父母的身高和自身的性别密切相关。

设 faHeight 为其父身高,moHeight 为其母身高,身高预测公式为

男性成人时身高=(faHeight + moHeight)×0.54 cm

女性成人时身高=(faHeight×0.923 + moHeight)/2 cm

此外,如果喜爱体育锻炼,那么可增加身高 2%;如果有良好的卫生饮食习惯,那么可增加身高 1.5%。

编程从键盘输入用户的性别(用字符型变量 sex 存储,输入字符 F 表示女性,输入字符 M 表示男性)、父母身高(用实型变量存储,faHeight 为其父身高,moHeight 为其母身高)、是否喜爱体育锻炼(用字符型变量 sports 存储,输入字符 Y 表示喜爱,输入字符 N 表示不喜爱)、是否有良好的饮食习惯等条件(用字符型变量 diet 存储,输入字符 Y 表示良好,输入字符 N 表示不好),利用给定公式和身高预测方法对身高进行预测。

2．体型判断

判断某人是否属于肥胖体型。根据身高与体重因素,医务工作者经广泛的调查分析给出了以下按"体指数"对肥胖程度的划分:

$$体指数\ t = w/h^2$$

其中,w 为体重,单位为 kg;h 为身高,单位为 m。

当 $t<18$ 时，为低体重；

当 $18\leqslant t<25$ 时，为正常体重；

当 $25\leqslant t<27$ 时，为超重体重；

当 $t\geqslant27$ 时，为肥胖。

编程从键盘输入被测人的身高 h 和体重 w，根据给定公式计算体指数 t，然后判断被测人的体重属于何种类型。

3. 简单的计算器

用 switch 语句编程设计一个简单的计算器程序，要求根据用户从键盘输入的表达式：

操作数 1　运算符 op　操作数 2

计算表达式的值，指定的算术运算符为加（+）、减（–）、乘（*）、除（/）。

本实验程序是在主教材[①]的例 4.7 的基础上，增加如下要求：

（1）如果要求程序能进行浮点数的算术运算，程序应该如何修改？如何比较实型变量 data2 和常数 0 是否相等？

（2）如果要求输入的算术表达式中操作数和运算符之间可以加入任意多个空白符，那么程序序如何修改？

（3）（选做）如果要求连续做多次算术运算，每次运算结束后，程序都给出提示：

  Do you want to continue（Y/N or y/n）?

用户输入 Y 或 y 时，程序继续进行其他算术运算，否则程序退出运行状态。那么，程序如何修改？

提示：采用在%c 前加空格的方法输入用户回答，利用 do-while 语句实现反复运算直到用户输入 N 或 n。

【思考题】 比较实型变量 data2 与常数 0 是否相等，能用 "if (data2 == 0)" 吗？为什么？

2.2.3　实验 3：循环结构编程练习

1. 判断素数

从键盘输入任意一个整数，编程判断该整数是否是素数。本实验的主要目的是熟悉掌握程序测试和程序调试的一般方法。请注意以下两点：

① 测试用例的选取要尽量覆盖各种可能的情况，尤其是边界条件一定要测试。由于我们不能保证用户输入的整数一定是正整数，因此至少要测试这样几种情况：正整数、0 和负整数。其中，正整数中要测试素数和非素数两种情况。1 是边界条件，也要测试。

② 在 "if ((number % i) == 0)" 中的相等关系运算符是 "=="，不要漏写为 "="，否则变成赋值运算符了，编译器不能检查此类错误。在这种情况下，请读者根据本书 2.1 节介绍的程序调试技术来对程序进行跟踪调试，观察对比漏写为 "=" 后程序执行过程的变化。

2. 猜数游戏

在本实验中，我们将尝试编写一个猜数游戏程序，这个程序看上去有些难度，但是如果按下列要求循序渐进地编程实现，会发现其实这个程序很容易实现。现在就开始吧，先编写第 1 个程序，然后试着在第 1 个程序的基础上编写第 2 个程序……

---

① 主教材是指苏小红等编写的《C 语言大学实用教程（第 4 版）》（ISBN　978-7-121-3005-9），以下同。

　　程序 1　编程先由计算机"想"一个 1～100 之间的数请玩家猜，如果玩家猜对了，计算机提示 "Right!"，否则提示 "Wrong!"，并告诉玩家所猜的数是大（Too high）还是小（Too low），然后结束游戏。要求每次运行程序时机器所"想"的数不能都一样。

　　程序 2　编程先由计算机"想"一个 1～100 之间的数请玩家猜，如果玩家猜对了，则结束游戏，并在屏幕上输出玩家猜了多少次才猜对此数，以此来反映玩家"猜"数的水平；否则计算机给出提示，告诉玩家所猜的数是太大还是太小，直到玩家猜对为止。

　　程序 3　编程先由计算机"想"一个 1～100 之间的数请玩家猜，如果玩家猜对了，则结束游戏，并在屏幕上输出玩家猜了多少次才猜对此数，以此来反映玩家"猜"数的水平；否则计算机给出提示，告诉玩家所猜的数是太大还是太小，最多可以猜 10 次，如果猜了 10 次仍未猜中，则结束游戏。

　　程序 4　编程先由计算机"想"一个 1～100 之间的数请玩家猜，如果玩家猜对了，在屏幕上输出玩家猜了多少次才猜对此数，以此来反映玩家"猜"数的水平，则结束游戏；否则计算机给出提示，告诉玩家所猜的数是太大还是太小，最多可以猜 10 次，如果猜了 10 次仍未猜中，则停止本次猜数，然后继续猜下一个数。每次运行程序可以反复猜多个数，直到玩家想停止时才结束。

　　【思考题】　当用 scanf() 函数输入玩家猜测的数据时，如果用户不小心输入了非法字符，如字符 a，那么程序运行会出错。用什么方法可以避免这种错误发生？请读者编写程序验证方法的有效性。

2.2.4　实验 4：函数编程练习

1．判断三角形类型

　　输入三角形的三条边 a、b、c，判断它们能否构成三角形。若能构成三角形，指出是何种三角形（等腰三角形、等边三角形、直角三角形、等腰直角三角形、一般三角形）。参考主教材的习题 4.6，用函数编程实现该程序。

2．给小学生出加法考试题

　　编写一个程序，给学生出一道加法运算题，然后判断学生输入的答案对错与否，按下列要求以循序渐进的方式编程。

　　程序 1　通过输入两个加数，给学生出一道加法运算题，如果输入答案正确，则显示 "Right!"，否则显示 "Not correct! Try again!"，程序结束。

　　程序 2　通过输入两个加数，给学生出一道加法运算题，如果输入答案正确，则显示 "Right!"，否则显示 "Not correct! Try again!"，直到做对为止。

　　程序 3　通过输入两个加数，给学生出一道加法运算题，如果输入答案正确，则显示 "Right!"，否则提示重做，显示 "Not correct! Try again!"，最多给三次机会，如果三次仍未做对，则显示 "Not correct! You have tried three times! Test over!"，程序结束。

　　程序 4　连续做 10 道题，通过计算机随机产生两个 1～10 之间的加数，给学生出一道加法运算题，如果输入答案正确，则显示 "Right!"，否则显示 "Not correct!"，不给机会重做，10 道题做完后，按每题 10 分统计总分，然后输出总分和做错的题数。

　　程序 5　通过计算机随机产生 10 道四则运算题，两个操作数为 1～10 之间的随机数，运算类型为随机产生的加、减、乘、整除中的任意一种，如果输入答案正确，则显示 "Right!"，否

则显示 "Not correct!"，不给机会重做，10 道题做完后，按每题 10 分统计总分，然后输出总分和做错的题数。

【思考题】 如果要求将整数之间的四则运算题改为实数之间的四则运算题，那么程序该如何修改呢？请读者修改程序，并上机测试程序运行结果。

3. 掷骰子游戏

编写程序模拟掷骰子游戏。已知掷骰子的游戏规则为：每个骰子有 6 面，这些面分别包含 1、2、3、4、5、6，投两枚骰子之后，计算点数之和。如果第一次投的点数和为 7 或 11，则游戏者获胜；如果第一次投的点数和为 2、3 或 12，则游戏者输；如果第一次投的点数和为 4、5、6、8、9 或 10，则将这个和作为游戏者获胜需要掷出的点数，继续投骰子，直到赚到该点数时算游戏者获胜。如果投掷 7 次仍未赚到该点数，则游戏者输。

提示： 由于这个游戏的游戏规则相对复杂，游戏者第一次投骰子时可能输，也可能赢，还可能再投很多次才能确定胜负。因此，设置一个枚举型变量 gameStatus 来跟踪这个状态，游戏者获胜时，将 gameStatus 置为 WON；游戏者失败时，将 gameStatus 置为 LOST，否则游戏不能结束，需通过再次投掷确定胜负。先将 gameStatus 置为 CONTINUE，同时将 sum 保存在 myPoint 中，在后续的 while 循环中，再次调用 rollDice 产生新的 sum，当 sum 等于 myPoint 时，将 gameStatus 置为 WON，如果又投掷了 7 次，sum 仍未等于 myPoint，则将 gameStatus 置为 LOST。在程序的最后，根据 gameStatus 的值，输出胜负结果。

【思考题】 将游戏规则改为：计算机 "想" 一个数作为一个骰子掷出的点数（在用户输入数据之前不显示该点数），用户从键盘输入一个数作为另一个骰子掷出的点数，再计算两点数之和。其余规则相同，请读者重新编写该程序。

2.2.5 实验 5：数组编程练习

1. 检验并打印幻方矩阵

在下面的 5×5 阶幻方矩阵中，每一行、每一列、每一对角线上的元素之和都是相等的，试编写程序将这些幻方矩阵中的元素读到一个二维整型数组中，然后检验其是否为幻方矩阵，并将其按如下格式显示到屏幕上。

```
17    24     1     8    15
23     5     7    14    16
 4     6    13    20    22
10    12    19    21     3
11    18    25     2     9
```

2. 餐饮服务质量调查打分

在商业活动和科学研究中，人们经常需要对数据进行分析并将结果以直方图的形式显示出来。例如，一个公司的主管可能需要了解一年来公司的营业状况，比较各月份的销售收入状况。如果仅给出一大堆数据，显然太不直观了，如果能将这些数据以条形图（直方图）的形式表示，将会大大增加这些数据的直观性，也便于数据的分析与对比。下面以顾客对餐饮服务打分为例，练习这方面的程序编写方法。假设有 40 个学生被邀请来给自助餐厅的食品和服务质量打分，分数划分为 1～10 共 10 个等级（1 表示最低分，10 表示最高分），试统计调查结果，并用 "*"

输出如下形式的统计结果直方图。

```
Grade       Count       Histogram
1           5           *****
2           10          **********
3           7           *******
...
```

提示：定义一个包含 40 个元素的数组 score，40 个学生打的分数存放在这个数组中，再定义一个包含 11 个元素的数组 count，作为计数器使用（count[0]不用）。第一步是计算统计结果，设置一个循环，依次检查数组 score 中的元素值，是 1，则将数组元素 count[1]加 1，是 2，则将数组元素 count[2]加 1。以此类推，将各等级分数的统计结果存放在 count 数组中。第二步是输出统计结果，设置一个循环，按数组 count 中元素值的大小，依次输出相应个数的"*"。计算统计结果时，既可以用 switch 语句，也可以不用 switch 语句，请分别考虑这两种编程方法。

3. 文曲星猜数游戏

模拟文曲星上的猜数游戏，先由计算机随机生成一个各位相异的 4 位数字，由用户来猜，根据用户猜测的结果给出提示：xAyB。其中，A 前面的数字表示有几位数字不仅数字猜对了，而且位置也正确，B 前面的数字表示有几位数字猜对了，但是位置不正确。

允许用户猜的最多次数由用户从键盘输入。如果猜对，则提示"Congratulations!"；如果在规定次数以内仍然猜不对，则给出提示"Sorry, you haven't guess the right number!"。程序结束之前，在屏幕上显示这个正确的数字。

提示：用数组 a 存储计算机随机生成的 4 位数，用数组 b 存储用户猜的 4 位数，对 a 和 b 中相同位置的元素进行比较，得到 A 前面待显示的数字，对 a 和 b 的不同位置的元素进行比较，得到 B 前面待显示的数字。

2.2.6　实验 6：递归程序设计练习

1. 计算游戏人员的年龄

有 5 个人围坐在一起，问第 5 个人多大年纪，他说比第 4 个人大 2 岁；问第 4 个人，他说比第 3 个人大 2 岁；问第 3 个人，他说比第 2 个人大 2 岁；问第 2 个人，他说比第 1 个人大 2 岁。第 1 个人说自己 10 岁，问第 5 个人多大年纪。

提示：此程序为递归问题，递归公式为

$$age(n) = \begin{cases} 10 & n = 1 \\ age(n-1) + 2 & n > 1 \end{cases}$$

2. 计算最大公约数

利用计算最大公约数的三条性质，用递归方法计算两个整数的最大公约数。

性质 1　如果 $x > y$，则 x 和 y 的最大公约数与 $x-y$ 和 y 的最大公约数相同，即

$$gcd(x, y) = gcd(x - y, y) \quad (x > y)$$

性质 2　如果 $y > x$，则 x 和 y 的最大公约数与 x 和 $y-x$ 的最大公约数相同，即

$$gcd(x, y) = gcd(x, y - x) \quad (x < y)$$

性质 3　如果 $x = y$，则 x 和 y 的最大公约数与 x 值和 y 值相同，即

$$\gcd(x, y) = x = y$$

3．计算矩阵行列式的值

按如下公式递归计算矩阵行列式的值：

$$\begin{cases} D_1 = a_{00} & n = 1 \\ D_2 = a_{00} \times a_{11} - a_{01} \times a_{10} & n = 2 \\ D_n = \sum_{j=0}^{n-1} ((-1)^{i+j} a_{0j} \times D_{n-1}) & n \geqslant 3 \end{cases}$$

2.2.7　实验 7：一维数组和函数综合编程练习

学生成绩统计

从键盘输入一个班（全班最多不超过 30 人）学生某门课的成绩，当输入成绩为负值时，输入结束，分别实现下列功能：

（1）统计不及格人数并打印不及格学生名单。

（2）统计成绩在全班平均分及平均分之上的学生人数，并打印这些学生的名单。

（3）统计各分数段的学生人数及所占的百分比。

提示：

（1）用 num[i] 存放第 i+1 个学生的学号，用 score[i] 存放第 i+1 个学生的成绩。设置计数器 count。当 score[i]<60 时，计数器 count 计数一次，并打印 num[i] 和 score[i]。

（2）先计算全班平均分 aver，当第 i 个学生的成绩 score[i]>=aver 时，打印 num[i] 和 score[i]。

（3）将成绩分为 6 个分数段，60 分以下为第 0 段，60～69 分为第 1 段，70～79 分为第 2 段，80～89 分为第 3 段，90～99 分为第 4 段，100 分为第 5 段，因此成绩与分数段的对应关系为

$$\text{分数段} = \begin{cases} 0 & \text{成绩} < 60 \\ (\text{成绩} - 50)/10 & \text{成绩} \geqslant 60 \end{cases}$$

各分数段的学生人数保存在数组 stu 中，用 stu[i] 存放第 i 段的学生人数。对每个学生的成绩，先计算该成绩对应的分数段，然后将相应的分数段的人数加 1，即 stu[i]++。从本实验开始，所有实验都使用函数来编程。

【思考题】　在编程实现对数据的统计任务时，需要注意什么问题？

2.2.8　实验 8：二维数组和函数综合编程练习

成绩排名次

某班期末考试科目为数学（MT）、英语（EN）和物理（PH），有最多不超过 30 人参加考试。考试后要求：

（1）计算每个学生的总分和平均分。

（2）按总分成绩由高到低排出成绩的名次。

（3）输出名次表，表格内包括学生编号、各科分数、总分和平均分。

（4）任意输入一个学号，能够查找出该学生在班级中的排名及其考试分数。

提示：用二维数组 score 存放每个学生各门课程的成绩，用一维数组 num 存放每个学生的学号，用一维数组 sum 存放每个学生的总分，用一维数组 aver 存放每个学生的平均分。

① 用函数编程实现计算每个学生的总分。

② 用函数编程实现按总分由高到低对学生成绩排序。注意：排序时，一维数组 sum 元素的变化应连同二维数组 score 及一维数组 num 和 aver 一起变化。

③ 用函数编程实现查找学号为 k 的学生在班级中的排名及相关成绩等信息，找不到则返回−1 值。

【思考题】

① 如果增加一个要求：要求按照学生的学号由小到大对学号、成绩等信息进行排序，那么程序如何修改呢？

② 如果要求程序运行后先显示一个菜单，提示用户选择：成绩录入、成绩排序、成绩查找，在选择某项功能后执行相应的操作，那么程序如何修改呢？

2.2.9　实验 9：结构体编程练习

在屏幕上模拟显示一个数字式时钟

首先，按如下方法定义一个时钟结构体类型：

```
struct clock
{
    int  hour;
    int  minute;
    int  second;
};
typedef struct clock CLOCK;
```

然后，将下列用全局变量编写的时钟模拟显示程序改成用 CLOCK 结构体变量类型重新编写。已知用全局变量编写的时钟模拟显示程序如下：

```
#include  <stdio.h>
#include  <stdio.h>
int hour, minute, second;                    // 全局变量定义
// 函数功能：时、分、秒时间的更新
void Update(void)
{
    second++;
    if (second == 60)          // 若 second 值为 60，表示已过 1 分钟，则 minute 值加 1
    {
        second = 0;
        minute++;
    }
    if (minute == 60)          // 若 minute 值为 60，表示已过 1 小时，则 hour 值加 1
    {
        minute = 0;
        hour++;
    }
```

```
            if (hour == 24)                      // 若 hour 值为 24，则 hour 的值从 0 开始计时
            {
                hour = 0;
            }
    }
    // 函数功能：时、分、秒时间的显示
    void Display(void)                           // 用回车符'\r'控制时、分、秒显示的位置
    {
        printf("%2d:%2d:%2d\r", hour, minute, second);
    }
    // 函数功能：模拟延迟 1 秒的时间
    void Delay(void)
    {
        long  t;
        for (t=0; t<50000000; t++)
        {
                                                 // 循环体为空语句的循环，起延时作用
        }
    }
    int main(void)
    {
        long  i;
        hour = minute = second = 0;              // hour,minute,second 赋初值 0
        for (i=0; i<100000; i++)                 // 利用循环结构，控制时钟运行的时间
        {
            Update();                            // 时钟更新
            Display();                           // 时间显示
            Delay();                             // 模拟延时 1 秒
        }
        return 0;
    }
```

提示：用指向 CLOCK 结构体类型的指针作为函数 Update()和函数 Display()的参数，即
　　　void Update(CLOCK *t);
　　　void Display(CLOCK *t);

【思考题】

① 用结构体指针作为函数参数与用结构体变量作为函数参数有什么不同？本题可以用结构体变量作为函数参数编程实现吗？

② 请读者自己分析下面两段程序代码，并解释它们是如何实现时钟值更新操作的。

```
    void Update(struct clock *t)
    {
        static long  m = 1;
        t->hour = m / 3600;
        t->minute = (m - 3600 * t->hour) / 60;
        t->second = m % 60;
        m++;
        if (t->hour == 24)
```

```
        {
            m = 1;
        }
    }
    void Update(struct clock *t)
    {
        static long  m = 1;
        t->second = m % 60;
        t->minute = (m / 60) % 60;
        t->hour = (m / 3600) % 24;
        m++;
        if (t->hour == 24)
        {
            m = 1;
        }
    }
```

2.2.10　实验 10：文件编程练习

文件的复制与追加

程序 1　根据程序提示从键盘输入一个已存在的文本文件的完整文件名，再输入一个新文本文件的完整文件名，然后将已存在的文本文件中的内容全部复制到新文本文件中，利用文本编辑软件，通过查看文件内容验证程序执行结果。

程序 2　模拟 DOS 下的 COPY 命令，在 DOS 状态下输入命令行，以实现将一个已存在的文本文件中的内容全部复制到新文本文件中，利用文本编辑软件查看文件内容，验证程序执行结果。

程序 3　（选做）根据提示从键盘输入一个已存在的文本文件的完整文件名，再输入另一个已存在的文本文件的完整文件名，然后将第一个文本文件的内容追加到第二个文本文件的原内容之后，利用文本编辑软件查看文件内容，验证程序执行结果。

程序 4　（选做）根据提示从键盘输入一个已存在的文本文件的完整文件名，再输入另一个已存在的文本文件的完整文件名，然后将源文本文件的内容追加到目的文本文件的原内容之后，并在程序运行过程中显示源文件和目的文件中的文件内容，以此来验证程序执行结果。

【思考题】　如果要复制的文件内容不是用函数 fputc() 写入的字符，而是用函数 fprintf() 写入的格式化数据文件，那么如何正确读出该文件中的格式化数据？还能用本实验中的程序实现文件的复制吗？请读者自己编程验证。

2.3　课外上机实验题目

2.3.1　实验 1：计算到期存款本息之和

已知银行整存整取不同期限存款的月息利率分别如下：

$$年息利率 = \begin{cases} 2.25\% & 期限1年 \\ 2.43\% & 期限2年 \\ 2.70\% & 期限3年 \\ 2.88\% & 期限5年 \\ 3.00\% & 期限8年 \end{cases}$$

要求输入存钱的本金和期限，按复利方式计算，到期时能从银行得到的利息和本金合计。

提示：用 switch 语句编程。

2.3.2　实验2：存款预算

假设银行一年整存零取的月息为1.875%，现在某人手头有一笔钱，他打算在今后5年中，每年年底取出1000元作为孩子来年的教育金，到第5年孩子毕业时刚好取完这笔钱。如果采用普通计息方式，请计算第1年年初时他应存入银行多少钱。

提示：分析存钱和取钱的过程可采用递推的方法，然后采用迭代法求解。若第5年年底连本带息要取出1000元，则第5年年初银行中的存款数额应为

$$y_5 = 1000/(1+12\times0.01875)$$

按题意，由第5年年初银行中的存款数额 y_5，求得第4年年初银行中的存款数额

$$y_4 = (y_5+1000)/(1+12\times0.01875)$$

同理，可由第 $n+1$ 年年初银行中的存款数额 y_{n+1}，求得第 n 年年初银行中的存款数额

$$y_n = (y_{n+1}+1000)/(1+12\times0.01875)$$

以0作为 y_{n+1} 的初值，对上式进行递推迭代，迭代5次的结果即为第1年年初银行中的存款数额 y_1，也就是他现在要存入银行的钱数。

答案：2833.29元。

2.3.3　实验3：寻找最佳存款方案

已知银行整存整取不同期限存款的月息利率分别为

$$年息利率 = \begin{cases} 2.25\% & 期限1年 \\ 2.43\% & 期限2年 \\ 2.70\% & 期限3年 \\ 2.88\% & 期限5年 \\ 3.00\% & 期限8年 \end{cases}$$

假设银行对定期存款过期部分不支付利息，现在某人有2000元钱，要存20年，问怎样存才能使20年后得到的本利之和最多？

提示：为了得到最多的利息，存入银行的钱应在到期时马上取出来，然后立刻将原来的本金和利息加起来再作为新的本金存入银行，这样本利不断地滚动直到满20年为止。由于存款的利率不同，所以，不同的存款方法（年限）存20年后得到的利息也是不一样的。

分析题意：设2000元存20年，其中1年期存了 n_1 次，2年期存了 n_2 次，3年期存了 n_3 次，5年期存了 n_5 次，8年期存了 n_8 次，则按复利方式计算，到期时存款人应得的本利之和为

$$2000\times(1+rate_1)^{n_1}\times(1+rate_2)^{n_2}\times(1+rate_3)^{n_3}\times(1+rate_5)^{n_5}\times(1+rate_8)^{n_8}$$

式中，$rate_n$ 是对应存款年限的利率。

根据题意，还可得到以下限制条件：

$0 \leqslant n_8 \leqslant 2$

$0 \leqslant n_5 \leqslant (20 - 8n_8) / 5$

$0 \leqslant n_3 \leqslant (20 - 8n_8 - 5n_5) / 3$

$0 \leqslant n_2 \leqslant (20 - 8n_8 - 5n_5 - 3n_3) / 2$

$n_1 = 20 - 8n_8 - 5n_5 - 3n3 - 2n_2$

采用穷举法：穷举所有 n_8、n_5、n_3、n_2、n_1 的组合，代入本例计算公式，得到所有的存款方案。

求最大存款方案的方法是：将现行存款方案与过去记录的最大存款方案 max 进行比较，若现行存款方案可得到的本利之和较大，则记录现行存款方案（即 n_1、n_2、n_3、n_5、n_8 的值）和本利之和的最大值 max。

答案：存 1 年期，存 20 年，本利之和最大值为 3121 元。

2.3.4　实验 4：抓交通肇事犯

一辆卡车违反了交通规则，撞人后逃逸。现场有三人目击该事件，但都没有记住车号，只记住车号的一些特征。甲说：车号的前两位数字是相同的；乙说：车号的后两位数字是相同的，但与前两位不同；丙是位数学家，他说：4 位的车号正好是一个整数的平方。现在请根据以上线索帮助警方找出车号以便尽快破案。

提示：假设这个 4 位数的前两位数字都是 i，后两位数字都是 j，则这个可能的 4 位数

$$k = 1000*i + 100*i + 10*j + j$$

式中，i 和 j 都在 0～9 变化。

现在还需使 k=m*m 这一条件，m 是整数。由于 k 是一个 4 位数，所以 m 值不可能小于 31。因此，可从 31 开始试验是否满足 k == m*m，若不满足，则 m 加 1 再试，直到找到满足这些限制条件的 k 为止，结束测试。

答案：k = 7744，m = 88。

2.3.5　实验 5：求解不等式

已知立方和不等式为

$$1^3 + 2^3 + \cdots + m^3 < n$$

对指定的 n 值，试求满足上述立方和不等式的 m 的整数解。

提示：对指定的 n 值，设置累加求和的循环，从 i=1 开始，i 值每递增 1，把 i*i*i 累加到和变量 sum 中去，直到 sum >= n 时，利用 break 语句退出循环，输出相应的结果。这里，因立方运算数值较大，n 应定义为长整型。

答案：输入 n=1 000 000 时，m<=44。

2.3.6　实验 6：计算礼炮声响次数

在庆祝活动中，A，B，C 三艘军舰要同时开始鸣放礼炮各 21 响。已知 A 舰每隔 5 秒放 1 次，B 舰每隔 6 秒放 1 次，C 舰每隔 7 秒放 1 次。假设各炮手对时间的掌握非常准确，请问观

众总共可以听到几次礼炮声？

提示：用 n 作为听到的礼炮声计数器，用 t 表示时间，从第 0 秒开始放第 1 响，到放完最后一响，最长时间为 20×7。因此，可以用一个 for 循环来模拟每一秒的时间变化，即 t 从 0 开始循环到 t>20×7 时结束。在循环体中判断：如果时间 t 是 5 的整数倍且 21 响未放完，则 A 舰放一响，计数器 n 加 1；如果时间 t 是 6 的整数倍且 21 响未放完，则 B 舰放一响，计数器 n 加 1；如果时间 t 是 7 的整数倍且 21 响未放完，则 C 舰放一响，计数器 n 加 1。但要注意：当有两舰或三舰同时鸣放时，应作为一响统计，即 n 不能同时计数，只要有一个执行了计数，其他两个就不能再计数。利用 continue 语句编程实现。

答案：54 响。

2.3.7 实验 7：产值翻番计算

假设当年工业产值为 100，工业产值的增长率为每年 c%，当 c 分别为 6、8、10、12 时，试求工业产值分别过多少年可实现翻番（即增加一倍）。

提示：将增长率存于数组 c[i] 中，并用 6、8、10、12 初始化。产值翻番所需年数存于变量 y 中，各年对应的产值存于变量 s 中。设置 i 循环，对增长率 c[i]，设产值翻番所需年数为 y，年数 y 每增 1 一次，产值的计算方法为

$$s = s*(1 + c[i]/100.0)$$

利用迭代法计算，执行循环计算下一年产值，并增加年数，直到 s[i] >= 200 时为止。当 s[i] >= 200 时，表示已达到翻番，继续对下一个增长率计算翻番所需的年数，对所有增长率全部计算完后，输出相应的增长率、翻番所需年数及翻番后的产值。

2.3.8 实验 8：简单的口令检查程序

按下述要求编写口令检查程序（假设正确的口令为 8888）。

（1）若输入口令正确，则提示"You are welcome!"，程序结束。

（2）若输入口令不正确，则提示"Wrong password!"，同时检查口令是否已输入三次，若未输入三次，则提示"Enter again:"，且允许用户再次输入口令；若已输入三次，则提示"You have entered three times! You are not welcome!"，且不允许用户再输入口令，程序结束。

提示：设置一个计数器，每输入一次口令，计数一次。同时，设置标志变量 flag，当输入口令正确或虽然输入不正确但已输入三次时，置 flag 值为 0，不允许再输入，结束程序。反之，如果标志变量未发生改变（即为 1）时，请求用户继续输入口令。

2.3.9 实验 9：大奖赛现场统分

以往各类大奖赛的报分与统分脱节，参赛选手的最后得分总要等到下一个选手赛完后才报，影响竞赛的正常节奏，也不能满足观众的期待心理。现在请为某大奖赛编写一个现场统分程序，在各评委打分之后，及时通报评分结果。同时，为了给评委一个约束，有利于竞赛评判的公正，要求增加给评委打分和排序的功能。

已知：某大奖赛有 n 个选手参赛，m（$m>2$）个评委依次为参赛的选手评判打分，最高 10 分，最低 0 分。统分规则为：在每个选手所得的 m 个得分中，去掉一个最高分，去掉一个最低分，取平均分为该选手的最后得分。要求编程实现：

(1) 根据 *n* 个选手的最后得分，从高到低排出名次表，以便确定获奖名单。

(2) 根据各选手的最后得分与各评委给该选手所评分的差距，对每个评委评分的准确性给出一个定量的评价。

提示：设置 5 个数组：sh[i]为第 i 个选手的编号，sf[i]为第 i 个选手的最后得分，ph[j]为第 j 个评委的编号，f[i][j]为第 j 个评委给第 i 个选手的评分，pf[j]为第 j 个评委的得分，作为评委评分水准的代表。

① 对 n 个参赛选手设置 i 循环(i 从 1 变化到 n)：第 i 个选手上场，输入该选手的编号 sh[i]，在 j 循环（j 从 1 变化到 m）中依次输入第 i 个选手的 m 个得分 f[i][j]，每个得分 f[i][j]都累加到 sf[i]中，同时比较：若 f[i][j] > max，则 max = f[i][j]；若 f[i][j] < min，则 min = f[i][j]。当第 i 个选手的 m 个得分输入完毕，去掉一个最高分 max，去掉一个最低分 min，第 i 个选手的最后得分为 sf[i] = (sf[i] – max – min)/(m-2)。

n 个参赛选手的最后得分 sf[0]，sf[1]，…，sf[n]全部计算完后，将其从高到低排序，输出参赛选手的名次表。

② 评委给选手评分存在误差，即 f[i][j]≠sf[i]是正常的，也是允许的。但如果某个评委给每个选手的评分与各选手的最后得分都相差太多，则说明该评委的评分有失水准。可用下面的公式的计算结果作为对各评委评分水准的定量评价

$$pf[j] = 10 - \sqrt{\frac{\sum\limits_{i=1}^{n}(f[i][j] - sf[i])^2}{n}}$$

pf[j]高的评委的评判水平高，依据 m 个评委的 pf[j]值可打印出评委评判水平高低的名次表。

2.3.10 实验 10：数组、指针和函数综合编程练习

输出最高分和学号

假设每班人数最多不超过 40 人，具体人数由键盘输入，试编程输出最高分及其学号。

程序 1 用一维数组和指针变量作为函数参数，编程输出某班一门课成绩的最高分及其学号。

程序 2 用二维数组和指针变量作为函数参数，编程输出三个班学生（假设每班 4 个学生）的某门课成绩的最高分，并指出具有该最高分成绩的学生是第几个班的第几个学生。

程序 3 用指向二维数组第 0 行第 0 列元素的指针作为函数参数，编写一个计算任意 *m* 行 *n* 列二维数组中元素的最大值，并指出其所在的行列下标值的函数，利用该函数计算三个班学生（假设每班 4 个学生）的某门课成绩的最高分，并指出具有该最高分成绩的学生是第几个班的第几个学生。

程序 4 编写一个计算任意 *m* 行 *n* 列二维数组中元素的最大值，并指出其所在的行列下标值的函数，利用该函数和动态内存分配方法，计算任意 *m* 个班、每班 *n* 个学生的某门课成绩的最高分，并指出具有该最高分成绩的学生是第几个班的第几个学生。

【思考题】

① 编写一个能计算任意 *m* 行 *n* 列的二维数组中的最大值，并指出其所在的行列下标值的函数，能否使用二维数组或者指向二维数组的行指针作为函数参数进行编程实现呢？为什么？

② 请读者分析动态内存分配方法（题目要求中的程序 4）和二维数组（题目要求中的程序 3）两种编程方法有什么不同？使用动态内存分配方法存储学生成绩与用二维数组存储学生成绩相比，其优点是什么？

2.3.11 实验 11: 合并有序数列

已知两个不同长度的升序排列的数列（假设序列的长度都不超过 5），请编程将其合并为一个数列，使合并后的数列仍保持升序排列。

提示: 假设两个升序排列的数列分别保存在数组 a 和数组 b 中，用一个循环依次将数组 a 和数组 b 中的较小的数存到数组 c 中，当一个较短的序列存完后，再将较长的序列剩余的部分依次保存到数组 c 的末尾。假设两个序列的长度分别是 m 和 n，当第一个循环结束时，若 i 等于 m，则说明数组 a 中的数已经全部保存到了数组 c 中，于是只要将数组 b 中剩余的数存到数组 c 的末尾即可；若 j 等于 n，则说明数组 b 中的数已经全部保存到了数组 c 中，于是只要将数组 a 中剩余的数存到数组 c 的末尾即可。在第一个循环中，用 k 记录往数组 c 中存了多少个数，在第二个循环中，就从 k 这个位置开始继续存储较长序列中剩余的数。

【思考题】
① 如果两个序列的长度都是任意的，没有给定上限值，那么程序该如何编写？
② 请设计有序数列合并的递归算法。

2.3.12 实验 12: 最牛微信

如果 26 个英文字母 A B C D E F G H I J K L M N O P Q R S T U V W X Y Z 分别等于 1 2 3 4 5 6 7 8 9 10 11 12 13 14 1516 17 18 19 20 21 22 23 24 25 26，那么:

Knowledge（知识）: K+N+O+W+L+E+D+G+E=11+14+15+23+12+5+4+7+5=96%

Workhard（努力工作）: W+O+R+K+H+A+R+D=23+15+18+11+8+1+18+4 =98%

也就是说知识和努力工作对我们人生的影响可以达到 96% 和 98%。

Luck（好运）: L+U+C+K=12+21+3+11=47%

Love（爱情）: L+O+V+E=12+15+22+5=54%

看来，这些我们通常认为重要的东西却并没起到最重要的作用。那么，什么可以决定我们 100% 的人生呢？是 Money（金钱）吗？M+O+N+E+Y=13+15+14+5+25=72%，看来也不是。是 Leadership（领导能力）吗？L+E+A+D+E+R+S+H+I+P=12+5+1+4+5+18+19+9+16=89%，还不是。金钱、权力也不能完全决定我们的生活。那是什么呢？其实，真正能使我们生活圆满的东西就在我们自己身上！

ATTITUDE（心态）: A+T+T+I+T+U+D+E=1+20+20+9+20+21+4+5=100%

我们对待人生的态度才能够 100% 影响我们的生活，或者说能够使我们的生活达到 100% 的圆满！

这是 2015 年最牛的一条微信，现在请你编写程序测试上述计算结果的正确性。

2.3.13 实验 13: 英雄卡

小明非常迷恋收集各种干脆面里面的英雄卡，为此他曾经连续一个月都只吃干脆面这一种零食，但是有些稀有英雄卡真的是太难收集到了。后来某商场搞了一次英雄卡兑换活动，只要有三张编号连续的英雄卡，你就可以换任意编号的英雄卡。小明想知道他最多可以换到几张英雄卡（新换来的英雄卡不可以再次兑换）。

2.3.14　实验 14：数数的手指

一个小女孩正在用左手手指数数，从 1 到 n。她从拇指算作 1 开始数起，然后食指为 2，中指为 3，无名指为 4，小指为 5。接下来调转方向，无名指算作 6，中指为 7，食指为 8，大拇指为 9，接下来食指算作 10，如此反复。如果继续这种方式数下去，最后结束时是停在哪根手指上？

2.3.15　实验 15：计算个人所得税

按照税法规定，对个人一次取得的劳务报酬应交纳个人所得税。假设收入不超过 800 元的，无需纳税。收入超过 800 元但不到 4000 元的，减除 800 元后再计算应纳税额，即

$$应纳税额 = (收入-800) \times 20\%$$

收入超过 4000 元的，减除 20% 的费用后再计算应纳税额，即

$$应纳税额 = 收入 \times (1-20\%) \times 适用税率 - 速算扣除数$$

收入不超过 20000 元的，适用税率为 20%，速算扣除数为 0。

收入超过 20000 元的，收入在 20000～50000 元之间的部分，适用税率为 30%，速算扣除数为 2000 元；收入超过 50000 元的部分，适用税率为 40%，速算扣除数为 7000 元。

从键盘输入个人一次取得的劳务报酬，根据以上计算方法，编程计算并输出其应纳税款。

2.3.16　实验 16：单词接龙

阿刚和女友小莉用英语短信玩单词接龙游戏。一人先写一个英文单词，然后另一个人回复一个英文单词，要求回复单词的开头有若干个字母和上一个人所写单词的结尾若干个字母相同，重合部分的长度不限（如阿刚输入 happy，小莉可以回复 python，重合部分为 py）。现在，小莉回复了阿刚一个单词，阿刚想知道这个单词与自己发过去的单词的重合部分是什么，但是阿刚觉得用肉眼找重合部分实在是太难了，所以请你编写程序来帮他找出重合部分。

2.3.17　实验 17：猜神童年龄

美国数学家维纳（N. Wiener）智力早熟，11 岁就上了大学。他曾在 1935～1936 年应邀来中国清华大学讲学。一次，他参加某个重要会议，年轻的脸孔引人注目。于是有人询问他的年龄，他回答说："我年龄的立方是一个 4 位数。我年龄的 4 次方是一个 6 位数。这 10 个数字正好包含了 0～9 这 10 个数字，每个都恰好出现 1 次。"请编程计算他当时的年龄。

2.3.18　实验 18：猴子吃桃

猴子第一天摘了若干个桃子，吃了一半，不过瘾，又多吃了 1 个。第二天早上将剩余的桃子又吃掉一半，并且多吃了 1 个。

此后，每天都是吃掉前一天剩下的一半零一个。到第 n 天再想吃时，发现只剩下 1 个桃子，问第一天它摘了多少桃子？

为了加强交互性，由用户输入天数 n，即假设第 n 天的桃子数为 1。

2.3.19　实验 19：数字黑洞

任意输入一个 3 的倍数的正整数，先把这个数的每一个数位上的数字都计算其立方，再将各位数字相加，得到一个新数，然后把这个新数的每一个数位上的数字再计算其立方，再将各位数字相加……重复运算下去，结果都为 153。如果换另一个 3 的倍数试一试，仍然可以得到同样的结论，因此 153 被称为"数字黑洞"。

例如，63 是 3 的倍数，按上面的规律运算如下：

$6^3+3^3=216+27=243$

$2^3+4^3+3^3=8+64+27=99$

$9^3+9^3=729+729=1458$

$1^3+4^3+5^3+8^3=1+64+125+512=702$

$7^3+0^3+2^3=351$

$3^3+5^3+1^3=153$

$1^3+5^3+3^3=153$

请编程验证任意的是 3 的倍数的正整数都是"数字黑洞"，并输出验证的步数。

2.3.20　实验 20：火柴游戏

任务 1　23 根火柴游戏。请编写一个简单的 23 根火柴游戏程序，实现人与计算机玩这个游戏的程序。为了方便程序自动评测，假设计算机移动的火柴数不是随机的，而是将剩余的火柴根数对 3 求余后再加 1 来作为计算机每次取走的火柴数。如果计算机打算移走的火柴数等于剩下的火柴数，则将计算机打算移走的火柴数减 1。但是计算机不可以不取，剩下的火柴数为 1 时，必须取走 1 根火柴。假设游戏规则如下：

❖ 两个游戏者开始拥有 23 根火柴棒。

❖ 每个游戏者轮流移走 1 根、2 根或 3 根火柴。

❖ 谁取走最后一根火柴为失败者。

已知程序的两次运行结果示例如下。

（1）玩家赢的运行结果示例如下：

这里是 23 根火柴游戏！！

注意：最大移动火柴数目为三根

请输入您移动的火柴数目：

2↙

您移动的火柴数目为：2

您移动后剩下的火柴数目为：21

计算机移动的火柴数目为：1

计算机移动后剩下的火柴数目为：20

请输入您移动的火柴数目：

2↙

您移动的火柴数目为：2

您移动后剩下的火柴数目为：18

计算机移动的火柴数目为：1

计算机移动后剩下的火柴数目为：17

请输入您移动的火柴数目：

2✓

您移动的火柴数目为：2

您移动后剩下的火柴数目为：15

计算机移动的火柴数目为：1

计算机移动后剩下的火柴数目为：14

请输入您移动的火柴数目：

2✓

您移动的火柴数目为：2

您移动后剩下的火柴数目为：12

计算机移动的火柴数目为：1

计算机移动后剩下的火柴数目为：11

请输入您移动的火柴数目：

2✓

您移动的火柴数目为：2

您移动后剩下的火柴数目为：9

计算机移动的火柴数目为：1

计算机移动后剩下的火柴数目为：8

请输入您移动的火柴数目：

2✓

您移动的火柴数目为：2

您移动后剩下的火柴数目为：6

计算机移动的火柴数目为：1

计算机移动后剩下的火柴数目为：5

请输入您移动的火柴数目：

1✓

您移动的火柴数目为：1

您移动后剩下的火柴数目为：4

计算机移动的火柴数目为：2

计算机移动后剩下的火柴数目为：2

请输入您移动的火柴数目：

1✓

您移动的火柴数目为：1

您移动后剩下的火柴数目为：1

计算机移动的火柴数目为：1

计算机移动后剩下的火柴数目为：0

恭喜您！您赢了！

（2）玩家输的运行示例如下：

这里是 23 根火柴游戏！！

注意：最大移动火柴数目为三根

请输入您移动的火柴数目：

3✓

您移动的火柴数目为：3

您移动后剩下的火柴数目为：20

计算机移动的火柴数目为：3

计算机移动后剩下的火柴数目为：17

请输入您移动的火柴数目：

3✓

您移动的火柴数目为：3

您移动后剩下的火柴数目为：14

计算机移动的火柴数目为：3

计算机移动后剩下的火柴数目为：11

请输入您移动的火柴数目：

3✓

您移动的火柴数目为：3

您移动后剩下的火柴数目为：8

计算机移动的火柴数目为：3

计算机移动后剩下的火柴数目为：5

请输入您移动的火柴数目：

2✓

您移动的火柴数目为：2

您移动后剩下的火柴数目为：3

计算机移动的火柴数目为：1

计算机移动后剩下的火柴数目为：2

请输入您移动的火柴数目：

2✓

您移动的火柴数目为：2

您移动后剩下的火柴数目为：0

对不起！您输了！

任务 2 21 根火柴游戏。现有 21 根火柴，两人轮流取，每人每次可以取 1～4 根，不可多取（假如多取或者取走的数量不在合法的范围内，则要求重新输入），也不能不取，谁取最后一根火柴谁输。请编写一个程序进行人机对弈，要求人先取，计算机后取；请设计一种计算机取走火柴的规则，使得计算机一方为常胜将军。

已知程序的运行结果示例如下：

```
Game begin:
How many sticks do you wish to take (1~4)?6✓
How many sticks do you wish to take (1~4)?3✓
18 sticks left in the pile.
Computer take 2 sticks.
```

```
16 sticks left in the pile.
How many sticks do you wish to take (1~4)?3↙
13 sticks left in the pile.
Computer take 2 sticks.
11 sticks left in the pile.
How many sticks do you wish to take (1~4)?3↙
8 sticks left in the pile.
Computer take 2 sticks.
6 sticks left in the pile.
How many sticks do you wish to take (1~4)?3↙
3 sticks left in the pile.
Computer take 2 sticks.
1 sticks left in the pile.
How many sticks do you wish to take (1~1)?2↙
How many sticks do you wish to take (1~1)?1↙
You have taken the last sticks.
***You lose!
Game Over.
```

2.4　课内上机实验题目参考答案

2.4.1　实验 1：熟悉上机环境和顺序结构编程练习

1. 键盘输入与屏幕输出练习

〖参考答案〗

问题 1：D。

问题 2：

```c
#include  <stdio.h>
int main(void)
{
    char  a, b;
    int  c;
    scanf("%c%c%d", &a, &b, &c);
    printf("%-2c%-2c%d\n", a, b, c);
    return 0;
}
```

问题 3：

```c
#include  <stdio.h>
int main(void)
{
    char  a, b;
    int  c;
    scanf("%c,%c,%d", &a, &b, &c);
    printf("%c,%c,%d\n", a, b, c);
    return 0;
```

```
    }
```

问题 4:

```
    #include  <stdio.h>
    int main(void)
    {
        char  a, b;
        int  c;
        scanf("%c,%c,%d", &a, &b, &c);
        printf("\'%c\',\'%c\',%d\n", a, b, c);
        return 0;
    }
```

问题 5:

```
    #include  <stdio.h>
    int main(void)
    {
        char  a, b;
        int  c;
        scanf("%c%*c%c%*c%d", &a, &b, &c);
        printf("\'%c\',\'%c\',%d\n", a, b, c);
        return 0;
    }
```

2. 计算定期存款本利之和

〖参考答案〗

```
    #include  <math.h>
    #include  <stdio.h>
    int main(void)                                      // 主函数首部
    {
        int  n;                                         // 存款期变量声明
        double  rate;                                   // 存款年利率变量声明
        double  capital;                                // 存款本金变量声明
        double  deposit;                                // 本利之和变量声明
        printf("Please enter rate, year, capital:");    // 输出用户输入的提示信息
        scanf("%lf,%d,%lf", &rate, &n, &capital);       // 输入数据
        deposit = capital * pow(1+rate, n);             // 计算存款利率之和，pow 为幂函数
        printf("deposit = %f\n", deposit);              // 输出存款利率之和
        return 0;
    }
```

程序的运行结果如下:

```
    Please enter rate, year, capital: 0.0225,1,10000✓
    deposit = 10225.000000
```

2.4.2　实验 2：选择结构编程练习

1. 身高预测

〖参考答案〗

```
#include <stdio.h>
int main(void)
{
    char   sex;                    // 孩子的性别
    char   sports;                 // 是否喜欢体育运动
    char   diet;                   // 是否有良好的饮食习惯
    float  myHeight;               // 孩子身高
    float  faHeight;               // 父亲身高
    float  moHeight;               // 母亲身高
    printf("Are you a boy(M) or a girl(F)?");
    scanf(" %c", &sex);            // 在%c 前加一个空格，将存于缓冲区中的回车符读入
    printf("Please input your father's height(cm):");
    scanf("%f", &faHeight);
    printf("Please input your mother's height(cm):");
    scanf("%f", &moHeight);
    printf("Do you like sports(Y/N)?");
    scanf(" %c", &sports);         // 在%c 前加一个空格，将存于缓冲区中的回车符读入
    printf("Do you have a good habit of diet(Y/N)?");
    scanf(" %c", &diet);           // 在%c 前加一个空格，将存于缓冲区中的回车符读入
    if (sex == 'M' || sex == 'm')
        myHeight = (faHeight + moHeight) * 0.54;
    else
        myHeight = (faHeight * 0.923 + moHeight) / 2.0;
    if (sports == 'Y' || sports == 'y')
        myHeight = myHeight * (1 + 0.02);
    if (diet == 'Y' || diet == 'y')
        myHeight = myHeight * (1 + 0.015);
    printf("Your future height will be %f(cm)\n", myHeight);
    return 0;
}
```

程序的运行结果如下：
```
Are you a boy(M) or a girl(F)?F↙
Please input your father's height(cm):182↙
Please input your mother's height(cm):162↙
Do you like sports(Y/N)?Y↙
Do you have a good habit of diet(Y/N)?Y↙
Your future height will be 170.817261(cm)
```

2. 体型判断

这是一个多分支选择问题，可以用如下三种方法编程。

〖参考答案 1〗

用不带 else 子句的 if 语句编程。

```c
#include <stdio.h>
int main(void)
{
    float h, w, t;
    printf("Please enter h,w:");
    scanf("%f, %f", &h, &w);
    t = w / (h * h);
    if ( t < 18)
    {
        printf("t=%f\tLower weight!\n", t);
    }
    if ( t >= 18 && t < 25)
    {
        printf("t=%f\tStandard weight!\n", t);
    }
    if ( t >= 25 && t < 27)
    {
        printf("t=%f\tHigher weight!\n", t);
    }
    if ( t >= 27)
    {
        printf("t=%f\tToo fat!\n", t);
    }
    return 0;
}
```

〖参考答案 2〗

用在 if 子句中嵌入 if 语句的形式编程。

```c
#include <stdio.h>
int main(void)
{
    float h, w, t;
    printf("Please enter h,w:");
    scanf("%f, %f", &h, &w);
    t = w / (h * h);
    if (t < 27)
    {
        if (t < 25)
        {
            if (t < 18)
            {
                printf("t=%f\tLower weight!\n", t);
            }
            else
            {
                printf("t=%f\tStandard weight!\n", t);
```

```
                }
            }
            else
            {
                printf("t=%f\tHigher weight!\n", t);
            }
        }
        else
        {
            printf("t=%f\tToo fat!\n", t);
        }
        return 0;
    }
```

〖参考答案 3〗

用在 else 子句中嵌入 if 语句的形式编程。

```
        #include <stdio.h>
        int main(void)
        {
            float  h, w, t;
            printf("Please enter h,w:");
            scanf("%f, %f", &h, &w);
            t = w / (h * h);
            if (t < 18)
            {
                printf("t=%f\tLower weight!\n", t);
            }
            else  if (t < 25)
            {
                printf("t=%f\tStandard weight!\n", t);
            }
            else  if (t < 27)
            {
                printf("t=%f\tHigher weight!\n", t);
            }
            else
            {
                printf("t=%f\tToo fat!\n", t);
            }
             return 0;
        }
```

程序 4 次测试的运行结果如下：

① Please enter h,w: 1.60,40↙
  t=15.625000   Lower weight!
② Please enter h,w: 1.60,50↙
  t=19.531250   Standard weight!
③ Please enter h,w: 1.60,65↙

```
    t=25.390625          Higher weight!
④  Please enter h,w: 1.60,70↙
    t=27.343750          Too fat!
```

　　注意，由于 if 或 else 子句中只允许有一条语句，因此需要多条语句时必须用复合语句，即把需要执行的多条语句用一对花括号括起来，否则可能出错。为了避免以后在 if 或 else 子句中增加语句时发生错误，应养成即使 if 或 else 子句只有一条语句也将其用"{}"括起来的习惯。

　　if 子句中内嵌 if 语句时，因为 else 子句总是与距离它最近的且没有配对的 if 相结合，而与书写的缩进格式无关，所以如果内嵌的 if 语句没有 else 分支，即不是完整的 if-else 形式，则极易发生 else 配对错误。为了避免这类逻辑错误的发生，有两个有效的办法：一是将 if 子句中内嵌的 if 语句用"{}"括起来；二是尽量采用在 else 子句中内嵌 if 语句的形式编程，如本例参考答案 3。显然，该方法更简洁，且不易出错。

3. 简单的计算器

〖参考答案〗

问题（1）：

```c
#include <stdio.h>
#include <math.h>
int main(void)
{
    float  data1, data2;                               // 定义两个操作符
    char   op;                                         // 定义运算符
    printf("Please enter the expression:\n");
    scanf("%f %c%f", &data1, &op, &data2);             // 输入表达式,%c 前有一空格
    switch (op)                              // 根据输入的运算符确定要执行的运算
    {
        case '+':  printf("%f + %f = %f \n", data1, data2, data1 + data2);
                   break;
        case '-':  printf("%f - %f = %f \n", data1, data2, data1 - data2);
                   break;
        case '*':  printf("%f * %f = %f \n", data1, data2, data1 * data2);
                   break;
        case '/':  if (fabs(data2) <= 1e-7)            // 与实数 0 比较
                       printf("Division by zero!\n");
                   else
                       printf("%f / %f = %f \n", data1, data2, data1 / data2);
                   break;
        default:   printf("Unknown operator! \n");
    }
    return 0;
}
```

程序 6 次测试的运行结果如下：

① Please enter the expression: 2.0 + 4.0↙
　 2.000000 + 4.000000 = 6.000000
② Please enter the expression: 2.0 - 4.0↙
　 2.000000 - 4.000000 = -2.000000

③ Please enter the expression: 2.0 * 4.0↙
　2.000000* 4.000000 = 8.000000
④ Please enter the expression: 2.0 / 4.0↙
　2.000000/ 4.000000 = 0.500000
⑤ Please enter the expression: 2.0 / 0↙
　Division by zero!
⑥ Please enter the expression: 2.0 \ 4.0↙
　Unknown operator!

比较实型变量 data2 和常数 0 是否相等应该用 "if (fabs(data2) <= 1e-7)"。

问题（2）：在上面程序输入运算表达式的 scanf 语句中，使用在 "%c 前加空格" 的方法，可以使输入算术表达式时在操作数和运算符之间加入任意多个空白符。

问题（3）：

```c
#include <stdio.h>
#include <math.h>
int main(void)
{
    float  data1, data2;                          // 定义两个操作符
    char  op;                                      // 定义运算符
    char  reply;                                   // 用户输入的回答
    do{
        printf("Please enter the expression:\n");
        scanf("%f %c%f", &data1, &op, &data2);     // %c 前有一空格
        switch (op)                                // 根据输入的运算符确定要执行的运算
        {
            case '+':  printf("%f + %f = %f\n", data1, data2, data1+data2);
                       break;
            case '-':  printf("%f - %f = %f \n", data1, data2, data1 - data2);
                       break;
            case '*':  printf("%f * %f = %f \n", data1, data2, data1 * data2);
                       break;
            case '/':  if (fabs(data2) <= 1e-7)
                       {
                           printf("Division by zero!\n");
                       }
                       else
                       {
                           printf("%f / %f = %f \n", data1, data2, data1/data2);
                       }
                       break;
            default:   printf("Unknown operator!\n");
        }
        printf("Do you want to continue(Y/N or y/n)?");
        scanf(" %c", &reply);                       // %c 前有一空格
    } while (reply == 'Y' || reply == 'y');
    printf("Program is over!\n");
    return 0;
```

```
        }
```

程序的运行结果如下：

```
Please enter the expression:2.0 + 4.0↙
2.000000 + 4.000000 = 6.000000
Do you want to continue(Y/N or y/n)?y↙
Please enter the expression:2.0 - 4.0↙
2.000000 - 4.000000 = -2.000000
Do you want to continue(Y/N or y/n)?y↙
Please enter the expression:2.0 * 4.0↙
2.000000 * 4.000000 = 8.000000
Do you want to continue(Y/N or y/n)?y↙
Please enter the expression:2.0 / 4.0↙
2.000000 / 4.000000 = 0.500000
Do you want to continue(Y/N or y/n)?y↙
Please enter the expression:2.0 \ 4.0↙
Unknown operator!
Do you want to continue(Y/N or y/n)?n↙
Program is over!
```

2.4.3 实验3：循环结构编程练习

1. 判断素数

〖参考答案〗

```c
#include <math.h>
#include <stdio.h>
int main(void)
{
    int  number, flag, i;
    printf("Input n:\n");
    scanf("%d", &number);
    if (number <= 1)                   // 负数、0和1都不是素数
    {
        flag = 0;
    }
    for (i=2; i<=sqrt(number); i++)
    {
        if ((number % i) == 0)         // 被整除，不是素数
        {
            flag = 0;
        }
    }
    if (flag != 0)
    {
        printf("%d is a prime number\n",number);
    }
    else
```

```
        {
            printf("%d is not a prime number\n",number);
        }
        return 0;
    }
```

2．猜数游戏

〖参考答案〗

程序 1：

```
    #include  <stdio.h>
    #include  <stdlib.h>
    #include  <time.h>              // 将函数 time 所需要的头文件 time.h 包含到程序中
    int main(void)
    {
        int  magic;                 // 计算机"想"的数
        int  guess;                 // 玩家猜的数
        srand(time(NULL));          // 用标准库函数 srand()为函数 rand()设置随机数种子
        magic = rand() % 100 + 1;
        printf("Please guess a magic number:");
        scanf("%d", &guess);
        if (guess > magic)
        {
            printf("Wrong!Too high!\n");
        }
        else if (guess < magic)
        {
            printf("Wrong!Too low!\n");
        }
        else
        {
            printf("Right!\n");
            printf("The number is:%d\n", magic);
        }
        return 0;
    }
```

程序的运行结果如下：

```
    Please guess a magic number:40↙
    Wrong!Too low!
```

〖参考答案〗

程序 2：

```
    #include <stdio.h>
    #include <stdlib.h>
    #include <time.h>
    int main(void)
    {
```

```
    int  magic;                           // 计算机"想"的数
    int  guess;                           // 玩家猜的数
    int  counter;                         // 记录玩家猜的次数
    srand(time(NULL));
    magic = rand() % 100 + 1;
    counter = 0;
    do {
        printf("Please guess a magic number:");
        scanf("%d", &guess);
        counter ++;
        if (guess > magic)
        {
            printf("Wrong!Too high!\n");
        }
        else if (guess < magic)
        {
            printf("Wrong!Too low!\n");
        }
    } while (guess != magic);          // 直到玩家猜对为止
    printf("Right!\n");
    printf("counter = %d\n", counter);
    return 0;
}
```

程序的运行结果如下：

```
Please guess a magic number:50↙
Wrong!Too low!
Please guess a magic number:90↙
Wrong!Too high!
Please guess a magic number:70↙
Wrong!Too high!
Please guess a magic number:60↙
Wrong!Too high!
Please guess a magic number:55↙
Wrong!Too high!
Please guess a magic number:52↙
Right!
counter = 6
```

〖参考答案〗

程序 3：

```
#include  <stdio.h>
#include  <stdlib.h>
#include  <time.h>
int main(void)
{
    int  magic;                           // 计算机"想"的数
    int  guess;                           // 玩家猜的数
```

```
        int   counter;                              // 记录玩家猜的次数
        srand(time(NULL));
        magic = rand() % 100 + 1;
        counter = 0;
        do {
            printf("Please guess a magic number:");
            scanf("%d", &guess);
            counter ++;
            if (guess > magic)
            {
                printf("Wrong!Too high!\n");
            }
            else if (guess < magic)
            {
                printf("Wrong!Too low!\n");
            }
            else
            {
                printf("Right!\n");
            }
        } while ((guess!=magic) && (counter<10));   // 猜不对且未超过 10 次时继续猜
        printf("counter = %d\n", counter);
        return 0;
    }
```

程序两次测试的运行结果如下：
① Please guess a magic number:50✓
Wrong!Too low!
Please guess a magic number:80✓
Wrong!Too high!
Please guess a magic number:60✓
Wrong!Too high!
Please guess a magic number:55✓
Right!
counter = 4
② Please guess a magic number:40✓
Wrong!Too low!
Please guess a magic number:90✓
Wrong!Too high!
Please guess a magic number:80✓
Wrong!Too high!
Please guess a magic number:70✓
Wrong!Too high!
Please guess a magic number:60✓
Wrong!Too high!
Please guess a magic number:55✓
Wrong!Too high!
Please guess a magic number:50✓

```
Wrong!Too high!
Please guess a magic number:45↙
Wrong!Too high!
Please guess a magic number:44↙
Wrong!Too high!
Please guess a magic number:43↙
Wrong!Too high!
counter = 10
```

〖参考答案〗

程序4：

```
#include <stdio.h>
#include <stdlib.h>
#include <time.h>
int main(void)
{
    int  magic;                          // 计算机"想"的数
    int  guess;                          // 玩家猜的数
    int  counter;                        // 记录玩家猜的次数
    char reply;                          // 玩家输入的回答
    srand(time(NULL));
    do {
        magic = rand() % 100 + 1;
        counter = 0;
        do {
            printf("Please guess a magic number:");
            scanf("%d", &guess);
            counter ++;
            if (guess > magic)
            {
                printf("Wrong!Too high!\n");
            }
            else if (guess < magic)
            {
                printf("Wrong!Too low!\n");
            }
            else
            {
                printf("Right!\n");
            }
        } while (guess!=magic && counter<10);    // 猜错且未超10次时继续猜
        printf("counter = %d\n", counter);
        printf("Do you want to continue(Y/N or y/n)?");
        scanf(" %c", &reply);                     // %c 前面有一个空格
    } while ((reply == 'Y') || (reply == 'y'));
    printf("The game is over!\n");
    return 0;
}
```

程序的运行结果如下：

```
Please guess a magic number:50↙
Wrong!Too low!
Please guess a magic number:80↙
Wrong!Too low!
Please guess a magic number:90↙
Wrong!Too high!
Please guess a magic number:85↙
Wrong!Too high!
Please guess a magic number:83↙
Right!
counter = 5
Do you want to continue(Y/N or y/n)?y↙
Please guess a magic number:50↙
Wrong!Too low!
Please guess a magic number:80↙
Wrong!Too low!
Please guess a magic number:90↙
Wrong!Too low!
Please guess a magic number:95↙
Wrong!Too low!
Please guess a magic number:99↙
Right!
counter = 5
Do you want to continue(Y/N or y/n)?n↙
The game is over!
```

2.4.4　实验 4：函数编程练习

1．判断三角形类型

〖参考答案〗

```c
#include <stdio.h>
#include <math.h>
#define EPS  1e-1
int Triangle(double a, double b, double c)
{
    if ((a+b>c && a+c>b && b+c>a) && (a>0 && b>0 && c>0))
    {
        return 1;
    }
    else
    {
        return 0;
    }
}
int Equilateral(double a, double b, double c)
{
```

```
    if ((a==b) && (b==c))
    {
        return 1;
    }
    else
    {
        return 0;
    }
}
int Isosceles(double a, double b, double c)
{
    if ((a==b) || (b==c) || (a==c))
    {
        return 1;
    }
    else
    {
        return 0;
    }
}
int Right(double a, double b, double c)
{
    if (fabs(a*a+b*b-c*c)<=EPS || fabs(a*a+c*c-b*b)<=EPS ||fabs(c*c+b*b-a*a)<=EPS)
    {
        return 1;
    }
    else
    {
        return 0;
    }
}
int  main(void)
{
    double  a, b, c;
    printf("Input the three edge length a,b,c:");
    scanf("%lf,%lf,%lf", &a, &b, &c);
    if (Triangle(a, b, c))
    {
        if (Equilateral(a, b, c))
        {
            printf("等边三角形\n");
            return 0;
        }
        if (Isosceles(a, b, c) && Right(a, b, c))
        {
            printf("等腰直角三角形\n");
            return 0;
        }
```

```
        if (Isosceles(a, b, c))
        {
            printf("等腰三角形\n");
            return 0;
        }
        if (Right(a, b, c))
        {
            printf("直角三角形\n");
            return 0;
        }
        printf("一般三角形\n");
        return 0;
    }
    else
    {
        printf("不能构成三角形\n");
        return 0;
    }
}
```

程序 4 次测试的运行结果如下：

① Input the three edge a,b,c:3,4,5↙
　直角三角形
② Input the three edge a,b,c:4,4,5↙
　等腰三角形
③ Input the three edge a,b,c:4,4,4↙
　等边三角形
④ Input the three edge a,b,c:10,10,14.14↙
　等腰直角三角形
⑤ Input the three edge a,b,c:3,4,9↙
　不能构成三角形

2．给小学生出加法考试题

〖参考答案〗

程序 1：

```
#include  <stdio.h>
// 函数功能：计算两整型数之和，如果与用户输入的答案相同，则返回 1，否则返回 0
int  Add(int a, int b)
{
    int  answer;
    printf("%d+%d=", a, b);
    scanf("%d", &answer);
    if (a+b == answer)
    {
        return 1;
    }
    else
```

```
    {
            return 0;
        }
    }
// 函数功能：输出结果正确与否的信息，整型变量 flag，标志结果正确与否
void  Print(int flag)
{
    if (flag)
    {
        printf("Right!\n");
    }
    else
    {
        printf("Not correct!\n");
    }
}
int main(void)
{
    int  a, b, answer;
    printf("Input a,b:");
    scanf("%d,%d", &a, &b);
    answer = Add(a, b);
    Print(answer);
    return 0;
}
```

程序两次测试的运行结果如下：
① Input a,b:1,2↙
  1+2=3↙
  Right!
② Input a,b:1,2↙
  1+2=4↙
  Not correct!

〖参考答案〗

程序2：

```
#include  <stdio.h>
// 函数功能：计算两整型数之和，如果与用户输入的答案相同，则返回 1，否则返回 0
int Add(int a, int b)
{
    int  answer;
    printf("%d+%d=", a, b);
    scanf("%d", &answer);
    if (a+b == answer)
    {
        return 1;
    }
    else
```

```
        {
            return 0;
        }
    }
// 函数功能：输出结果正确与否的信息，整型变量 flag，标志结果正确与否
void Print(int flag)
{
    if (flag)
    {
        printf("Rright!\n");
    }
    else
    {
        printf("Not correct. Try again!\n");
    }
}
int main(void)
{
    int  a, b, answer;
    printf("Input a,b:");
    scanf("%d,%d", &a, &b);
    do {
        answer = Add(a, b);
        Print(answer);
    } while (answer == 0);
    return 0;
}
```

程序的运行结果如下：

```
Input a,b:1,2↙
1+2=4↙
Not correct. Try again!
1+2=5↙
Not correct. Try again!
1+2=3↙
Rright!
```

〖参考答案〗

程序 3：

```
#include <stdio.h>
// 函数功能：计算两整型数之和，如果与用户输入的答案相同，则返回 1，否则返回 0
int Add(int a, int b)
{
    int  answer;
    printf("%d+%d=", a, b);
    scanf("%d", &answer);
    return a+b==answer ? 1 : 0;
}
```

```c
// 函数功能：输出结果正确与否的信息，flag 标志结果正确与否，chance 记录同一道题做了几次
void Print(int flag, int chance)
{
    if (flag)
    {
        printf("Right!\n");
    }
    else if (chance < 3)
    {
        printf("Not correct. Try again!\n");
    }
    else
    {
        printf("Not correct. You have tried three times!\nTest over!\n");
    }
}
int main(void)
{
    int  a, b, answer, chance;
    printf("Input a,b:");
    scanf("%d,%d", &a, &b);
    chance = 0;
    do {
        answer = Add(a, b);
        chance++;
        Print(answer, chance);
    } while ((answer == 0) && (chance < 3));
    return 0;
}
```

程序两次测试的运行结果如下：

① Input a,b:1,2✓
   1+2=4✓
   Not correct. Try again!
   1+2=5✓
   Not correct. Try again!
   1+2=2✓
   Not correct. You have tried three times!
   Test over!

② Input a,b:1,2✓
   1+2=4✓
   Not correct. Try again!
   1+2=3✓
   Right!

〖参考答案〗

程序 4：

```c
#include  <stdio.h>
```

```c
#include  <stdlib.h>
#include  <time.h>
// 函数功能：计算两整型数之和，如果与用户输入的答案相同，则返回 1，否则返回 0
int Add(int a, int b)
{
    int  answer;
    printf("%d+%d=", a, b);
    scanf("%d", &answer);
    return a+b==answer ? 1 : 0;
}
// 函数功能：输出结果正确与否的信息，整型变量 flag，标志结果正确与否
void Print(int flag)
{
    if (flag)
    {
        printf("Rright!\n");
    }
    else
    {
        printf("Not correct!\n");
    }
}
int main(void)
{
    int  a, b, answer, error = 0, score = 0, i;
    srand(time(NULL));
    for (i=0; i<10; i++)
    {
        a = rand() % 10 + 1;
        b = rand() % 10 + 1;
        answer = Add(a, b);
        Print(answer);
        if (answer == 1)
        {
            score = score + 10;
        }
        else
        {
            error++;
        }
    }
    printf("score = %d, error numbers = %d\n", score, error);
    return 0;
}
```

程序的运行结果如下：

```
10+1=11√
Rright!
```

```
5+9=14↙
Rright!
4+6=10↙
Rright!
7+2=9↙
Rright!
3+10=13↙
Rright!
1+1=2↙
Rright!
5+2=7↙
Rright!
3+7=10↙
Rright!
4+7=10↙
Not correct!
5+6=11↙
Rright!
score = 90, error numbers = 1
```

〖参考答案〗
程序5：

```
#include <stdio.h>
#include <stdlib.h>
#include <time.h>
// 函数功能：对两整型数进行加、减、乘、除四则运算
//           如果用户输入的答案与结果相同，则返回1，否则返回0
int Compute(int a, int b, int op)
{
    int answer, result;
    switch (op)
    {
        case 1:   printf("%d + %d=", a, b);
                  result = a + b;
                  break;
        case 2:   printf("%d - %d=", a, b);
                  result = a - b;
                  break;
        case 3:   printf("%d * %d=", a, b);
                  result = a * b;
                  break;
        case 4:   if (b != 0)
                  {
                      printf("%d / %d=", a, b);
                      result = a / b;          // 注意这里是整数除法运算，结果为整型
                  }
                  else
                  {
```

```
                    printf("Division by zero!\n");
                }
                break;
        default:    printf("Unknown operator!\n");
    }
    scanf("%d", &answer);
    return result==answer ? 1 : 0;
}
// 函数功能：输出结果正确与否的信息
void Print(int flag)
{
    if (flag)
    {
        printf("Rright!\n");
    }
    else
    {
        printf("Not correct!\n");
    }
}
int main(void)
{
    int  a, b, answer, error = 0, score = 0, i, op;
    srand(time(NULL));
    for (i=0; i<10; i++)
    {
        a = rand()%10 + 1;
        b = rand()%10 + 1;
        op = rand()%4 + 1;
        answer = Compute(a, b, op);
        Print(answer);
        if (answer == 1)
        {
            score = score + 10;
        }
        else
        {
                error++;
        }
    }
    printf("score = %d, error numbers = %d\n", score, error);
    return 0;
}
```

程序的运行结果如下：

```
4+6=10√
Rright!
9-9=0√
```

```
Rright!
7-8=-1✓
Rright!
2-7=-5✓
Rright!
4-10=-6✓
Rright!
7/1=7✓
Rright!
7+10=17✓
Rright!
5+7=11✓
Not correct!
3*8=24✓
Rright!
2/7=0✓
Rright!
score = 90, error numbers = 1
```

3. 掷骰子游戏

〖参考答案〗

```c
#include <stdio.h>
#include <stdlib.h>
#include <time.h>
int rollDice(void);
int main(void)
{
    enum Status {CONTINUE, WON, LOST};
    int  sum, myPoint, count = 0;
    enum Status gameStatus;
    srand(time(NULL));
    sum = rollDice();
    switch(sum)
    {
        case 7:
        case 11:  gameStatus = WON;
                  break;
        case 2:
        case 3:
        case 12:  gameStatus = LOST;
                  break;
        default:  gameStatus = CONTINUE;
                  myPoint = sum;
                  printf("Point is %d\n", myPoint);
    }
    while (gameStatus == CONTINUE)
    {
```

```
            sum = rollDice();
            count++;
            if (sum == myPoint)
            {
                gameStatus = WON;
            }
            else if (count == 7)
            {
                gameStatus = LOST;
            }
        }
        if (gameStatus == WON)
        {
            printf("Player wins\n");
        }
        else
        {
            printf("Player loses\n");
        }
         return 0;
    }
    int rollDice(void)
    {
        int  die1, die2, workSum;
        die1 = 1 + rand()%6;
        die2 = 1 + rand()%6;
        workSum = die1 + die2;
        printf("Player rolled %d + %d = %d\n", die1, die2, workSum);
        return workSum;
    }
```

第 1 次测试结果如下：

```
Player rolled 6 + 5 = 11
Player wins
```

第 2 次测试结果如下：

```
Player rolled 6 + 6 = 12
Player loses
```

第 3 次测试结果如下：

```
Player rolled 1 + 4 = 5
Point is 5
Player rolled 2 + 6 = 8
Player rolled 3 + 1 = 4
Player rolled 2 + 4 = 6
Player rolled 6 + 6 = 12
Player rolled 1 + 6 = 7
Player rolled 2 + 3 = 5
Player wins
```

第 4 次测试结果如下：

```
Player rolled 2 + 2 = 4
Point is 4
Player rolled 2 + 5 = 7
Player rolled 3 + 5 = 8
Player rolled 3 + 5 = 8
Player rolled 6 + 6 = 12
Player rolled 6 + 3 = 9
Player rolled 4 + 2 = 6
Player rolled 3 + 6 = 9
Player loses
```

2.4.5　实验 5：数组编程练习

1. 检验并打印幻方矩阵

〖参考答案〗

```c
#include <stdio.h>
#define    N      5
int main(void)
{
    int  i, j;
    int  x[N][N] = {{17,24,1,8,15},{23,5,7,14,16},
                    {4,6,13,20,22},{10,12,19,21,3},{11,18,25,2,9}};
    int  rowSum[N], colSum[N], diagSum1, diagSum2;
    int  flag = 1;
    for (i=0; i<N; i++)
    {
        rowSum[i] = 0;
        for (j=0; j<N; j++)
        {
            rowSum[i] = rowSum[i] + x[i][j];
        }
    }
    for (j=0; j<N; j++)
    {
        colSum[j] = 0;
        for (i=0; i<N; i++)
        {
            colSum[j] = colSum[j] + x[i][j];
        }
    }
    diagSum1 = 0;
    for (j=0; j<N; j++)
    {
        diagSum1 = diagSum1 + x[j][j];
    }
    diagSum2 = 0;
```

```
    for (j=0; j<N; j++)
    {
        diagSum2 = diagSum2 + x[j][N-1-j];
    }
    if (diagSum1 != diagSum2)
    {
        flag = 0;
    }
    else
    {
        for (i=0; i<N; i++)
        {
            if ((rowSum[i] != diagSum1) || (colSum[i] != diagSum1))
            {
                flag = 0;
            }
        }
    }
    if (flag)
    {
        printf("It is a magic square!\n");
        for (i=0; i<N; i++)
        {
            for (j=0; j<N; j++)
            {
                printf("%4d", x[i][j]);
            }
            printf("\n");
        }
    }
    else
    {
        printf("It is not a magic square!\n");
    }
    return 0;
}
```

程序的运行结果如下：

```
It is a magic square!
17  24   1   8  15
23   5   7  14  16
 4   6  13  20  22
10  12  19  21   3
11  18  25   2   9
```

2．餐饮服务质量调查打分

〖参考答案 1〗

用 switch 语句编程。

```
#include <stdio.h>
#define      STUDENTS         40
#define      GRADE_SIZE       11
int main(void)
{
    int  i, j, grade;
    int  score[STUDENTS], count[GRADE_SIZE] = {0};
    printf("Please enter the response score of forty students:\n");
    for (i=0; i<STUDENTS; i++)
    {
        scanf("%d", &score[i]);
    }
    for (i=0; i<STUDENTS; i++)
    {
        switch (score[i])
        {
            case 1:    count[1]++;    break;
            case 2:    count[2]++;    break;
            case 3:    count[3]++;    break;
            case 4:    count[4]++;    break;
            case 5:    count[5]++;    break;
            case 6:    count[6]++;    break;
            case 7:    count[7]++;    break;
            case 8:    count[8]++;    break;
            case 9:    count[9]++;    break;
            case 10:   count[10]++;   break;
            default:   printf("input error!\n");
        }
    }
    printf("Grade\tCount\tHistogram\n");
    for (grade=1; grade<=GRADE_SIZE-1; grade++)
    {
        printf("%5d\t%5d\t", grade, count[grade]);
        for (j=0; j<count[grade]; j++)
        {
            printf("%c",'*');
        }
        printf("\n");
    }
    return 0;
}
```

〖参考答案2〗

不用 switch 语句编程。

```
#include <stdio.h>
#define      STUDENTS         40
#define      GRADE_SIZE       11
```

```
int main(void)
{
    int  i, j, grade;
    int  score[STUDENTS], count[GRADE_SIZE] = {0};
    printf("Please enter the response score of forty students:\n");
    for (i=0; i<STUDENTS; i++)
    {
        scanf("%d", &score[i]);
    }
    for (i=0; i<STUDENTS; i++)
    {
        count[score[i]] ++;
    }
    printf("Grade\tCount\tHistogram\n");
    for (grade=1; grade<=GRADE_SIZE-1; grade++)
    {
        printf("%5d\t%5d\t", grade, count[grade]);
        for (j=0; j<count[grade]; j++)
        {
            printf("%c",'*');
        }
        printf("\n");
    }
    return 0;
}
```

程序的运行结果如下：

```
Please enter the response score of forty students:
10 9 10 8 7 6 5 10 9 8✓
8 9 7 6 10 9 8 8 7 7✓
6 6 8 8 9 9 10 8 7 7✓
9 8 7 9 7 6 5 9 8 7✓
    Grade           Count           Histogram
        1               0
        2               0
        3               0
        4               0
        5               2           **
        6               5           *****
        7               9           *********
        8              10           **********
        9               9           *********
       10               5           *****
```

3. 文曲星猜数游戏

〖参考答案 1〗

```
#include <stdio.h>
#include <time.h>
```

```c
#include <stdlib.h>
int main(void)
{
    int   a[4];                          // 记录计算机所想的数
    int   b[4];                          // 记录用户猜的数
    int   j, k, flag = 1;
    int   count;                         // 记录已经猜的次数
    int   rightDigit;                    // 猜对的数字个数
    int   rightPosition;                 // 数字和位置都猜对的个数
    int   level;                         // 打算最多可以猜的次数
    srand(time(NULL));
    // 随机生成一个各位相异的4位数字
    a[0] = rand()%10;                    // 生成该数的第1位
    do {
        a[1] =   rand()%10;              // 生成该数的第2位，使其与第1位不相同
    } while (a[0] == a[1] );
    do {
        a[2] = rand()%10;        // 生成该数的第3位，使其与第1位和第2位都不相同
    } while (a[0] == a[2] || a[1] == a[2]);
    do {
        a[3] = rand()%10;        // 生成该数的第4位，使其与第1、2和3位都不相同
    } while (a[0] == a[3] || a[1] == a[3] || a[2] == a[3]);
    printf("How many times do you want to guess?");
    scanf("%d", &level);
    count = 0;
    do {
        count ++;
        printf("\nNo.%d of %d times\n", count, level);
        // 用户输入一个各位相异的4位数
        printf("Please input 4 different numbers:\n");
        do{
            scanf("%1d%1d%1d%1d", &b[0], &b[1], &b[2], &b[3]);
            if (b[0] == b[1] || b[0] == b[2] || b[0] == b[3]
                          || b[1] == b[2] || b[1] == b[3] || b[2] == b[3])
            {
                printf("The numbers must be different from each
                                   other, please check and input again\n");
                flag = 0;
            }
            else
            {
                flag = 1;
            }
        } while(!flag);
        // 统计数字和位置都猜对的数字个数
        rightPosition = 0;              // 用户每次重新猜时都对 rightPosition 重新清零
        for (j=0; j<4; j++)
        {
```

```
                        if (b[j] == a[j])
                        {
                            rightPosition = rightPosition + 1;
                        }
                    }
                    // 统计猜中的数字的个数，无论位置是否正确
                    rightDigit = 0;                  // 用户每次重新猜时都对 rightDigit 重新清零
                    for (j=0; j<4; j++)
                    {
                        for (k=0; k<4; k++)
                        {
                            if (b[j] == a[k])                    // 统计用户猜对的数字个数
                            {
                                rightDigit = rightDigit + 1;
                            }
                        }
                    }
                    // 计算数字猜对但位置没有猜对的数字个数
                    rightDigit = rightDigit - rightPosition;
                    printf("%dA%dB\n", rightDigit, rightPosition);
                } while(count < level && rightPosition !=4);
                if (rightPosition == 4)
                {
                    printf("Congratulations, you got it at No.%d\n", count);
                }
                else
                {
                    printf("Sorry, you haven't got it, see you next time!\n");
                }
                printf("Correct answer is:%d%d%d%d\n", a[0], a[1], a[2], a[3]);
                return 0;
            }
```

〖参考答案 2〗

随机生成一个各位相异的 4 位数的方法与参考答案 1 有所不同。思路是：将 0～9 这 10 个数字顺序放入数组 a（应该定义的足够大）中，然后将其排列顺序随机打乱 10 次，取前 4 个数组元素的值，即可得到一个各位相异的 4 位数。

下面只列出部分修改的代码：

```
int  temp;
int  a[10];                              // 原程序中数组 a 的大小一定要改为 10
srand(time(NULL));
for (j=0; j<10; j++)                     // 随机生成一个各位相异的 4 位数字
{
    a[j] = j;
}
for (j=0; j<10; j++)
{
```

```
        k = rand()%10;
        temp = a[j];
        a[j]  = a[k];
        a[k] = temp;
    }
```

〖参考答案3〗

前面的程序虽然可以实现猜数功能，但是程序的健壮性较差，当用户输入了非法数字（如字符）时，程序运行后将会死掉。

下面给出的是一个健壮性改善后的程序：

```c
#include <stdio.h>
#include <time.h>
#include <stdlib.h>
int main(void)
{
    int  a[10];                          // 记录计算机所想的数
    int  b[4];                           // 记录用户猜的数
    int  i, j, k, flag = 1;
    int  count;                          // 记录已经猜的次数
    int  rightDigit;                     // 猜对的数字个数
    int  rightPosition;                  // 数字和位置都猜对的个数
    int  level;                          // 打算最多可以猜的次数
    int  temp;
    int  ret = 1;
    srand(time(NULL));
    for (j=0; j<10; j++)                 // 随机生成一个各位相异的4位数字
    {
        a[j] = j;
    }
    for (j=0; j<10; j++)
    {
        k = rand()%10;
        temp = a[j];
        a[j]  = a[k];
        a[k] = temp;
    }
    printf("How many times do you want to guess?");
    scanf("%d", &level);
    count = 0;
    do {
        count ++;
        printf("\nNo.%d of %d times\n", count, level);
        printf("Please input 4 different numbers:\n");
        do{
            for (i=0; i<4; i++)
            {
                ret = scanf("%1d", &b[i]);
```

```
            if (!ret)
            {
                printf("Input Data Type Error!!!\n");
                flag = 0;
                fflush(stdin);              // 清除输入缓冲区中的内容
                break;
            }
        }
        if (!ret)
        {
            printf("\nNo.%d of %d times\n", count, level);
            printf("Please input 4 different numbers:\n");
            continue;
        }
        if (b[0] == b[1] || b[0] == b[2] || b[0] == b[3]
                    || b[1] == b[2] || b[1] == b[3] || b[2] == b[3])
        {
            printf("The numbers must be different from each
                            other, please check and input again\n");
            flag = 0;
        }
        else
        {
            flag = 1;
        }
    } while(!flag);
    rightPosition = 0;
    for (j=0; j<4; j++)
    {
        if (b[j] == a[j])                   // 统计数字和位置都猜对的个数
        {
            rightPosition = rightPosition + 1;
        }
    }
    rightDigit = 0;
    for (j=0; j<4; j++)
    {
        for (k=0; k<4; k++)
        {
            if (b[j] == a[k])               // 统计用户猜对的数字个数
            {
                rightDigit = rightDigit + 1;
            }
        }
    }
    rightDigit = rightDigit - rightPosition;
    printf("%dA%dB\n", rightPosition, rightDigit);
} while(count < level && rightPosition !=4);
```

```
            if (rightPosition == 4)
            {
                printf("Congratulations, you got it at No.%d\n", count);
            }
            else
            {
                printf("Sorry, you haven't got it, see you next time!\n");
            }
            printf("Correct answer is:%d%d%d%d\n", a[0], a[1], a[2], a[3]);
            return 0;
    }
```

〖参考答案 4〗

参考答案 3 的程序虽然改善了健壮性，但存在另一个问题，即所有的操作都集中在 main() 函数内，未进行模块化处理，简洁性和可读性较差，既不易阅读，也不易维护。

下面给出的是一个健壮性和可读性都得到改善的程序：

```
        #include <stdio.h>
        #include <time.h>
        #include <stdlib.h>
        void MakeDigit(int a[]);
        int InputGuess(int b[]);
        int IsRightPosition(int magic[],int guess[]);
        int IsRightDigit(int magic[],int guess[]);
        int main(void)
        {
            int  a[10];                      // 记录计算机所想的数
            int  b[4];                       // 记录用户猜的数
            int  count;                      // 记录已经猜的次数
            int  rightDigit;                 // 猜对的数字个数
            int  rightPosition;              // 数字和位置都猜对的个数
            int  level;                      // 打算最多可以猜的次数
            srand(time(NULL));
            MakeDigit(a);                    // 随机生成一个各位相异的 4 位数
            printf("%d%d%d%d\n", a[0], a[1], a[2], a[3]);
            printf("How many times do you want to guess?");
            scanf("%d", &level);
            count = 0;
            do {
                printf("\nNo.%d of %d times\n", count, level);
                printf("Please input 4 different numbers:\n");
                if (InputGuess(b)==0)                    // 输入用户猜的数
                {
                    continue;
                }
                count ++;
                rightPosition = IsRightPosition(a,b);        // 统计数字和位置都猜对的个数
                rightDigit = IsRightDigit(a,b);              // 统计用户猜对的数字个数
```

```
            rightDigit = rightDigit - rightPosition;
            printf("%dA%dB\n", rightPosition, rightDigit);
    } while(count < level && rightPosition != 4);
    if (rightPosition == 4)
    {
        printf("Congratulations, you got it at No.%d\n", count);
    }
    else
    {
        printf("Sorry, you haven't got it, see you next time!\n");
    }
    printf("Correct answer is:%d%d%d%d\n", a[0], a[1], a[2], a[3]);
    return 0;
}
// 函数功能：随机生成一个各位相异的 4 位数
void MakeDigit(int a[])
{
    int  j, k, temp;
    for (j=0; j<10; j++)                        // 随机生成一个各位相异的 4 位数字
    {
        a[j] = j;
    }
    for (j=0; j<10; j++)
    {
        k = rand()%10;
        temp = a[j];
        a[j]  = a[k];
        a[k] = temp;
    }
}
// 函数功能：输入用户猜的数
int InputGuess(int b[])
{
    int  i, ret=1;
    for (i=0; i<4; i++)
    {
        ret = scanf("%1d", &b[i]);
        if (!ret)                               // 如果输入非法
        {
            printf("Input Data Type Error!!!\n");
            fflush(stdin);                      // 清除输入缓冲区中的内容
            return 0;
        }
    }
    if (b[0] == b[1] || b[0] == b[2] || b[0] == b[3]
                     || b[1] == b[2] || b[1] == b[3] || b[2] == b[3])
    {
        printf("The numbers must be different from each other,please check and input again\n");
```

```
        return 0;
    }
    else
    {
        return 1;
    }
}
// 函数功能：统计计算机随机生成的 guess 与用户猜测的 magic 数字和位置都一致的个数
int IsRightPosition(int magic[],int guess[])
{
    int  rightPosition = 0;
    int  j;
    for (j=0; j<4; j++)
    {
        if (guess[j] == magic[j])            // 统计数字和位置都猜对的个数
        {
            rightPosition = rightPosition + 1;
        }
    }
    return rightPosition;
}
// 函数功能：统计 guess 和 magic 数字一致（不管位置是否一致）的个数
int IsRightDigit(int magic[],int guess[])
{
    int  rightDigit = 0;
    int  j, k;
    for (j=0; j<4; j++)
    {
        for (k=0; k<4; k++)
        {
            if (guess[j] == magic[k])        // 统计用户猜对的数字个数
            {
                rightDigit = rightDigit + 1;
            }
        }
    }
    return rightDigit;
}
```

〖参考答案 5〗

下面给出的程序也是按照模块化思想设计的，但是在模块划分上与参考答案 4 有所不同。

```
#include <stdio.h>
#include <time.h>
#include <stdlib.h>
#include <string.h>
#define      MAX_DIGIT      4
void MakeDigit(int digit[]);
```

```c
int InputGuess(int digit[]);
int IsRight(int digit[], int guess[], int* right, int* good);
int Has(int digit[], int number);
int main(void)
{
    int  digit[MAX_DIGIT];                  // 计算机生成的数
    int  guess[MAX_DIGIT];                  // 用户猜的数
    int  count = 1;                         // 猜了多少次
    int  right;                             // 位置和数字都正确的个数
    int  good;                              // 只有数字正确的个数
    srand(time(NULL));
    MakeDigit(digit);                       // 随机生成一个各位相异的 4 位数
    do {
        printf("%d time(s). Please input 4 different numbers:\n", count);
        if (!InputGuess(guess))             // 输入用户猜的数
        {
            printf("Error!!!\n");
            continue;
        }
        count++;
        IsRight(digit, guess, &right, &good);    // 检测用户猜测数字的准确性
        printf("%dA%dB\n", right, good);
    } while (right != MAX_DIGIT);
    printf("Congratulation!\n");
    return 0;
}
// 函数功能：随机生成一个各位相异的 4 位数
void MakeDigit(int digit[])
{
    int  temp, i;
    int  got = 0;                               // 已经生成的数字个数
    for (i=0; i<MAX_DIGIT; i++)     // 初始化 digit 为-1，为了方便后面 Has 函数的判断
    {
        digit[i] = -1;
    }
    while (got < MAX_DIGIT)
    {
        temp = rand() % 10;
        if ( !Has(digit, temp) )                // 判断 temp 是否已经随机生成过
        {
            digit[got] = temp;
            got++;
        }
    }
}
// 函数功能：输入用户猜的数
int InputGuess(int digit[])
{
```

```c
    int  ret = 1;
    int  i, temp;
    for (i=0; i<MAX_DIGIT; i++)      // 初始化 digit 为-1，为了方便后面 Has 函数的判断
    {
        digit[i] = -1;
    }
    for (i=0; i<MAX_DIGIT; i++)
    {
        ret = scanf("%1d", &temp);
        if ( ret == 0 || Has(digit, temp))          // 如果输入非法
        {
            ret = 0;
            break;
        }
        else
        {
            digit[i] = temp;
        }
    }
    return ret;
}
// 函数功能：判断 guess 是否和 digit 一致，若一致，则返回非 0 值，否则返回 0
int IsRight(int digit[], int guess[], int* right, int* good)
{
    int  i;
    *right = 0;
    *good = 0;
    for (i=0; i<MAX_DIGIT; i++)          // 统计数字和位置都猜对的数字个数
    {
        *right += (digit[i] == guess[i]);
    }
    for (i=0; i<MAX_DIGIT; i++)          // 统计猜中的数字的个数，无论位置是否正确
    {
        *good += Has(digit, guess[i]);
    }
    // 计算数字猜对但位置没有猜对的数字个数
    *good -= *right;
    return *right == 4;
}
// 函数功能：判断某一位数字 number 是否已在 digit 内
//          若 number 已在 digit 内，返回 1，否则返回 0
int Has(int digit[], int number)
{
    int i;
    for (i=0; i<MAX_DIGIT; i++)
    {
        if (number == digit[i])
            return 1;
```

```
    }
    return 0;
}
```

【思考题】

① 在参考答案 4 的程序中，主函数 main() 内增加的输出语句 "printf("%d%d%d%d\n",a[0], a[1],a[2],a[3]);" 对于调试程序起什么作用？

② 请读者自己分析参考答案 5 与 4 在模块划分方面有什么不同。

③ 请读者思考还有什么其他的方法可生成一个各位相异的 4 位数。

④ 请读者用字符数组数据类型对实验 2 中的 "身高预测" 程序重新编程。

提示：即从键盘输入性别（用字符数组 sex 存储，输入字符串 Female 表示女性，输入字符串 Male 表示男性）、是否喜爱体育锻炼（用字符数组 sports 存储，输入字符串 Yes 表示喜爱，输入字符串 No 表示不喜爱）、是否有良好的饮食习惯等条件（用字符型数组 diet 存储，输入字符串 Yes 表示喜爱，输入字符串 No 表示不喜爱）。注意，字符串比较时，需要使用字符串比较函数 strcmp()，不能直接使用关系运算符（==）比较两个字符串是否相等。

2.4.6　实验 6：递归程序设计练习

1. 求游戏人员的年龄

〖参考答案〗

```c
#include <stdio.h>
unsigned int ComputeAge(unsigned int n);
int main(void)
{
    unsigned int  n = 5;
    printf("The 5th person's age is %d\n",ComputeAge(n));
    return 0;
}
// 函数功能：用递归算法计算第 n 个人的年龄
unsigned int ComputeAge(unsigned int n)
{
    unsigned int  age;
    if (n == 1)
    {
        age = 10;
    }
    else
    {
        age = ComputeAge(n-1) + 2;
    }
    return age;
}
```

程序的运行结果如下：

```
The 5th person's age is 18
```

2. 计算最大公约数

〖参考答案〗

```c
#include <stdio.h>
int MaxCommonFactor(int a, int b);
int main(void)
{
    int  x, y, z;
    printf("Please input x, y:");
    scanf("%d, %d", &x, &y);
    z = MaxCommonFactor(x, y);
    printf("The max common factor = %d\n", z);
    return 0;
}
//   函数功能：计算两个正整数的最大公约数，返回-1 表示没有最大公约数
int MaxCommonFactor(int a, int b)
{
    if (a <=0 || b <=0)                         //  保证输入的参数正确
    {
        return -1;
    }
    if (a == b)
    {
        return a;
    }
    else if (a > b)
    {
        return MaxCommonFactor(a-b, b);
    }
    else
    {
        return MaxCommonFactor(a, b-a);
    }
}
```

程序的运行结果如下：

```
Please input x, y:24,16↙
The max common factor = 8
```

3. 计算矩阵行列式的值

〖参考答案〗

```c
#include <conio.h>
#include <math.h>
#include <stdio.h>
#define    CONST    1e-6
#define    SIZE     20
void InputMatrix (double a[][SIZE], int n);
double DeterminantValue(double a[][SIZE],int n);
```

```c
void SubMatrix(double a[][SIZE],double b[][SIZE],int n,int row,int col);
void PrintMatrix(double a[][SIZE],int n);
int main(void)
{
    double  a[SIZE][SIZE];
    int  n;
    double  result;
    printf("Please enter matrix size n(1<=n<%d):",SIZE);
    scanf("%d",&n);
    printf("Please input matrix line by line:\n");
    InputMatrix(a, n);
    printf("matrix a:\n");
    PrintMatrix(a, n);
    printf("\n");
    result = DeterminantValue(a,n);
    printf("result = %f\n", result);
     return 0;
}
// 函数功能：输入一个 n×n 矩阵的元素
void InputMatrix (double a[][SIZE], int n)
{
    int  i, j;
    for (i=0; i<n; i++)
    {
        for (j=0; j<n; j++)
        {
            scanf("%lf",&a[i][j]);
        }
    }
}
// 函数功能：计算 n×n 矩阵行列式的值
double DeterminantValue(double a[][SIZE],int n)
{
    int  i = 0, j = 0;
    double temp, result, b[SIZE][SIZE];
    if (n == 1)
    {
        result = a[0][0];
    }
    else if (n == 2)
    {
        result = a[0][0]*a[1][1] - a[0][1]*a[1][0];
    }
    else
    {
        result = 0.0;
        for (j=0; j<n; j++)
        {
```

```
            SubMatrix(a,b,n,i,j);
            printf("Submatrix:\n");
            PrintMatrix(b,n-1);
            temp = DeterminantValue(b,n-1);
            result += pow(-1,i+j) * a[0][j] * temp;
            printf("DValue of the Submatrix is %6.1f\n", temp);
        }
    }
    return result;
}
// 函数功能：计算 n×n 矩阵 a 中第 row 行 col 列元素的(n-1)×(n-1)子矩阵 b
void SubMatrix(double a[][SIZE], double b[][SIZE], int n, int row, int col)
{
    int i, j, ii = 0, jj = 0;
    for (i=0; i<n; i++)
    {
        jj = 0;
        for (j=0; j<n; j++)
        {
            if (i!=row && j!=col)
            {
                b[ii][jj] = a[i][j];
                jj++;
            }
        }
        if (i!=row && j!=col)
        {
            ii++;
        }
    }
}
// 函数功能：输出一个 n×n 矩阵的元素
void PrintMatrix(double a[][SIZE],int n)
{
    int  i, j;
    for (i=0; i<n; i++)
    {
        for (j=0; j<n; j++)
        {
            printf("%6.1f\t", a[i][j]);
        }
        printf("\n");
    }
}
```

程序的运行结果如下：

```
Please enter matrix size n(1<=n<20):3✓
Please input matrix line by line:
```

```
1 2 3↙
4 5 6↙
7 8 9↙
Matrix a:
1.0        2.0        3.0
4.0        5.0        6.0
7.0        8.0        9.0
Submatrix:
5.0        6.0
8.0        9.0
DValue of the Submatrix is -3.0
Submatrix:
4.0        6.0
7.0        9.0
DValue of the Submatrix is -6.0
Submatrix:
4.0        5.0
7.0        8.0
DValue of the Submatrix is -3.0
result = 0.0
```

2.4.7　实验 7：一维数组和函数综合编程练习

学生成绩统计

〖参考答案〗

```c
#include <stdio.h>
#define       ARR_SIZE      30
int ReadScore(long num[], float score[]);
int GetFail(long num[], float score[], int n);
float GetAver(float score[], int n);
int GetAboveAver(long num[], float score[], int n);
void GetDetail(float score[], int n);
int main(void)
{
    int  n, fail, aboveAver;
    float  score[ARR_SIZE];
    long  num[ARR_SIZE];
    printf("Please enter num and score until score<0:\n");
    n = ReadScore(num, score);
    printf("Total students:%d\n", n);
    fail = GetFail(num, score, n);
    printf("Fail students = %d\n",fail);
    aboveAver = GetAboveAver(num, score, n);
    printf("Above aver students = %d\n", aboveAver);
    GetDetail(score, n);
    return 0;
}
```

```c
// 函数功能：从键盘输入一个班学生某门课的成绩及其学号
//           当输入成绩为负值时，输入结束，函数返回学生总数
int ReadScore(long num[], float score[])
{
    int  i = 0;
    scanf("%ld%f", &num[i], &score[i]);
    while (score[i] >= 0)
    {
        i++;
        scanf("%ld%f", &num[i], &score[i]);
    }
    return i;
}
// 函数功能：统计不及格人数，并输出不及格学生名单
int GetFail(long num[], float score[], int n)
{
    int  i, count;
    printf("Fail:\nnumber--score\n");
    count = 0;
    for (i=0; i<n; i++)
    {
        if (score[i] < 60)
        {
            printf("%ld------%.0f\n", num[i], score[i]);
            count++;
        }
    }
    return count;
}
// 函数功能：计算全班平均分
float GetAver(float score[], int n)
{
    int  i;
    float  sum = 0;
    for (i=0; i<n; i++)
    {
        sum = sum + score[i];
    }
    return sum/n;
}
// 函数功能：统计成绩在全班平均分及平均分之上的学生人数，并输出其学生名单
int GetAboveAver(long num[], float score[], int n)
{
    int  i, count;
    float  aver;
    aver = GetAver(score, n);
    printf("aver = %f\n", aver);
    printf("Above aver:\nnumber--score\n");
```

```
            count = 0;
            for (i=0; i<n; i++)
            {
                if (score[i] >= aver)
                {
                    printf("%ld------%.0f\n", num[i], score[i]);
                    count++;
                }
            }
            return count;
        }
        // 函数功能：统计各分数段的学生人数及所占的百分比
        void GetDetail(float score[], int n)
        {
            int  i, j, stu[6]={0,0,0,0,0,0};
            for (i=0; i<n; i++)
            {
                if (score[i] < 60)
                {
                    j = 0;
                }
                else
                {
                    j = ((int)score[i] - 50) / 10;
                }
                stu[j]++;
            }
            for (i=0; i<6; i++)
            {
                if (i == 0)
                {
                    printf("< 60    %d  %.2f%%\n", stu[i], (float)stu[i]/(float)n*100);
                }
                else if (i == 5)
                {
                    printf("  %d  %d  %.2f%%\n", (i+5)*10, stu[i],
                                                    (float)stu[i]/(float)n*100);
                }
                else
                {
                    printf("%d--%d  %d  %.2f%%\n", (i+5)*10,(i+5)*10+9,
                                                stu[i],(float)stu[i]/(float)n*100);
                }
            }
        }
```

程序的运行结果如下：

    Please enter num and score until score<0 for no more than 30 students:

```
99010 90↙
99011 66↙
99012 78↙
99013 88↙
99014 45↙
99015 100↙
99016 97↙
99017 87↙
99018 76↙
99019 83↙
99020 -1↙
Total students:10
Fail:
number--score
99014-------45
Fail students = 1
aver = 81.000000
Above aver:
number--score
99010------90
99013------88
99015------100
99016------97
99017------87
99020------83
Above aver students = 6
< 60    1  10.00%
60-69   1  10.00%
70-79   2  20.00%
80-89   3  30.00%
90-99   2  20.00%
100     1  10.00%
```

2.4.8 实验8：二维数组和函数综合编程练习

成绩排名次

〖参考答案〗

```c
#include <stdio.h>
#define     STU     30
#define     COURSE  3
void Input(long num[],int score[][COURSE],int n);
void GetSumAver(int score[][COURSE],int n,int sum[],float aver[]);
void Sort(long num[],int score[][COURSE],int n,int sum[],float aver[]);
void Print(long num[],int score[][COURSE],int n,int sum[],float aver[]);
int Search(long num[], int n, long x);
int main(void)
{
```

```
    int  n, score[STU][COURSE], sum[STU], pos;
    long  num[STU], x;
    float  aver[STU];
    printf("Please enter the total number of the students(n<=30):");
    scanf("%d", &n);                        // 输入参加考试的学生人数
    printf("Enter No. and score as: MT  EN  PH\n");
    Input(num, score, n);                   // 输入学生成绩
    GetSumAver(score, n, sum, aver);        // 计算总分和平均分
    printf("Before sort:\n");
    Print(num, score, n, sum, aver);
    Sort(num, score, n, sum, aver);         // 排名次
    printf("After sort:\n");
    Print(num, score, n, sum, aver);
    printf("Please enter searching number:");
    scanf("%ld", &x);                       // 以长整型格式输入待查找学生的学号
    pos = Search(num, n, x);                // 名次查询
    if (pos != -1)
    {
        printf("position:\t  NO \t  MT \t  EN \t  PH \t  SUM \t AVER\n");
        printf("%8d\t%4ld\t%4d\t%4d\t%4d\t%5d\t%5.0f\n", pos+1,num[pos],
               score[pos][0],score[pos][1], score[pos][2], sum[pos],aver[pos]);
    }
    else
    {
        printf("Not found!\n");
    }
    return 0;
}
// 函数功能：输入某班学生期末考试三门课程成绩
void Input(long num[], int score[][COURSE], int n)
{
    int  i, j;
    for (i=0; i<n; i++)
    {
        scanf("%ld", &num[i]);
        for (j=0; j<COURSE; j++)
        {
            scanf("%d", &score[i][j]);
        }
    }
}
// 函数功能：计算每个学生的总分和平均分
void GetSumAver(int score[][COURSE], int n, int sum[], float aver[])
{
    int  i, j;
    for (i=0; i<n; i++)
    {
        sum[i] = 0;
```

```
            for (j=0; j<COURSE; j++)
            {
                sum[i] = sum[i] + score[i][j];
            }
            aver[i] = (float)sum[i] / COURSE;
        }
    }
// 函数功能：按总分成绩由高到低排出成绩的名次
void Sort(long num[],int score[][COURSE], int n, int sum[], float aver[])
{
    int  i, j, k, m;
    int  temp1;
    long  temp2;
    float temp3;
    for (i=0; i<n-1; i++)
    {
        k = i;
        for (j=i+1; j<n; j++)
        {
            if (sum[j] > sum[k])
            {
                k = j;
            }
        }
        if (k != i)
        {
            temp1 = sum[k];     sum[k] = sum[i];     sum[i] = temp1;
            temp2 = num[k];     num[k] = num[i];     num[i] = temp2;
            temp3 = aver[k];    aver[k] = aver[i];   aver[i] = temp3;
            for (m=0; m<COURSE; m++)
            {
                temp1 = score[k][m];
                score[k][m] = score[i][m];
                score[i][m] = temp1;
            }
        }
    }
}
// 函数功能：输出名次表，表格内包括学生编号、各科分数、总分和平均分
void Print(long num[], int score[][COURSE], int n, int sum[], float aver[])
{
    int  i, j;
    printf("  NO \t|   MT \t  EN \t PH \t SUM \t AVER\n");
    printf("----------------------------------------------------\n");
    for (i=0; i<n; i++)
    {
        printf("%ld\t| ", num[i]);
        for (j=0; j<COURSE; j++)
```

```
        {
            printf("%4d\t", score[i][j]);
        }
        printf("%5d\t%5.0f\n", sum[i], aver[i]);
    }
}
// 函数功能：在学号数组中顺序查找学生的学号
//           找到时，返回学生学号在学号数组中的下标位置，否则返回值-1
int Search(long num[], int n, long x)
{
    int  i;
    for (i=0; i<n; i++)
    {
        if (num[i] == x)
        {
            return i;
        }
    }
    return -1;
}
```

程序的运行结果如下：

```
Please enter the total number of the students(n<=30):5✓
Enter No. and score as: MT  EN  PH
99010 80 87 83✓
99011 90 95 93✓
99012 67 78 87✓
99013 76 89 81✓
99014 60 56 45✓
Before sort:
NO          |    MT       EN       PH       SUM       AVER
-----------------------------------------------------------
99010       |    80       87       83       250       83
99011       |    90       95       93       278       93
99012       |    67       78       87       232       77
99013       |    76       89       81       246       82
99014       |    60       56       45       161       54
After sort:
NO          |    MT       EN       PH       SUM       AVER
-----------------------------------------------------------
99011       |    90       95       93       278       93
99010       |    80       87       83       250       83
99013       |    76       89       81       246       82
99012       |    67       78       87       232       77
99014       |    60       56       45       161       54
Please enter searching number:99012✓
position:    NO       MT       EN       PH       SUM       AVER
        4    99012    67       78       74       232       77
```

2.4.9 实验 9：结构体编程练习

在屏幕上模拟显示一个数字式时钟

〖参考答案〗

```c
#include <stdio.h>
struct clock
{
    int  hour;
    int  minute;
    int  second;
};
typedef struct clock CLOCK;
void Update(CLOCK *t)              // 函数功能：时、分、秒时间的更新
{
    t->second++;
    if (t->second == 60)          // 若 second 值为 60，表示已过一分钟，则 minute 值加 1
    {
        t->second = 0;
        t->minute++;
    }
    if (t->minute == 60)          // 若 minute 值为 60，表示已过一小时，则 hour 值加 1
    {
        t->minute = 0;
        t->hour++;
    }
    if (t->hour == 24)            // 若 hour 值为 24，则 hour 值从 0 开始计时
    {
        t->hour = 0;
    }
}
//函数功能：时、分、秒时间的显示
void Display(CLOCK *t)
{
    printf("%2d:%2d:%2d\r", t->hour, t->minute, t->second);
}
void Delay(void)                  // 函数功能：模拟延迟 1 秒的时间
{
    long  t;
    for (t=0; t<50000000; t++)
    {
        ;                         //循环体为空语句的循环，起延时作用
    }
}
int main(void)
{
    long  i;
    CLOCK  myclock;
```

```
    myclock.hour = myclock.minute = myclock.second = 0;
    for(i=0; i<100000; i++)              // 利用循环结构，控制时钟运行的时间
    {
        Update(&myclock);                // 时钟更新
        Display(&myclock);               // 时间显示
        Delay();                         // 模拟延时 1 秒
    }
    return 0;
}
```

上面程序中的 Update()函数还可以用如下方法编写：

```
void Update(CLOCK *t)
{
    t->second++;
    t->minute += t->second/60;
    t->second %= 60;
    t->hour += t->minute/60;
    t->minute %= 60;
    t->hour %= 24;
}
```

2.4.10　实验 10：文件编程练习

文件的复制与追加

〖参考答案 1〗

程序 1：不使用函数编程实现。

```
#include  <stdio.h>
#include  <stdlib.h>
#define    MAXLEN       80
int main(void)
{
    FILE  *fpSrc = NULL;
    FILE  *fpDst = NULL;
    char  ch;
    char  srcFilename[MAXLEN];                  // 源文件名
    char  dstFilename[MAXLEN];                  // 目标文件名
    printf("Input source filename:");
    scanf("%s", srcFilename);                   // 输入源文件名
    if ((fpSrc = fopen(srcFilename,"r")) == NULL)  // 只读方式打开源文件
    {
        printf("can't open file %s!\n", srcFilename);
        exit(0);
    }
    printf("Input destination filename:");
    scanf("%s", dstFilename);                   // 输入目标文件名
    if ((fpDst = fopen(dstFilename,"w")) == NULL)  // 只写方式打开目标文件
```

```
        {
            printf("can't open file %s!\n", dstFilename);
            exit(0);
        }
        while ((ch = fgetc(fpSrc)) != EOF)              // 文件复制
        {
            if (fputc(ch, fpDst) == EOF)
            {
                printf("Copy failed!");
                exit(0);
            }
        }
        printf("Copy succeed.\n");
        fclose(fpSrc);                                  // 关闭源文件
        fclose(fpDst);                                  // 关闭目的文件
        return 0;
    }
```

第 1 次程序运行结果如下（假设 a.txt 文件存在）：

```
Input source filename:a.txt↙
Input destination filename:b.txt↙
Copy succeed.
```

第 2 次程序运行结果如下（假设 a.txt 文件不存在）。

```
Input source filename:a.txt↙
can't open file a.txt↙
```

〖参考答案 2〗

程序 1：使用函数编程实现。

```
#include <stdio.h>
#define      MAXLEN      80
int CopyFile(const char *srcName, const char *dstName);
int main(void)
{
    char  srcFilename[MAXLEN];                          // 源文件名
    char  dstFilename[MAXLEN];                          // 目标文件名
    printf("Input source filename:");
    scanf("%s", srcFilename);                           // 输入源文件名
    printf("Input destination filename:");
    scanf("%s", dstFilename);                           // 输入目标文件名
    if (CopyFile(srcFilename, dstFilename))             // 文件复制
    {
        printf("Copy succeed.\n");
    }
    else
    {
        perror("Copy failed");
    }
    return 0;
```

```
    }
    // 函数功能：把 srcName 文件内容复制到 dstName，返回非 0 值表示成功，否则表示出错
    int CopyFile(const char *srcName, const char *dstName)
    {
        FILE  *fpSrc = NULL;
        FILE  *fpDst = NULL;
        int  ch, rval = 1;
        if ((fpSrc = fopen(srcName,"r")) == NULL)        // 只读方式打开源文件
        {
            goto ERROR;
        }
        if ((fpDst = fopen(dstName,"w")) == NULL)        // 只写方式打开目标文件
        {
            goto ERROR;
        }
        while ((ch=fgetc(fpSrc)) != EOF)                 // 复制文件
        {
            if (fputc(ch, fpDst) == EOF)
            {
                goto ERROR;
            }
        }
        fflush(fpDst);                                   // 确保存盘
        goto EXIT;
ERROR:
        rval = 0;
EXIT:
        if (fpSrc != NULL)
        {
            fclose(fpSrc);
        }
        if (fpDst != NULL)
        {
            fclose(fpDst);
        }
        return rval;
    }
```

第 1 次程序运行结果如下（假设 a.txt 文件存在）：

```
Input source filename:a.txt✓
Input destination filename:b.txt✓
Copy succeed.
```

第 2 次程序运行结果如下（假设 a.txt 文件不存在）：

```
Input source filename:a.txt✓
Input destination filename:b.txt✓
Copy failed: No such file or directory
```

然后利用文本编辑软件，检查文件 a.txt 和 b.txt 内容，看程序是否达到指定要求。

〖参考答案3〗
程序2：

```c
// 源文件名：mycopy.c
#include <stdio.h>
#include <stdlib.h>
int CopyFile(const char *srcName, const char *dstName);
int main(int argc, char *argv[])
{
    if (argc != 3)
    {
        printf("too few parameters!\n");
        exit(0);
    }
    if (CopyFile(argv[1], argv[2]))                 // 文件复制
    {
        printf("Copy succeed.\n");
    }
    else
    {
        perror("Copy failed");
    }
     return 0;
}
// 函数功能：把 srcName 文件内容复制到 dstName，返回非 0 值表示成功，否则表示出错
int CopyFile(const char *srcName, const char *dstName)
{
    FILE  *fpSrc = NULL;
    FILE  *fpDst = NULL;
    int  ch, rval = 1;
    if ((fpSrc = fopen(srcName,"r")) == NULL)        // 只读方式打开源文件
    {
        goto ERROR;
    }
    if ((fpDst = fopen(dstName,"w")) == NULL)        // 只写方式打开目标文件
    {
        goto ERROR;
    }
    while ((ch=fgetc(fpSrc)) != EOF)                 // 复制文件
    {
        if (fputc(ch, fpDst) == EOF)
        {
            goto ERROR;
        }
    }
    fflush(fpDst);                                   // 确保存盘
    goto EXIT;
ERROR:
```

```
                rval = 0;
        EXIT:
            if (fpSrc != NULL)
            {
                fclose(fpSrc);
            }
            if (fpDst != NULL)
            {
                fclose(fpDst);
            }
            return rval;
        }
```

程序运行方式：在 DOS 命令提示符下输入

```
        mycopy.exe   a.txt   b.txt↙
```

然后利用文本编辑软件，检查文件 a.txt 和 b.txt 的内容，看程序是否达到指定要求。

〖参考答案 4〗

程序 3：

```
        #include <stdio.h>
        #define      MAXLEN      80
        int AppendFile(const char *srcName, const char *dstName);
        int main(void)
        {
            char   srcFilename[MAXLEN];                  // 源文件名
            char   dstFilename[MAXLEN];                  // 目标文件名
            printf("Input source filename:");
            scanf("%s", srcFilename);                    // 输入源文件名
            printf("Input destination filename:");
            scanf("%s", dstFilename);                    // 输入目标文件名
            if (AppendFile(srcFilename, dstFilename))    // 文件追加
            {
                printf("Append succeed.\n");
            }
            else
            {
                perror("Append failed");
            }
             return 0;
        }
        // 函数功能：把 srcName 文件内容复制到 dstName，返回非 0 值表示复制成功，否则表示出错
        int AppendFile(const char *srcName, const char *dstName)
        {
            FILE   *fpSrc = NULL;
            FILE   *fpDst = NULL;
            int   ch, rval = 1;
            if ((fpSrc = fopen(srcName,"r")) == NULL)         // 只读方式打开源文件
            {
```

```
            goto ERROR;
        }
        if ((fpDst = fopen(dstName,"a")) == NULL)        // 追加方式打开目标文件
        {
            goto ERROR;
        }
        while ((ch=fgetc(fpSrc)) != EOF)                 // 文件追加
        {
            if (fputc(ch, fpDst) == EOF)
            {
                goto ERROR;
            }
        }
        fflush(fpDst);                                   // 确保存盘
        goto EXIT;
ERROR:
        rval = 0;
EXIT:
        if (fpSrc != NULL)
        {
            fclose(fpSrc);
        }
        if (fpDst != NULL)
        {
            fclose(fpDst);
        }
        return rval;
    }
```

第 1 次程序运行结果如下（假设 a.txt 文件存在）：

```
Input source filename:a.txt✓
Input destination filename:b.txt✓
Append succeed.
```

第 2 次程序运行结果如下（假设 a.txt 文件不存在）：

```
Input source filename:a.txt✓
Input destination filename:b.txt✓
Append failed: No such file or directory
```

然后利用文本编辑软件，检查文件 a.txt 和 b.txt 的内容，看程序是否达到指定要求。

〖参考答案 5〗

程序 4：

```
#include <stdio.h>
#define      MAXLEN      80
int AppendFile(const char* srcName, const char* dstName);
int DisplayFile(const char* srcName);
int main(void)
{
    char  srcFilename[MAXLEN];                           // 源文件名
```

```
        char  dstFilename[MAXLEN];                               // 目标文件名
        printf("Input source filename:");
        scanf("%s", srcFilename);                                // 输入源文件名
        printf("Input destination filename:");
        scanf("%s", dstFilename);                                // 输入目标文件名
        if(!DisplayFile(srcFilename))
        {
            perror("Display source file failed");
        }
        if(!DisplayFile(dstFilename))
        {
            perror("Display destination file failed");
        }
        if (AppendFile(srcFilename, dstFilename))                // 文件追加
        {
            printf("Append succeed.\n");
            DisplayFile(dstFilename);
        }
        else
        {
            perror("Append failed");
        }
        return 0;
    }
// 函数功能：把 srcName 文件内容复制到 dstName，返回非 0 值表示复制成功，否则表示出错
int AppendFile(const char *srcName, const char *dstName)
{
    FILE  *fpSrc = NULL;
    FILE  *fpDst = NULL;
    int  ch, rval = 1;
    if ((fpSrc = fopen(srcName,"r")) == NULL)                    // 只读方式打开源文件
    {
        goto ERROR;
        if ((fpDst = fopen(dstName,"a")) == NULL)                // 追加方式打开目标文件
        {
            goto ERROR;
        }
        while ((ch=fgetc(fpSrc)) != EOF)                         // 文件追加
        {
            if (fputc(ch, fpDst) == EOF)
            {
                goto ERROR;
            }
        }
    }
    fflush(fpDst);                                               // 确保存盘
    goto EXIT;
ERROR:
```

```
            rval = 0;
        EXIT:
            if (fpSrc != NULL)
            {
                fclose(fpSrc);
            }
            if (fpDst != NULL)
            {
                fclose(fpDst);
            }
            return rval;
        }
        // 函数功能：显示 srcName 文件内容，函数返回非 0 值表示显示成功，否则表示出错
        int DisplayFile(const char *srcName)
        {
            FILE   *fpSrc = NULL;
            int  ch, rval = 1;
            if ((fpSrc = fopen(srcName,"r")) == NULL)                   // 只读方式打开源文件
            {
                goto ERROR;
            }
            printf("File %s content:\n", srcName);                      // 文件显示
            while ((ch=fgetc(fpSrc)) != EOF)
            {
                if (fputc(ch, stdout) == EOF)
                {
                    goto ERROR;
                }
            }
            printf("\n");
            goto EXIT;
        ERROR:
            rval = 0;
        EXIT:
            if (fpSrc != NULL)
            {
                fclose(fpSrc);
            }
            return rval;
        }
```

假设文件 a.txt 内容为

    1234

文件 b.txt 内容为

    5678

第 1 次程序运行结果如下（假设 a.txt 文件存在）：

    Input source filename:a.txt↙

    Input destination filename:b.txt↙

```
File a.txt content:
1234
File b.txt content:
5678
Append succeed.
File b.txt content:
56781234
```

第 2 次程序运行结果如下（假设 a.txt 文件不存在）：

```
Input source filename:a.txt↙
Input destination filename:b.txt↙
Display source file failed: No such file or directory
File b.txt content:
5678
Append failed: No such file or directory
```

2.5　课外上机实验题目参考答案

2.5.1　实验 1：计算到期存款本息之和

〖参考答案〗

```c
#include  <math.h>
#include  <stdio.h>
#include  <stdlib.h>
int main(void)
{
    int  year;
    double  rate, capital, deposit;
    printf("Please enter year,capital:");
    scanf("%d,%lf", &year, &capital);
    switch (year)
    {
        case 1:    rate = 0.0225;    break;
        case 2:    rate = 0.0243;    break;
        case 3:    rate = 0.0270;    break;
        case 5:    rate = 0.0288;    break;
        case 8:    rate = 0.0300;    break;
        default:   printf("No this kind of rate!\n");
                   exit(0);
    }
    deposit = capital * pow(1+rate, year);
    printf("rate = %f, deposit = %f\n", rate, deposit);
    return 0;
}
```

程序两次测试的运行结果如下：

① Please enter year,capital:2,10000↙
   rate = 0.024300, deposit = 10491.904900

② Please enter year,capital:4,10000↙
　No this kind of rate!

2.5.2　实验 2：存款预算

〖参考答案〗

```
#include  <stdio.h>
#define     RATE        0.01875
#define     MONTHS      12
#define     CAPITAL     1000
#define     YEARS       5
int  main(void)
{
    int  i;
    double  deposit = 0;
    for (i=0; i<YEARS; i++)
    {
        deposit = (deposit + CAPITAL) / (1 + RATE * MONTHS);
    }
    printf("He must save %.2f at first year.\n", deposit);
    return 0;
}
```

程序的运行结果如下：

```
He must save 2833.29 at first year.
```

2.5.3　实验 3：寻找最佳存款方案

〖参考答案〗

```
#include  <stdio.h>
#include  <math.h>
int main(void)
{
    int  i8, i5, i3, i2, i1, n8, n5, n3, n2, n1;
    double  max = 0, total;
    for (i8=0; i8<3; i8++)
    {
        for (i5=0; i5<=(20-8*i8)/5; i5++)
        {
            for (i3=0; i3<=(20-8*i8-5*i5)/3; i3++)
            {
                for (i2=0; i2<=(20-8*i8-5*i5-3*i3)/2; i2++)
                {
                    i1 = 20 - 8 * i8 - 5 * i5 - 3 * i3 - 2 * i2;
                    total = 2000 * pow(1+0.0225, i1) * pow(1+0.0243, i2)
                            * pow(1+0.0270, i3) * pow(1+0.0288, i5)
                            * pow(1+0.0300, i8);
```

```
                if (total > max)
                {
                    max = total;
                    n1 = i1;
                    n2 = i2;
                    n3 = i3;
                    n5 = i5;
                    n8 = i8;
                }
            }
        }
    }
}
printf("8 year: %d\n", n8);
printf("5 year: %d\n", n5);
printf("3 year: %d\n", n3);
printf("2 year: %d\n", n2);
printf("1 year: %d\n", n1);
printf("Total: %.2f\n", max);
return 0;
}
```

程序的运行结果如下：

```
8 year: 0
5 year: 0
3 year: 0
2 year: 0
1 year: 20
Total: 3121.02
```

2.5.4　实验 4：抓交通肇事犯

〖参考答案 1〗

```
#include <stdio.h>
int main(void)
{
    int  i, j, k, m;
    for (i=0; i<=9; i++)
    {
        for (j=0; j<=9; j++)
        {
            if (i != j)
            {
                k = i * 1000 + i * 100 + j * 10 + j;
                for (m=31; m*m<=k ;m++)
                {
                    if (m * m == k)
                    {
```

```
                                printf("k=%d, m=%d\n", k, m);
                            }
                        }
                    }
                }
            }
        return 0;
        }
```

〖参考答案 2〗

```
#include <stdio.h>
int main(void)
{
    int  i, j, k, m;
    for (m=31; m<=100 ;m++)
    {
        for (i=0; i<10; i++)
        {
            for (j=0; j<10; j++)
            {
                k = i*1000 + i*100 + j*10 + j;
                if (i!=j && m*m==k)
                {
                    printf("k=%d, m=%d\n", k, m);
                }
            }
        }
    }
    return 0;
}
```

程序的运行结果如下：

```
k=7744, m=88
```

2.5.5 实验 5：求解不等式

〖参考答案 1〗

```
#include <stdio.h>
int main(void)
{
    long  i, m, n, sum = 0;
    printf("Please enter n:");
    scanf("%ld", &n);
    for (i=1; ;i++)
    {
        sum = sum + i * i * i;
        if (sum >= n)
```

```
            break;
        }
        m = i - 1;
        printf("m<=%1d\n", m);
        return 0;
    }
```

〖参考答案 2〗

```
#include <stdio.h>
int main(void)
{
    long  i, m, n, sum = 0;
    printf("Please enter n:");
    scanf("%ld", &n);
    i=0;
    do {
        i++;
        sum = sum + i * i * i;
    } while (sum < n);
    m = i - 1;
    printf("m<=%ld\n", m);
    return 0;
}
```

程序的运行结果如下:

```
please enter n:1000000✓
m<=44
```

2.5.6　实验 6: 计算礼炮声响次数

〖参考答案〗

```
#include <stdio.h>
int main(void)
{
    int  n = 0, t;
    for (t=0; t<=20*7; t++)
    {
        if ((t%5 == 0) && (t <= 20*5))
        {
            n++;
            continue;
        }
        if ((t%6 == 0) && (t <= 20*6))
        {
            n++;
            continue;
        }
```

```
            if (t%7 == 0)
            {
                n++;
            }
        }
        printf("n=%d\n", n);
        return 0;
    }
```

程序的运行结果如下：

```
    n=54
```

2.5.7 实验 7：产值翻番计算

〖参考答案〗

```
    #include  <stdio.h>
    #define      CURRENT_OUTPUT   100
    #define      RATE_TYPE        4
    int main(void)
    {
        int  i;
        int  growRate[RATE_TYPE] = {6,8,10,12};        // 工业产值的增长率
        int  year;                                     // 产值翻番所需年数
        double  totalOutput;                           // 工业产值
        for (i=0; i<RATE_TYPE; i++)
        {
            year = 0;
            totalOutput = CURRENT_OUTPUT;              // 当年产值为 100
            do{
                totalOutput *= (1 + (float) growRate[i] / CURRENT_OUTPUT);
                year++;
            } while (totalOutput < 2*CURRENT_OUTPUT);
            printf("When grow rate is %d%%, the output can be doubled after
                    %d years.\n", growRate[i], year);
        }
        return 0;
    }
```

程序的运行结果如下：

```
    When grow rate is 6%, the output can be doubled after 12 years.
    When grow rate is 8%, the output can be doubled after 10 years.
    When grow rate is 10%, the output can be doubled after 8 years.
    When grow rate is 12%, the output can be doubled after 7 years.
```

2.5.8 实验 8：简单的口令检查程序

〖参考答案〗

```
    #include  <stdio.h>
```

```
#include <string.h>
#define      MAXLEN      20
int main(void)
{
    int  n, flag = 0;
    char str[MAXLEN];
    printf("Please enter password:");
    gets(str);
    n = 1;
    while ((n <= 3) && (flag == 0))
    {
        if (strcmp(str, "8888") == 0)               // 已知实际口令为 8888
        {
            printf("You are welcome!\n");
            flag = 1;
        }
        else
        {
            printf("Wrong password!\n");
            if (n < 3)
            {
                printf("Please enter again:");
                gets(str);
                n++;
            }
            else
            {
                printf("You have entered three times!\n");
                printf("You are not welcome!\n");
                flag = 1;
            }
        }
    }
    return 0;
}
```

程序两次测试的运行结果如下：
① Please enter password:8887✓
  Wrong password!
  Please enter again:7888✓
  Wrong password!
  Please enter again:8889✓
  Wrong password!
  You have entered three times!
  You are not welcome!
② Please enter password:8888✓
  You are welcome!

2.5.9 实验 9：大奖赛现场统分

〖参考答案〗

```c
#include <stdio.h>
#include <math.h>
#define    ATHLETE    40              / /选手人数最高限
#define    JUDGE      20              // 评委人数最高限
void CountAthleteScore(int sh[], float sf[], int n, float f[], int m);
void Sort(int h[], float f[], int n);
void Print(int h[], float f[], int n);
void CountJudgeScore(int ph[],float pf[],int m,float sf[],float f[],int n);
int main(void)
{
    int  j, m, n;
    int  sh[ATHLETE];                 // 选手的编号数组
    int  ph[JUDGE];                   // 评委的编号数组
    float sf[ATHLETE];                // 选手的最后得分
    float pf[JUDGE];                  // 评委的得分
    float f[ATHLETE][JUDGE];          // 评委给选手的评分
    printf("How many Athletes?");
    scanf("%d", &n);                  // 输入选手人数
    printf("How many judges?");
    scanf("%d", &m);                  // 输入评委人数
    for (j=1; j<=m; j++)
    {
        ph[j] = j;
    }
    printf("Scores of Athletes:\n");
    CountAthleteScore(sh, sf, n, *f, m);   // 现场为选手统计分数
    printf("Order of Athletes:\n");
    Sort(sh, sf, n);                  // 选手得分排序
    Print(sh, sf, n);                 // 打印选手名次表
    printf("Scores of judges:\n");
    CountJudgeScore(ph, pf, m, sf, *f, n); // 为各个评委打分
    printf("Order of judges:\n");
    Sort(ph, pf, m);                  // 评委得分排序
    Print(ph, pf, m);                 // 打印评委名次表
    printf("Over!Thank you!\n");
    return 0;
}
// 函数功能：统计参赛选手的得分
// 函数参数：整型数组 sh，存放选手的编号
//          实型数组 sf，存放选手的最后得分
//          整型变量 n，存放参赛选手的人数
//          实型数组 f，存放每个评委给选手的评分
//          整型变量 m，存放评委的人数
// 函数返回值：无
```

```
void CountAthleteScore(int sh[], float sf[], int n, float f[], int m)
{
    int  i, j;
    float  max, min;
    for (i=1; i<=n; i++)
    {
        printf("\nAthlete %d is playing." , i);
        printf("\nPlease enter his number code:");
        scanf("%d", &sh[i]);
        sf[i] = 0;
        max = 0;
        min = 100;
        for (j=1; j<=m; j++)
        {
            printf("Judge %d give score:", j);
            scanf("%f", &f[i*m+j]);
            sf[i] = sf[i] + f[i*m+j];
            if (max < f[i*m+j])
            {
                max = f[i*m+j];
            }
            if (min > f[i*m+j])
            {
                min = f[i*m+j];
            }
        }
        printf("Delete a maximum score:%.3f\n", max);
        printf("Delete a minimum score:%.3f\n", min);
        sf[i] = (sf[i] - max - min) / (m - 2);
        printf("The final score of Athlete %d is %.3f\n", sh[i], sf[i]);
    }
}
// 函数功能：对分数从高到低排序
// 函数参数：整型数组 h，存放编号
//          实型数组 f，存放最后得分
//          整型变量 n，存放参评人数
// 函数返回值：无
void Sort(int h[], float f[], int n)
{
    int  i, j, k, temp2;
    float  temp1;
    for (i=1; i<=n-1; i++)
    {
        k = i;
        for (j=i+1; j<=n; j++)
        {
            if (f[j] > f[k])
            {
```

```
                    k = j;
                }
            }
            if (k != i)
            {
                temp1 = f[k]; f[k] = f[i]; f[i] = temp1;
                temp2 = h[k]; h[k] = h[i]; h[i] = temp2;
            }
        }
    }
// 函数功能：输出名次表
// 函数参数：整型数组 h，存放编号
//           实型数组 f，存放最后得分
//           整型变量 n，存放参评人数
// 函数返回值：无
void Print(int h[], float f[], int n)
{
    int  i;
    printf("number\tfinal score\torder\n");
    for (i=1; i<=n; i++)
    {
            printf("%6d\t%11.3f\t%5d\n", h[i], f[i], i);
    }
}
// 函数功能：统计评委的得分
// 函数参数：整型数组 ph，存放评委的编号
//           实型数组 pf，存放评委的得分
//           整型变量 m，存放评委的人数
//           实型数组 sf，存放选手的最后得分
//           实型数组 f，存放每个评委给选手的评分
//           整型变量 n，存放参赛选手的人数
// 函数返回值：无
void CountJudgeScore(int ph[],float pf[],int m,float sf[],float f[],int n)
{
    int  i, j;
    for (j=1; j<=m; j++)
    {
        pf[j] = 0;
        for (i=1; i<=n; i++)
        {
            pf[j] = pf[j] + (f[i*m+j] - sf[i]) * (f[i*m+j] - sf[i]);
        }
        pf[j] = 10 - sqrt(pf[j]/n);
        printf("Judge %d give score:%.3f\n", j, pf[j]);
    }
}
```

程序的运行结果如下：

```
How many Athletes?5↙
How many judges?5↙
Scores of judges:

Athlete 1 is playing.
Please enter his number code:11↙
Judge 1 give score:9.5↙
Judge 2 give score:9.6↙
Judge 3 give score:9.7↙
Judge 4 give score:9.4↙
Judge 5 give score:9.0↙
Delete a maximum score:9.700
Delete a minimum score:9.000
The final score of Athlete 11 is 9.500

Athlete 2 is playing.
Please enter his number code:12↙
Judge 1 give score:9.0↙
Judge 2 give score:9.2↙
Judge 3 give score:9.1↙
Judge 4 give score:9.3↙
Judge 5 give score:8.9↙
Delete a maximum score:9.300
Delete a minimum score:8.900
The final score of Athlete 12 is 9.100

Athlete 3 is playing.
Please enter his number code:13↙
Judge 1 give score:9.6↙
Judge 2 give score:9.7↙
Judge 3 give score:9.5↙
Judge 4 give score:9.8↙
Judge 5 give score:9.4↙
Delete a maximum score:9.800
Delete a minimum score:9.400
The final score of Athlete 13 is 9.600

Athlete 4 is playing.
Please enter his number code:14↙
Judge 1 give score:8.9↙
Judge 2 give score:8.8↙
Judge 3 give score:8.7↙
Judge 4 give score:9.0↙
Judge 5 give score:8.6↙
Delete a maximum score:9.000
Delete a minimum score:8.600
The final score of Athlete 14 is 8.800
```

```
Athlete 5 is playing.
Please enter his number code:15↙
Judge 1 give score:9.0↙
Judge 2 give score:9.1↙
Judge 3 give score:8.8↙
Judge 4 give score:8.9↙
Judge 5 give score:9.2↙
Delete a maximum score:9.200
Delete a minimum score:8.800
The final score of Athlete 11 is 9.000
Order of Athletes:
number     final score     order
   13          9.600         1
   11          9.500         2
   12          9.100         3
   15          9.000         4
   14          8.800         5
Scores of judges:
Judge 1 give score:9.665
Judge 2 give score:9.659
Judge 3 give score:9.710
Judge 4 give score:9.659
Judge 5 give score:9.525
Order of judges:
number     final score     order
    3          9.710         1
    1          9.665         2
    2          9.659         3
    4          9.659         4
    5          9.525         5
Over!Thank you!
```

2.5.10 实验 10：数组、指针和函数综合编程练习

输出最高分和学号

〖参考答案〗

程序 1：

```c
#include  <stdio.h>
#define      ARR_SIZE      40
int FindMax(int score[], long num[], int n, long *pMaxNum);
int main(void)
{
    int  score[ARR_SIZE], maxScore, n, i;
    long  num[ARR_SIZE], maxNum;
    printf("Please enter total number:");
    scanf("%d", &n);                    // 从键盘输入学生人数 n
```

```
        printf("Please enter the number and score:\n");
        for(i=0; i<n; i++)                // 分别以长整型和整型格式输入学生的学号和成绩
        {
            scanf("%ld%d", &num[i], &score[i]);
        }
        maxScore = FindMax(score, num, n, &maxNum);    // 计算最高分及学生学号
        printf("maxScore = %d, maxNum = %ld\n", maxScore, maxNum);
        return 0;
    }
    // 函数功能：返回最高分及最高分学生的学号
    int FindMax(int score[], long num[], int n, long *pMaxNum)
    {
        int  i;
        int  maxScore;
        maxScore = score[0];
        *pMaxNum = num[0];                             // 假设 score[0]为最高分
        for (i=1; i<n; i++)
        {
            if (score[i] > maxScore)
            {
                maxScore = score[i];                  // 记录最高分
                *pMaxNum = num[i];                    // 记录最高分学生的学号 num[i]
            }
        }
        return maxScore;                              // 返回最高分 maxScore
    }
```

程序的运行结果如下：
```
    Please enter total number:5✓
    Please enter the number and score:
    99011   84✓
    99012   83✓
    99013   88✓
    99014   87✓
    99015   61✓
    maxScore = 88, maxNum = 99013
```
〖参考答案〗
程序 2：

```
    #include <stdio.h>
    #define    CLASS    3
    #define    STU      4
    int FindMax(int score[CLASS][STU], int m, int *pRow, int *pCol);
    int main(void)
    {
        int  score[CLASS][STU], i, j, maxScore, row, col;
        printf("Please enter score:\n");
        for (i=0; i<CLASS; i++)
```

```
    {
        for (j=0; j<STU; j++)
        {
            scanf("%d", &score[i][j]);          // 输入学生成绩
        }
    }
    // 计算最高分及其学生所在班号和学号
    maxScore = FindMax(score, CLASS, &row, &col);
    printf("maxScore = %d, class = %d, number = %d\n", maxScore, row+1, col+1);
    return 0;
}
// 函数功能：返回任意 m 行 STU 列二维数组中元素的最大值，并指出其所在行列下标值
int  FindMax(int score[][STU], int m, int *pRow, int *pCol)
{
    int  i, j, maxScore;
    maxScore = score[0][0];                     // 置初值，假设第一个元素值最大
    *pRow = 0;                        // 整型指针变量 pRow 指向数组元素最大值所在的行
    *pCol = 0;                        // 整型指针变量 pCol 指向数组元素最大值所在的列
    for (i = 0; i<m; i++)
    {
        for (j = 0; j<STU; j++)
        {
            if (score[i][j] > maxScore)
            {
                maxScore = score[i][j];          // 记录当前最大值
                *pRow = i;                       // 记录行下标
                *pCol = j;                       // 记录列下标
            }
        }
    }
    return maxScore;                             // 返回最大值
}
```

〖参考答案〗
程序 3:

```
#include  <stdio.h>
#define    CLASS    3
#define    STU      4
int FindMax(int *p, int m, int n, int *pRow, int *pCol);
int main(void)
{
    int score[CLASS][STU], i, j, maxScore, row, col;
    printf("Please enter score:\n");
    for (i=0; i<CLASS; i++)
    {
        for (j=0; j<STU; j++)
        {
```

```
                scanf("%d", &score[i][j]);              // 输入学生成绩
            }
        }
        // 计算最高分及其学生所在班号和学号
        maxScore = FindMax(*score, CLASS, STU, &row, &col);
        printf("maxScore = %d, class = %d, number = %d\n", maxScore, row+1, col+1);
        return 0;
    }
    // 函数功能：返回任意 m 行 n 列的二维数组中元素的最大值，并指出其所在的行列下标值
    int  FindMax(int *p, int m, int n, int *pRow, int *pCol)
    {
        int  i, j, maxScore;
        maxScore = p[0];                            // 置初值，假设第一个元素值最大
        *pRow = 0;                          // 整型指针变量 pRow 指向数组元素最大值所在的行
        *pCol = 0;                          // 整型指针变量 pCol，指向数组元素最大值所在的列
        for (i=0; i<m; i++)
        {
            for (j=0; j<n; j++)
            {
                if (p[i*n+j] > maxScore)
                {
                    maxScore = p[i*n+j];            // 记录当前最大值
                    *pRow = i;                      // 记录行下标
                    *pCol = j;                      // 记录列下标
                }
            }
        }
        return maxScore;                            // 返回最大值
    }
```

程序的运行结果如下：
```
Please enter score:
81  72  73  64✓
65  86  77  88✓
91  90  85  92✓
max = 92, class = 3, number = 4
```
〖参考答案〗
程序 4：

```
#include <stdio.h>
#include <stdlib.h>
int FindMax(int *p, int m, int n, int *pRow, int *pCol);
int main(void)
{
    int  *pScore, i, j, m, n, maxScore, row, col;
    printf("Please enter array size m,n:");
    scanf("%d,%d", &m, &n);                         // 输入班级数 m 和学生数 n
    pScore = (int *) calloc(m*n, sizeof (int));     // 申请内存
```

```c
        if (pScore == NULL)
        {
            printf("No enough memory!\n");
            exit(0);
        }
        printf("Please enter the score:\n");
        for (i=0; i<m; i++)
        {
            for (j=0; j<n; j++)
            {
                scanf("%d", &pScore [i*n+j]);          // 输入学生成绩
            }
        }
        maxScore = FindMax(pScore, 3, 4, &row, &col);   // 调用函数 FindMax
        // 输出最高分 max 及其所在的班级和学号
        printf("maxScore = %d, class = %d, number = %d\n", maxScore, row+1, col+1);
        free(pScore);                                   // 释放向系统申请的存储空间
        return 0;
    }
    // 函数功能：返回任意 m 行 n 列的二维数组中元素的最大值，并指出其所在行列下标值
    int  FindMax(int *p, int m, int n, int *pRow, int *pCol)
    {
        int  i, j, max;
        max = p[0];                                     // 置初值，假设第一个元素值最大
        *pRow = 0;                                      // 整型指针变量 pRow 指向数组元素最大值所在的行
        *pCol = 0;                                      // 整型指针变量 pCol 指向数组元素最大值所在的列
        for (i=0; i<m; i++)
        {
            for (j=0; j<n; j++)
            {
                if (p[i*n+j] > max)
                {
                    max = p[i*n+j];                     // 记录当前最大值
                    *pRow = i;                          // 记录行下标
                    *pCol = j;                          // 记录列下标
                }
            }
        }
        return max;                                     // 返回最大值
    }
```

程序的运行结果如下：

```
Please enter array size m,n:3,4↙
Please enter the score:
81  72  73  64↙
65  86  77  88↙
91  90  85  92↙
maxScore = 92, class = 3, number = 4
```

2.5.11　实验 11：合并有序数列

〖参考答案〗

```c
#include <stdio.h>
#define    M    5
#define    N    5
void Merge(int a[], int b[], int c[], int m, int n);
int main(void)
{
    int  a[N], b[N], c[M+N];
    int  i, m, n;
    printf("Input m,n:");
    scanf("%d,%d", &m, &n);
    printf("Input array a:");
    for (i=0; i<m; i++)
    {
        scanf("%d", &a[i]);
    }
    printf("Input array b:");
    for (i=0; i<n; i++)
    {
        scanf("%d", &b[i]);
    }
    Merge(a, b, c, m, n);
    for (i=0; i<m+n; i++)
    {
        printf("%d\t", c[i]);
    }
    printf("\n");
    return 0;
}
// 函数功能：将升序排列的 a 数组中的 m 个元素和 b 数组中的 n 个元素合并到 c 数组中
void Merge(int a[], int b[], int c[], int m, int n)
{
    int  i = 0, j = 0, k = 0;
    while (i < m && j < n)
    {
        if (a[i] <= b[j])
        {
            c[k] = a[i];
            i++;
            k++;
        }
        else
        {
            c[k] = b[j];
            j++;
```

```
                k++;
            }
        }
        if (i == m)
        {
            while (k < m + n)
            {
                c[k] = b[j];
                k++;
                j++;
            }
        }
        else if (j == n)
        {
            while (k < m + n)
            {
                c[k] = a[i];
                k++;
                i++;
            }
        }
    }
}
```

程序的运行结果示例 1：
```
    Input m,n:3,2✓
    Input array a: 1 3 5✓
    Input array b: 2 4✓
    1        2        3        4        5
```
程序的运行结果示例 2：
```
    Input m,n:2,3✓
    Input array a: 1 3✓
    Input array b: 2 4 6✓
    1        2        3        4        6
```
程序的运行结果示例 3：
```
    Input m,n:3,3✓
    Input array a: 1 2 3✓
    Input array b: 4 5 6✓
    1        2        3        4        5        6
```
程序的运行结果示例 4：
```
    Input m,n:3,3✓
    Input array a: 4 5 6✓
    Input array b: 1 2 3✓
    1        2        3        4        5        6
```
程序的运行结果示例 5：
```
    Input m,n:3,4✓
    Input array a: 1 3 5✓
    Input array b: 2 3 4 6✓
    1        2        3        3        4        5        6
```

2.5.12　实验 12：最牛微信

〖参考答案〗

```c
#include <stdio.h>
#include <string.h>
int Fun(char str[]);
int main(void)
{
    char  a[80];
    printf("Input a word:");
    gets(a);
    if (Fun(a) != -1)
    {
        printf("%s=%d%%\n", a, Fun(a));
    }
    else
    {
        printf("Input error!\n");
    }
    return 0;
}
// 函数功能：将字符数组 str 中的字符串转换为英文字母对应的编号数字，然后累加求和并返回
int Fun(char str[])
{
    int  i, sum = 0;
    for (i = 0; str[i]!='\0'; i++)
    {
        if (str[i]>='a' && str[i]<='z')
        {
            sum += str[i] - 'a' + 1;
        }
        else if (str[i]>='A' && str[i]<='Z')
        {
            sum += str[i] - 'A' + 1;
        }
        else
        {
            return -1;
        }
    }
    return sum;
}
```

程序的运行结果示例 1：
```
Input a word:money✓
money=72%
```
程序的运行结果示例 2：

```
Input a word:attitude↙
attitude=100%
```

2.5.13　实验 13：英雄卡

〖参考答案〗

```
#include <stdio.h>
#define     N   10000              // 英雄卡的最大数量
#define     M   20                 // 英雄卡编号最大是 20
int Exchange(int c[], int n);
int main(void)
{
    int  times = 0;
    int  p[N+1];
    int  count[M+1] = {0};         // 英雄卡编号从 1 开始
    int  i, n;
    do
    {
        printf("请输入英雄卡的数量范围(在 1~10000 之间):");
        scanf("%d", &n);
    } while (n<1 || n>10000);
    printf("请输入英雄卡的编号数据(在 1~20 之间):");
    for (i=0; i<n; i++)
    {
        scanf("%d", &p[i]);
        count[p[i]]++;
    }
    times = Exchange(count, M);
    printf("%d", times);
    return 0;
}
int Exchange(int c[], int n)
{
    int i, times, flag = 0;
    for (i=1; i<n; )
    {
        flag = 0;
        if (c[i]!=0 && c[i+1]!=0 && c[i+2]!=0)
        {
            c[i]--;
            c[i+1]--;
            c[i+2]--;
            times++;
            flag = 1;
        }
        if (!flag)
        {
```

```
            i++;
        }
    }
    return times;
}
```

程序运行结果如下：
```
Input n: 76↙
1 1 3 2 4 4 5
1
```

2.5.14　实验14：数数的手指

〖参考答案〗

```
#include <stdio.h>
int main(void)
{
    int  n, mod;
    printf("Input n:");
    scanf("%d", &n);
    mod = n % 8;
    switch (mod)
    {
        case 1:  printf("大拇指\n");    break;
        case 2:  printf("食指\n");     break;
        case 3:  printf("中指\n");     break;
        case 4:  printf("无名指\n");    break;
        case 5:  printf("小指\n");     break;
        case 6:  printf("无名指\n");     break;
        case 7:  printf("中指\n");     break;
        case 0:  printf("食指\n");     break;
        default: printf("Input error!\n");
    }
    return 0;
}
```

程序运行结果示例 1：
```
Input n: 1000↙
食指
```
程序运行结果示例 2：
```
Input n: 30↙
无名指
```
程序运行结果示例 3：
```
Input n: -1↙
Input error!
```

2.5.15 实验15：计算个人所得税

〖参考答案〗

```c
#include <stdio.h>
int main(void)
{
    double  income, tax;
    printf("Input income:");
    scanf("%lf", &income);
    if (income <= 800)
    {
        tax = 0;
    }
    else if (income <= 4000)
    {
        tax = (income - 800) * 0.2;
    }
    else if (income <= 20000)
    {
        tax = income * 0.8 * 0.2;
    }
    else if (income <= 50000)
    {
        tax = 20000*0.8*0.2 + (income-0000)*0.8*0.3 - 2000;
    }
    else
    {
        tax = 20000*0.8*0.2+30000*0.8*0.3+(income-5000)*0.8*0.4-7000;
    }
    printf("fee = %.0f\n", tax);
    return 0;
}
```

程序运行结果示例1：
    Input income:800↙
    tax = 0
程序运行结果示例2：
    Input distance and time:1000↙
    tax = 40
程序运行结果示例3：
    Input income:10000↙
    tax = 1600
程序运行结果示例4：
    Input income:30000↙
    tax = 3600
程序运行结果示例5：

```
Input income:55000↙
tax = 19400
```

2.5.16　实验 16：单词接龙

〖参考答案 1〗

```
#include <stdio.h>
#include <string.h>
void TestDuplication(char a[], char b[], char c[]);
int main(void)
{
    char  a[81], b[81], c[81];
    scanf("%s%s", a, b);
    TestDuplication(a, b, c);
    puts(c);
    return 0;
}
// 函数功能：将数组 a 中的末尾子串与 b 中的首子串相同的子串存到数组 c 中
void TestDuplication(char a[], char b[], char c[])
{
    int  maxlen, testlen, len, i, j;
    len = strlen(a);
    maxlen = strlen(b);
    for(testlen=maxlen; testlen>0; testlen--)
    {
        if(strncmp(b, a + len - testlen, testlen) == 0)
        {
            for (i=len-testlen, j=0; a[i]!='\0'; i++,j++)
            {
                c[j] = a[i];
            }
            c[j] = '\0';
        }
    }
}
```

〖参考答案 2〗

```
#include <stdio.h>
#include <string.h>
void TestDuplication(char a[], char b[], char c[]);
int main(void)
{
    char  a[81], b[81], c[81];
    gets(a);
    gets(b);
    TestDuplication(a, b, c);
    puts(c);
```

```
        return 0;
    }
    // 函数功能：将数组 a 中的末尾子串与 b 中的首子串相同的子串存到数组 c 中
    void TestDuplication(char a[], char b[], char c[])
    {
        int i=0, j=0, len;
        len = strlen(a);
        do {
            if (b[i] == a[j])                    // 字母相同时
            {
                c[i] = b[i];
                i++;
                j++;
            }
            else
            {
                j++;
            }
            if (i>0&&b[i-1]==a[j-1]&&b[i]!=a[j]&&a[j]!='\0')
            {
                i = 0;        // 前一字母相同，后一字母不同时，重新指向第二个字符串的首字母
            }
        } while(j < len);
        c[i] = '\0';
    }
```

程序运行结果如下：

happy✓
python✓
py

2.5.17 实验 17：猜神童年龄

〖参考答案〗

```
    #include <stdio.h>
    #include <math.h>
    int main(void)
    {
        int  age, age3, age4, b1, b2, b3, b4, a1, a2, a3, a4, a5, a6;
        for (age=10; age<22; age++)
        {
            age3 = age * age * age;
            if (age3 < 10000 && age3 >= 1000)
            {
                age4 = age3 * age;
                if (age4 < 1000000 && age4 >= 100000)
                {
```

```
                b1 = age3 % 10;
                b2 = age3 / 10 % 10;
                b3 = age3 / 100 % 10;
                b4 = age3 / 1000;
                a1 = age4 % 10;
                a2 = age4 / 10 % 10;
                a3 = age4 / 100 % 10;
                a4 = age4 / 1000 % 10;
                a5 = age4 / 10000 % 10;
                a6 = age4 /100000;
                if (b2!=b1 && b3!=b1 && b3!=b2 && b4!=b1 && b4!=b2 && b4!=b3 &&
                    a2!=a1 && a3!=a1 && a3!=a2 &&
                    a4!=a1 && a4!=a2 && a4!=a3 &&
                    a5!=a1 && a5!=a2 && a5!=a3 && a5!=a4 &&
                    a6!=a1 && a6!=a2 && a6!=a3 && a6!=a4 && a6!=a5)
                {
                    printf("age=%d\n", age);
                }
            }
        }
    }
    return 0;
}
```

程序运行结果如下：
```
age=18
```

2.5.18　实验 18：猴子吃桃

〖参考答案 1〗

```
#include <stdio.h>
int Monkey(int n);
int main(void)
{
    int  days, total;
    printf("Input days:");
    scanf("%d", &days);
    total = Monkey(days);
    printf("%d\n", total);
    return 0;
}
// 函数功能：从第 n 天只剩下一个桃子反向逆推出第 1 天的桃子数
int Monkey(int n)
{
    int  x = 1;
    while (n > 1)
    {
```

```
        x = (x + 1) * 2;
        n--;
    }
    return x;
}
```

〖参考答案 2〗

```
#include <stdio.h>
int Monkey(int n);
int main(void)
{
    int  days, total;
    printf("Input days:");
    scanf("%d", &days);
    total = Monkey(days);
    printf("%d\n", total);
    return 0;
}
// 函数功能：从第 n 天只剩下一个桃子反向逆推出第 1 天的桃子数
int Monkey(int n)
{
    int  x = 1, i;
    for (i=1; i<n; i++)
    {
        x = (x + 1) * 2;
    }
    return x;
}
```

程序运行结果如下：
```
Input days:10✓
x=1534
```

2.5.19 实验 19：数字黑洞

〖参考答案〗

```
#include  <stdio.h>
int IsDaffodilNum(int num);
int main(void)
{
    int  n;
    printf("Input n:");
    scanf("%d", &n);
    if (n % 3 != 0)
    {
        printf("%d is not a daffodil number\n", n);
    }
```

```
        else if (IsDaffodilNum(n))
        {
            printf("%d is a daffodil number\n", n);
        }
        return 0;
    }
    // 函数功能：验证 n 是黑洞数，并记录验证的步数
    int IsDaffodilNum(int num)
    {
        int  temp = 0;
        printf("%d\n", num);
        if(num == 153)
        {
            return 1;
        }
        while(num != 0)
        {
            temp += (num % 10) * (num % 10) * (num % 10);
            num /= 10;
        }
        return IsDaffodilNum(temp);
    }
```

程序运行结果示例 1：
```
Input n:27✓
27
351
153
27 is a daffodil number
```
程序运行结果示例 2：
```
Input n:20✓
20 is not a daffodil number
```

2.5.20　实验 20：火柴游戏

任务 1

〖参考答案〗

```
#include<stdio.h>
int main(void)
{
    int  g = 23;
    int  k = 3;
    int  b, c;
    printf("这里是 23 根火柴游戏！！\n");
    printf("注意：最大移动火柴数目为三根\n");
    do {
        printf("请输入您移动的火柴数目：\n");
```

```
        scanf("%d", &b);
        if (b < 1 || b > 3)
        {
            printf("对不起！您输入的了不合适的数目，请点击任意键重新输入！\n");
            printf("您输入移动火柴数目：\n");
            scanf("%d", &b);
        }
        else
        {
            g = g - b;
            printf("您移动的火柴数目为：%d\n", b);
            printf("您移动后剩下的火柴数目为：%d\n", g);
        }
        if (g <= 0)
        {
            printf("对不起！您输了！\n");
            break;
        }
        else
        {
            if (g < 3 && g != 1)
            {
                c = g - 1;
            }
            else if (g == 1)
            {
                c = 1;
            }
            else
            {
                c = g % k + 1;
            }
            g = g - c;
            printf("计算机移动的火柴数目为：%d\n", c);
            printf("计算机移动后剩下的火柴数目为：%d\n", g);
            if (g <= 0)
            {
                printf("恭喜您！您赢了！ \n");
                break;
            }
        }
    } while (g > 0);
    return 0;
}
```

任务 2
〖参考答案〗

```
#include<stdio.h>
int main(void)
```

```
{
    int   a = 21, i;
    printf("Game begin:\n");
    while (a > 0)
    {
        do {
            printf("How many sticks do you wish to take (1~%d)?", a > 4 ? 4 : a);
            scanf("%d", &i);
        } while (i>4 || i<1 || i>a);
        if (a-i > 0)
        {
            printf("%d sticks left in the pile.\n", a-i);
        }
        if (a-i <= 0)
        {
            printf("You have taken the last sticks.\n");
            printf("***You lose!\nGame Over.\n");
            break;
        }
        else
        {
            printf("Computer take %d sticks.\n", 5-i);
        }
        a -= 5;
        printf("%d sticks left in the pile.\n", a);
    }
    return 0;
}
```

2.6　课程设计——菜单驱动的学生成绩管理系统

编写一个菜单驱动的学生成绩管理程序。要求如下：

❖　能输入并显示 n 个学生的 m 门课程的成绩、总分和平均分。

❖　按总分由高到低排序。

❖　任意输入一个学号，能显示该学生的姓名、各门课程的成绩。

下面使用两种方法来设计这个程序。

〖参考答案 1〗

先用静态的数据结构（这里为结构体数组）来存储和管理 n 个学生的学号、姓名、成绩等信息，编写程序源代码如下：

```
#include <stdio.h>
#include <string.h>
#include <ctype.h>
#include <stdlib.h>
#define     STU_NUM       40              // 最多的学生人数
#define     COURSE_NUM    10              // 最多的考试科目
```

```c
struct student
{
    int   number;                          // 每个学生的学号
    char  name[15];                        // 每个学生的姓名
    int   score[COURSE_NUM];               // 每个学生 M 门功课的成绩
    int   sum;                             // 每个学生的总成绩
    float average;                         // 每个学生的平均成绩
};
typedef struct student STU;
// 函数功能：向 head 指向的链表的末尾添加从键盘输入 n 个学生的 m 门课程的信息
void AppendScore(STU *head, int n, int m)
{
    int j;
    STU *p;
    for (p=head; p<head+n; p++)
    {
        printf("\nInput number:");
        scanf("%d", &p->number);
        printf("Input name:");
        scanf("%s", p->name);
        for (j=0; j<m; j++)
        {
            printf("Input score%d:", j+1);
            scanf("%d", p->score+j);
        }
    }
}
// 函数功能：输出 n 个学生的学号、姓名和成绩等信息
void PrintScore(STU *head, int n, int m)
{
    STU  *p;
    int  i;
    char str[100] = {'\0'}, temp[3];
    strcat(str, "Number    Name ");
    for (i=1; i<=m; i++)
    {
        strcat(str, "Score");
        itoa(i,temp, 10);
        strcat(str, temp);
        strcat(str, " ");
    }
    strcat(str," sum  average");
    printf("%s", str);                     // 输出表头
    for (p=head; p<head+n; p++)            // 输出 n 个学生的信息
    {
        printf("\nNo.%3d%8s", p->number, p->name);
        for (i=0; i<m; i++)
        {
```

```
            printf("%7d", p->score[i]);
        }
        printf("%11d%9.2f\n", p->sum, p->average);
    }
}
// 函数功能：计算 n 个学生的 m 门课的总成绩和平均成绩
void  TotalScore(STU *head, int n, int m)
{
    STU  *p;
    int  i;
    for (p=head; p<head+n; p++)
    {
        p->sum = 0;
        for (i=0; i<m; i++)
        {
            p->sum = p->sum + p->score[i];
        }
        p->average = (float)p->sum / m;
    }
}
// 函数功能：用选择法按总成绩由高到低排序
void  SortScore(STU *head, int n)
{
    int  i, j, k;
    STU  temp;
    for (i=0; i<n-1; i++)
    {
        k = i;
        for (j=i; j<n; j++)
        {
            if ((head+j)->sum > (head+k)->sum)
            {
                k = j;
            }
        }
        if (k != i)
        {
            temp = *(head+k);
            *(head+k) = *(head+i);
            *(head+i) = temp;
        }
    }
}
// 函数功能：在 head 指向的结构体数组中查找学生的学号 num
//          如果找到学号，则返回它在结构体数组中的位置，否则返回-1
int SearchNum(STU *head, int num, int n)
{
    int  i;
```

```
    for (i=0; i<n; i++)
    {
        if ((head+i)->number == num)
        {
            return i;
        }
    }
    return -1;
}
// 函数功能：head 指向的结构体数组中按学号查找学生成绩，并显示查找结果
void SearchScore(STU *head, int n, int m)
{
    int  number, findNo;
    printf("Please Input the number you want to search:");
    scanf("%d", &number);
    findNo = SearchNum(head, number, n);
    if (findNo == -1)
    {
        printf("\nNot found!\n");
    }
    else
    {
        PrintScore(head+findNo, 1, m);
    }
}
// 函数功能：显示菜单并获得用户键盘输入的选项
char Menu(void)
{
    char  ch;
    printf("\nManagement for Students' scores\n");
    printf(" 1.Append     record\n");
    printf(" 2.List       record\n");
    printf(" 3.Search     record\n");
    printf(" 4.Sort       record\n");
    printf(" 0.Exit\n");
    printf("Please Input your choice:");
    scanf(" %c", &ch);            // 在%c 前面加一个空格，将存于缓冲区中的回车符读入
    return ch;
}
int main(void)
{
    char  ch;
    int  m, n;
    STU  stu[STU_NUM];
    printf("Input student number and course number(n<40,m<10):");
    scanf("%d,%d", &n, &m);
    while (1)
    {
```

```
        ch = Menu();                                    // 显示菜单，并读取用户输入
        switch (ch)
        {
            case'1':  AppendScore(stu, n, m);           // 调用成绩添加模块
                      TotalScore(stu, n, m);
                      break;
            case'2':  PrintScore(stu, n, m);            // 调用成绩显示模块
                      break;
            case'3':  SearchScore(stu, n, m);           // 调用按学号查找模块
                      break;
            case'4':  SortScore(stu, n);                // 调用成绩排序模块
                      printf("\nSorted result\n");
                      PrintScore(stu, n, m);            // 显示成绩排序结果
                      break;
            case'0':  exit(0);                          // 退出程序
                      printf("End of program!");
                      break;
            default:  printf("Input error!");
        }
    }
    return 0;
}
```

程序的运行结果如下：

```
Input student number and course number(n<40,m<10):3,2✓
Management for Students' scores
    1.Append     record
    2.List       record
    3.Search     record
    4.Sort       record
    0.Exit
Please Input your choice:1✓

Input number:1✓
Input name:WangHui✓
Input score1:70✓
Input score2:70✓

Input number:2✓
Input name:XuLi✓
Input score1:90✓
Input score2:90✓

Input number:1✓
Input name:MaBo✓
Input score1:80✓
Input score2:80✓
```

```
Management for Students' scores
     1.Append      record
     2.List        record
     3.Search      record
     4.Sort        record
     0.Exit
Please Input your choice:2↙
```

Number	Name	Score1	Score2	sum	average
No. 1	WangHui	70	70	140	70.00
No. 2	XuLi	90	90	180	90.00
No. 3	MaBo	80	80	160	80.00

```
Management for Students' scores
     1.Append      record
     2.List        record
     3.Search      record
     4.Sort        record
     0.Exit
Please Input your choice:3↙
```

```
Sorted result
```

Number	Name	Score1	Score2	sum	average
No. 1	XuLi	90	90	180	90.00
No. 3	MaBo	80	80	160	80.00
No. 2	WangHui	70	70	140	70.00

```
Management for Students' scores
     1.Append      record
     2.List        record
     3.Search      record
     4.Sort        record
     0.Exit
Please Input your choice:4↙
Please Input the number you want to search:2↙
```

Number	Name	Score1	Score2	sum	average
No. 2	XuLi	90	90	180	90.00

```
Management for Students' scores
     1.Append      record
     2.List        record
     3.Search      record
     4.Sort        record
     0.Exit
Please Input your choice:0↙
End of program!
```

【思考题】

① 程序没有对用户输入数据的有效性进行限制和检查。如果用户输入有错误，在输入确

认前可以修改，而输入确认后就没有办法再修改了，输入的无效数据也作为有效数据保存起来了，此时，要么强制中断，要么将余下的数据输入完毕才能结束程序运行，这对用户的要求过高。当输入的数据量较大时，输入不出错的可能性极小。那么，如何在程序中加入异常处理，检查用户输入数据的有效性，以保证程序的健壮性呢？

请读者参考主教材的第 3 章 3.4.3 节修改程序。

② 上述程序在输入学生姓名时，要求只能输入不带空格的字符串，否则出错，当用户输入带空格的字符串时，程序运行时就会跳过几个输入项直接让用户输入下一个学生的成绩。请读者分析其中的原因，并修改程序解决这个问题。

上述程序虽然实现了题目要求，但仔细分析后不难发现，程序存在这样一个问题，即此程序所能管理的学生人数的上限值是在程序内部用符号常量定义的，虽然可以调整，但每次调整必须修改程序，重新编译链接后才能运行，而且只有了解程序的人员才能修改程序，不便一般用户使用。这是静态数据结构的致命伤。要解决这个问题，必须选择动态数据结构，如链表。

〖参考答案 2〗

利用链表动态数据结构来实现功能增强的程序。

```c
#include <stdio.h>
#include <string.h>
#include <ctype.h>
#include <stdlib.h>
#define      COURSE_NUM        5              // 最多的考试科目
struct student
{
    int   number;                            // 每个学生的学号
    char  name[15];                          // 每个学生的姓名
    int   score[COURSE_NUM];                 // 每个学生 M 门功课的成绩
    int   sum;                               // 每个学生的总成绩
    float average;                           // 每个学生的平均成绩
    struct student *next;
};
typedef struct student STU;
char Menu(void);
int  Ascending(int a, int b);
int  Descending(int a, int b);
void IntSwap(int *pt1, int *pt2);
void CharSwap(char *pt1, char *pt2);
void FloatSwap(float *pt1, float *pt2);
STU *AppendNode(STU *head, const int m);
STU *DeleteNode(STU *head, int nodeNum);
STU *ModifyNode(STU *head, int nodeNum, const int m);
STU *SearchNode(STU *head, int nodeNum);
STU *AppendScore(STU *head, const int m);
void TotalScore(STU *head, const int m);
void PrintScore(STU *head, const int m);
STU *DeleteScore(STU *head, const int m);
void ModifyScore(STU *head, const int m);
void SortScore(STU *head, const int m, int (*compare)(int a, int b));
```

```c
void SearchScore(STU *head, const int m);
void DeleteMemory(STU *head);
int main(void)
{
    char  ch;
    int   m;
    STU  *head = NULL;
    printf("Input student number(m<10):");
    scanf("%d", &m);
    while (1)
    {
        ch = Menu();                              // 显示菜单，并读取用户输入
        switch (ch)
        {
            case'1':  head = AppendScore(head, m);     // 调用成绩输入模块
                      TotalScore(head, m);
                      break;
            case'2':  PrintScore(head, m);             // 调用成绩显示模块
                      break;
            case'3':  head = DeleteScore(head, m);     // 调用成绩删除模块
                      printf("\nAfter deleted\n");
                      PrintScore(head, m);             // 显示成绩删除结果
                      break;
            case'4':  ModifyScore(head, m);            // 调用成绩修改模块
                      TotalScore(head, m);
                      printf("\nAfter modified\n");
                      PrintScore(head, m);             // 显示成绩修改结果
                      break;
            case'5':  SearchScore(head, m);            // 调用按学号查找模块
                      break;
            case'6':  SortScore(head, m, Descending);  // 按总分降序排序
                      printf("\nsorted in descending order by sum\n");
                      PrintScore(head, m);             // 显示成绩排序结果
                      break;
            case'7':  SortScore(head, m, Ascending);   // 按总分升序排序
                      printf("\nsorted in ascending order by sum\n");
                      PrintScore(head, m);             // 显示成绩排序结果
                      break;
            case'0':  exit(0);                         // 退出程序
                      DeleteMemory(head);              // 释放所有已分配的内存
                      printf("End of program!");
                      break;
            default:  printf("Input error!");
        }
    }
    return 0;
}
// 函数功能：显示菜单并获得用户键盘输入的选项
```

```c
char Menu(void)
{
    char ch;
    printf("\nManagement for Students' scores\n");
    printf(" 1.Append record\n");
    printf(" 2.List   record\n");
    printf(" 3.Delete record\n");
    printf(" 4.Modify record\n");
    printf(" 5.Search record\n");
    printf(" 6.Sort   Score in descending order by sum\n");
    printf(" 7.Sort   Score in  ascending order by sum\n");
    printf(" 0.Exit\n");
    printf("Please Input your choice:");
    scanf(" %c", &ch);           // 在%c 前面加一个空格，将存于缓冲区中的回车符读入
    return ch;
}
// 函数功能：向链表中添加从键盘输入的学生信息，函数返回添加记录后的链表的头指针
STU *AppendScore(STU *head, const int m)
{
    int  i = 0;
    char  c;
    do {
        head = AppendNode(head, m);            // 向链表末尾添加一个节点
        printf("Do you want to append a new node(Y/N)?");
        scanf(" %c", &c);                  // %c 前面有一个空格
        i++;
    } while (c=='Y' || c=='y');
    printf("%d new nodes have been apended!\n", i);
    return head;
}
// 函数功能：删除一个指定学号的学生的记录，函数返回删除记录后的链表的头指针
STU *DeleteScore(STU *head, const int m)
{
    int  i = 0, nodeNum;
    char  c;
    do {
        printf("Please Input the number you want to delete:");
        scanf("%d", &nodeNum);
        head = DeleteNode(head, nodeNum);      // 删除学号为 nodeNum 的学生信息
        PrintScore(head, m);                   // 显示当前链表中的各节点信息
        printf("Do you want to delete a node(Y/N)?");
        scanf(" %c", &c);                  // %c 前面有一个空格
            i++;
    } while (c=='Y' || c=='y');
    printf("%d nodes have been deleted!\n", i);
    return head;
}
// 函数功能：修改一个指定学号的学生的记录
```

```
void ModifyScore(STU *head, const int m)
{
    int  i = 0, nodeNum;
    char  c;
    do {
        printf("Please Input the number you want to modify:");
        scanf("%d", &nodeNum);
        head = ModifyNode(head, nodeNum, m);    // 修改学号为 nodeNum 的节点
        printf("Do you want to modify a node(Y/N)?");
        scanf(" %c", &c);                       // %c 前面有一个空格
        i++;
    } while (c=='Y' || c=='y');
    printf("%d nodes have been modified!\n", i);
}
// 函数功能：计算每个学生的 m 门课程的总分和平均分
void TotalScore(STU *head, const int m)
{
    STU  *p = head;
    int  i;
    while (p != NULL)                          // 若不是表尾，则循环
    {
        p->sum = 0;
        for (i=0; i<m; i++)
        {
            p->sum += p->score[i];
        }
        p->average = (float)p->sum / m;
        p = p->next;                           // 让 p 指向下一个节点
    }
}
// 函数功能：用交换法按总分升序或降序（由函数指针 compare 决定）对 head 指向的链表数据排序
//          函数指针 compare 指向 Ascending() 时升序排序，指向 Descending() 时降序排序
void SortScore(STU *head, const int m, int (*compare)(int a, int b))
{
    STU  *pt;
    int  flag = 0, i;
    do {
        flag = 0 ;
        pt = head;
        while (pt->next != NULL)
        {
            if ((*compare)(pt->next->sum, pt->sum))
            {       // 注意只交换节点数据，而节点顺序不变，即节点 next 指针内容不交换
                IntSwap(&pt->number, &pt->next->number);
                CharSwap(pt->name, pt->next->name);
                for (i=0; i<m; i++)
                {
                    IntSwap(&pt->score[i], &pt->next->score[i]);
```

```
            }
            IntSwap(&pt->sum, &pt->next->sum);
            FloatSwap(&pt->average, &pt->next->average);
            flag = 1;
        }
        pt = pt->next;
    }
    } while (flag);
}
// 函数功能：决定函数 SortScore()是否按升序排序，a<b 为真，则按升序排序
int Ascending(int a, int b)
{
    return a < b;
}
// 函数功能：决定函数 SortScore()是否按降序排序，a>b 为真，则按降序排序
int Descending(int a, int b)
{
    return a > b;
}
// 函数功能：交换两个整型数
void IntSwap(int *pt1, int *pt2)
{
    int  temp;
    temp = *pt1;
    *pt1 = *pt2;
    *pt2 = temp;
}
// 函数功能：交换两个实型数
void FloatSwap(float *pt1, float *pt2)
{
    float  temp;
    temp = *pt1;
    *pt1 = *pt2;
    *pt2 = temp;
}
// 函数功能：交换两个字符串
void CharSwap(char *pt1, char *pt2)
{
    char  temp[15];
    strcpy(temp, pt1);
    strcpy(pt1, pt2);
    strcpy(pt2, temp);
}
// 函数功能：在 head 指向的链表中按学号查找学生成绩
void SearchScore(STU *head, const int m)
{
    int  number, i;
    STU  *findNode;
```

```
        printf("Please Input the number you want to search:");
        scanf("%d", &number);
        findNode = SearchNode(head, number);
        if (findNode == NULL)
        {
            printf("Not found!\n");
        }
        else
        {
            printf("\nNo.%3d%8s", findNode->number, findNode->name);
            for (i=0; i<m; i++)
            {
                printf("%7d", findNode->score[i]);
            }
            printf("%9d%9.2f\n", findNode->sum, findNode->average);
        }
    }
    // 函数功能：显示 head 指向的链表中的节点的节点号和该节点中的数据项内容
    void PrintScore(STU *head, const int m)
    {
        STU  *p = head;
        char  str[100] = {'\0'}, temp[3];
        int  i, j = 1;
        strcat(str, "Number          Name  ");
        for (i=1; i<=m; i++)
        {
            strcat(str, "Score");
            itoa(i,temp, 10);
            strcat(str, temp);
            strcat(str, " ");
        }
        strcat(str,"   sum  average");
        printf("%s", str);                      // 输出表头
        while (p != NULL)                       // 若不是表尾，则循环输出
        {
            printf("\nNo.%3d%15s", p->number, p->name);
            for (i=0; i<m; i++)
            {
                printf("%7d", p->score[i]);
            }
            printf("%9d%9.2f", p->sum, p->average);
            p = p->next;                        // 让 p 指向下一个节点
            j++;
        }
        printf("\n");
    }
    // 函数功能：新建一个节点，添加到 head 指向的链表末尾，函数返回添加节点后的链表的头节点指针
    STU *AppendNode(STU *head, const int m)
```

```
{
    STU  *p = NULL;
    STU  *pr = head;
    int  j;
    p = (STU *)malloc(sizeof(STU));        // 为新添加的节点申请内存
    if (p == NULL)                         // 若申请内存失败，则显示错误信息，退出程序
    {
        printf("No enough memory to alloc");
        exit(0);
    }
    if (head == NULL)                      // 若原链表为空表，则将新建节点置为首节点
    {
        head = p;
    }
    else                                   // 若原链表为非空，则将新建节点添加到表尾
    {
        while (pr->next != NULL)     //若未到表尾，则继续移动指针 pr，直到 pr 指向表尾
        {
            pr = pr->next;
        }
        pr->next = p;                      // 将新建节点添加到链表的末尾
    }
    pr = p;                                // 让 pr 指向新建节点
    printf("Input node data......");
    printf("\nInput number:");
    scanf("%d", &p->number);
    printf("Input name:");
    scanf("%s", p->name);
    for (j=0; j<m; j++)
    {
        printf("Input score%d:", j+1);
        scanf("%d", p->score+j);
    }
    pr->next = NULL;                       // 将新建节点置为表尾
    return head;                           // 返回添加节点后的链表的头节点指针
}
// 函数功能：在 head 指向的链表中按学号查找并修改一个节点数据为 nodeNum 的节点
//          函数返回修改节点后的链表的头节点指针
STU *ModifyNode(STU *head, int nodeNum, const int m)
{
    int  j;
    STU *newNode;
    newNode = SearchNode(head, nodeNum);
    if (newNode == NULL)
    {
        printf("Not found!\n");
    }
```

```c
        else
        {
            printf("Input the new node data:\n");
            printf("Input name:");
            scanf("%s", newNode->name);
            for (j=0; j<m; j++)
            {
                printf("Input score%d:", j+1);
                scanf("%d", newNode->score+j);
            }
        }
        return head;
    }
// 函数功能：从 head 指向的链表中删除一个节点数据为 nodeNum 的节点
//          函数返回删除节点后的链表的头节点指针
STU *DeleteNode(STU *head, int nodeNum)
{
    STU  *p = head, *pr = head;
    if (head == NULL)                      // 链表为空，没有节点，无法删除节点
    {
        printf("No Linked Table!\n");
        return head;
    }
// 若没找到节点 nodeNum 且未到表尾，则继续找
    while (nodeNum != p->number && p->next != NULL)
    {
        pr = p;
        p = p->next;
    }
    if (nodeNum == p->number)         // 若找到节点 nodeNum，则删除该节点
    {
        if (p == head)               // 若待删节点为首节点，则让 head 指向第 2 个节点
        {
            head = p->next;
        }
        else          // 若待删节点非首节点，则将前一节点指针指向当前节点的下一节点
        {
            pr->next = p->next;
        }
        free(p);                          // 释放为已删除节点分配的内存
    }
    else                                  // 没有找到待删除节点
    {
        printf("This Node has not been found!\n");
    }
    return head;                          // 返回删除节点后的链表的头节点指针
```

```
}
// 函数功能：在 head 指向的链表中按学号查找一个节点数据为 nodeNum 的节点
//           函数返回待修改的节点指针
STU *SearchNode(STU *head, int nodeNum)
{
    STU  *p = head;
    int  j = 1;
    while (p != NULL)                 // 若不是表尾，则循环
    {
        if (p->number == nodeNum)
        {
            return p;
        }
        p = p->next;                  // 让 p 指向下一个节点
        j++;
    }
    return NULL;
}
// 函数功能：释放 head 指向的链表中所有节点占用的内存
void DeleteMemory(STU *head)
{
    STU  *p = head, *pr = NULL;
    while (p != NULL)                 // 若不是表尾，则释放节点占用的内存
    {
        pr = p;                       // 在 pr 中保存当前节点的指针
        p = p->next;                  // 让 p 指向下一个节点
        free(pr);                     // 释放 pr 指向的当前节点占用的内存
    }
}
```

程序的运行结果如下：

```
Input student number(m<10):2↙
Management for Students' scores
        1.Append record
        2.List   record
        3.Delete record
        4.Modify record
        5.Search record
        6.Sort   Score in descending order by sum
        7.Sort   Score in ascending order by sum
        0.Exit
Please Input your choice:1↙
Input node data......
Input number:1↙
Input name:WangHui↙
Input score1:70↙
```

```
Input score2:70↙
Do you want to append a new node(Y/N)?y↙
Input number:2↙
Input name:XuLi↙
Input score1:90↙
Input score2:90↙
Do you want to append a new node(Y/N)?y↙
Input number:1↙
Input name:MaBo↙
Input score1:80↙
Input score2:80↙
Do you want to append a new node(Y/N)?n↙
3 new nodes have been appended!

Management for Students' scores
        1.Append record
        2.List    record
        3.Delete record
        4.Modify record
        5.Search record
        6.Sort    Score in descending order by sum
        7.Sort    Score in ascending order by sum
        0.Exit
Please Input your choice:2↙
Number      Name    Score1      Score2      sum      average
No.  1  WangHui       70          70        140       70.00
No.  2    XuLi        90          90        180       90.00
No.  3    MaBo        80          80        160       80.00

Management for Students' scores
        1.Append record
        2.List    record
        3.Delete record
        4.Modify record
        5.Search record
        6.Sort    Score in descending order by sum
        7.Sort    Score in ascending order by sum
        0.Exit
Please Input your choice:6↙

sorted in descending order by sum
Number      Name    Score1      Score2      sum      average
No.  1    XuLi        90          90        180       90.00
No.  3    MaBo        80          80        160       80.00
No.  2  WangHui       70          70        140       70.00
```

```
Management for Students' scores
        1.Append record
        2.List   record
        3.Delete record
        4.Modify record
        5.Search record
        6.Sort   Score in descending order by sum
        7.Sort   Score in ascending order by sum
        0.Exit
Please Input your choice:7✓

sorted in ascending order by sum
Number    Name    Score1    Score2    sum    average
No. 1   WangHui      70        70      140     70.00
No. 3    MaBo        80        80      160     80.00
No. 2    XuLi        90        90      180     90.00

Management for Students' scores
        1.Append record
        2.List   record
        3.Delete record
        4.Modify record
        5.Search record
        6.Sort   Score in descending order by sum
        7.Sort   Score in ascending order by sum
        0.Exit
Please Input your choice:3✓
Please Input the number you want to delete:1✓
Number    Name    Score1    Score2    sum    average
No. 3    MaBo        80        80      160     80.00
No. 2    XuLi        90        90      180     90.00
Do you want to delete a node(Y/N)?n✓
1 nodes have been deleted!

After deleted
Number    Name    Score1    Score2    sum    average
No. 3    MaBo        80        80      160     80.00
No. 2    XuLi        90        90      180     90.00

Management for Students' scores
        1.Append record
        2.List   record
        3.Delete record
        4.Modify record
        5.Search record
        6.Sort   Score in descending order by sum
```

```
        7.Sort    Score in ascending order by sum
        0.Exit
Please Input your choice:4✓
Please Input the number you want to modify:3✓
Input name:MaBo✓
Input score1:75✓
Input score2:75✓
Do you want to modify a node(Y/N)?n✓
1 nodes have been modified!

After modified
Number    Name    Score1    Score2    sum     average
No. 3     MaBo      75        75       150     75.00
No. 2     XuLi      90        90       180     90.00

Management for Students' scores
        1.Append record
        2.List   record
        3.Delete record
        4.Modify record
        5.Search record
        6.Sort    Score in descending order by sum
        7.Sort    Score in ascending order by sum
        0.Exit
Please Input your choice:5✓
Please Input the number you want to search:2✓

Number    Name    Score1    Score2     sum      average
No. 2     XuLi      90        90      180.00     90.00

Management for Students' scores
        1.Append record
        2.List   record
        3.Delete record
        4.Modify record
        5.Search record
        6.Sort    Score in descending order by sum
        7.Sort    Score in ascending order by sum
        0.Exit
Please Input your choice:0✓
End of program!
```

在这个程序中，我们通过添加"删除成绩记录"和"修改成绩记录"的功能，使程序在用户不慎输入错误时，可以进行删除或修改，给用户维护成绩管理系统带来了方便。

读者可能还注意到，上面的程序中将排序函数 SortScore()修改成了一个通用的多用途的排序程序，既可实现成绩的升序排序，也可实现成绩的降序排序。函数 SortScore()将指向函数的指针作为实参，这个函数指针指向的函数可以是函数 Ascending()或函数 Descending()，程序菜单中提示用户选择升序还是降序排序。如果用户输入选项 6，是将指向函数 Descending()的指针传给函数 SortScore()，从而使数组按照降序排序。如果用户输入选项 7，是将指向函数 Ascending()的指针传给函数 SortScore()，从而使数组按照升序排序。

注意函数 SortScore()的原型：

```
void SortScore(STU *head, const int m, int (*compare)(int a, int b));
```

它告诉函数 SortScore()，形参 compare 是一个函数指针，该函数指针所指向的函数有两个整型形参，并且返回值也是整型。*compare 两侧的圆括号是必不可少的，它将*和 compare 先结合以表示 compare 是一个指针。另一个形参被声明为 const 的目的是限制函数 SortScore()不能修改变量 m 的值，否则程序出错，这样有助于增强程序的健壮性。

此外，我们直接复用了主教材第 8 章 8.5 节中的函数 DeleteMemory()和 DeleteNode()（参见本书错误案例 3.21），并复用了函数 AppendNode()的大部分代码，仅对其中与节点数据输入相关的代码部分进行了调整。显然，针对不同的应用，需要修改函数 AppendNode()内部的部分代码，因此与 DeleteMemory()和 DeleteNode()这两个函数相比，函数 AppendNode()的通用性和封装性不是很好。

仔细分析这个函数可知，我们完全可以将与节点数据输入相关的代码从该函数中分离出来。其基本思路是：先在函数 AppendNode()中向链表的末尾添加一个节点数据为空的节点，形成新的链表之后，将指向新添加节点的指针从该函数返回，再在函数 AppendScore ()中的函数 AppendNode()调用语句之后，通过调用另一个函数（这里设为 InputNodeData()）来输入这个新添加节点的数据。这样，对于其他应用，或者当 STU 结构体类型定义中的成员发生改变时，只要修改函数 InputNodeData()的内部代码即可，而向链表添加节点的函数 AppendNode()不必做任何修改就可直接复用了，这也更满足"单一函数单一功能"的函数设计原则。下面将修改后的相关代码列在下面，供读者对比分析。

```
void InputNodeData(STU *pNew, int m);
STU *AppendNode(STU *head, STU **pNew);
// 函数功能：输入一个 pNew 指向的节点的节点数据
void InputNodeData(STU *pNew, int m)
{
    int  j;
    printf("Input node data......");
    printf("\nInput number:");
    scanf("%d", &pNew->number);
    printf("Input name:");
    scanf("%s", pNew->name);
    for (j=0; j<m; j++)
    {
        printf("Input score%d:", j+1);
        scanf("%d", pNew->score+j);
    }
}
// 函数功能：新建一个 pNew 指向的节点，并将该节点添加到 head 指向的链表的末尾
//          函数返回添加节点后的链表的头节点指针
STU *AppendNode(STU *head, STU **pNew)
```

```
{
    STU  *p = NULL;
    STU  *pr = head;
    p = (STU *)malloc(sizeof(STU));    // 为新添加的节点申请内存
    if (p == NULL)                     // 若申请内存失败，则打印错误信息，退出程序
    {
        printf("No enough memory to alloc");
        exit(0);
    }
    if (head == NULL)                  // 若原链表为空表，则将新建节点置为首节点
    {
        head = p;
    }
    else                               // 若原链表为非空，则将新建节点添加到表尾
    {
        while (pr->next != NULL)       // 若未到表尾，则移动指针 pr 直到 pr 指向表尾
        {
            pr = pr->next;
        }
        pr->next = p;                  // 将新建节点添加到链表的末尾
    }
    pr = p;                            // 让 pr 指向新建节点
    pr->next = NULL;                   // 将新建节点置为表尾
    *pNew = p;                         // 将新建节点指针通过二级指针 pNew 返回给调用函数
    return head;                       // 返回添加节点后的链表的头节点指针
}
// 函数功能：向 head 指向的链表中添加从键盘输入的学生记录信息
STU *AppendScore(STU *head, const int m)
{
    int  i = 0;
    char c;
    STU  *pNew;
    do {
        head = AppendNode(head, &pNew);        // 向链表末尾添加一个节点
        InputNodeData(pNew, m);                // 向新添加的节点中输入节点数据
        printf("Do you want to append a new node(Y/N)?");
        scanf(" %c", &c);                      // %c 前面有一个空格
        i++;
    } while (c=='Y' || c=='y');
    printf("%d new nodes have been apended!\n", i);
    return head;
}
```

这里需要说明的是，在函数 AppendNode()中，新添加节点的指针从该函数返回的方法是：将相应的形参声明为二级指针，即指向结构体指针的指针（STU **pNew），与此同时，将函数 AppendNode()调用语句中的相应实参前面加一个取地址运算符&（如 "&pNew"），这样才能将新添加节点的指针中的地址值返回；否则，如果将相应的形参声明为一级指针（STU *pNew），而函数 AppendNode()调用语句中的相应实参写成 "pNew"，那么就只能将新添加节点的指针所指向的地址中的内容返回，而不能将指针指向的地址返回。

【思考题】

① 本程序只能按照学生的总分排序，不能按照学生的学号或姓名排序，请读者参考本例按总分排序的方法，在程序中增加按学生学号升序或降序排序以及按学生姓名升序或降序排序的功能。

② 对本程序，每次运行程序时，学生的学号、姓名、成绩等信息都需要重新输入，因为这些数据都是存储在掉电即失的内存中的，程序一旦运行结束，这些信息也就丢失了。这对一个实际系统而言，显然是不实用的。只有在输入这些信息之后，将其以文件形式保存在永久性磁盘中，每次运行程序都可以从这些磁盘文件中读出相应的数据信息，那么这个系统才是算是实用的。

请读者参考主教材第 9 章内容，在上述两个程序中增加"备份学生成绩数据文件"和"恢复学生成绩数据文件"两个功能。备份数据就是将数据写入一个文件长期保存，恢复数据就是将数据从保存的数据文件中读出。

③ 函数指针通常用在菜单驱动的系统中。系统提示用户从菜单中选择一种操作（可能是 1~6）。对应于每个输入选项所要完成的操作都是由不同的函数完成的，先将指向每个函数的指针存储在一个指针数组中，调用函数完成相应操作时，只要将用户输入的选择作为该指针数组的下标，然后利用存储于相应数组元素中的函数指针，调用相应的函数即可完成用户选择的操作。请读者按此要求，使用函数指针修改上面的程序。

④ 上面这个程序只在程序的功能上做了很多改进，但还存在执行效率的问题。首先是排序效率低，可以考虑将交换法排序改成选择法等其他较快的排序方法，以提高程序的执行效率。其次，每当添加、修改一个记录后，都要调用函数 TotalScore() 对所有记录（包括已计算完总分和平均分的记录和新添加或修改的记录）的平均分和总分重新进行计算，这显然是一种浪费。请读者思考如何修改程序，以提高程序的执行效率。

⑤ 本节的这个综合应用实例几乎用到了主教材中的所有章节内容，而且对算法、数据结构、函数封装、代码复用、软件健壮性、代码风格、程序优化等方面的内容进行了讨论，请读者对比上面给出的两个程序，分析其优缺点。

2.7　Online Judge——在线评判

编程是一件很有趣的事情。比较古怪的是其乐趣的根源并不是快乐，而是几次三番的痛苦。唯有经历痛苦，挑战痛苦，战胜痛苦，才能在最后一刻享受那种无上的、充实的、真正的快乐。这种快乐不是每个人都能体会到的。有的人因为耐性和勇气不足，不能坚持到最后。更多的人因为无法获得面对痛苦的机会，也就是没有机会，或者没有足够的机会去挑战一个又一个难题。

如果你向往快乐，喜欢挑战，热爱编程，那么请往下看，以下将要介绍的内容可能会改变你的一生。如果编程对你很重要，但你不喜欢编程，那么也请往下看，可能你从此就会喜欢上编程。

2.7.1　什么是 Online Judge

在 C 语言的教学中一直有一个问题难以解决。在作业和考试之后，很多学生都意犹未尽，还想再编更多的程序，做更有趣的事情。但老师不会再继续布置题目了，而自己又很难找到可做的题目。就算找到了题目，做完了，却不知道对错。这个问题被 Online Judge 解决了。

Online Judge 中文译为"在线评判"，圈里人更习惯称其为 OJ。它的基本形式是在网站上提供一个庞大的题库，参与者在其中寻找感兴趣的题目，并尝试编程解决它。把源代码提交到网站，网站立刻进行评判，即时给出结果。解决的题目多并且成功率高的用户还会获得一定的奖励，比如在用户排名中获得更靠前的名次。

OJ 起源于一项世界级的大学生程序设计竞赛——ACM/ICPC（ACM International Collegiate Programming Contest，http://icpc.baylor.edu）。这项竞赛由世界最大的计算机协会——ACM（Association for Computing Machinery，http://www.acm.org）主办，每年一次。2006 年全世界有上千所大学、上万名学生参加了这项竞赛。经过预选赛，中国有 12 所大学获得了世界总决赛的资格，占总名额的 14%。在总决赛中，清华大学获得了亚军。此前的 2002 年和 2005 年，上海交通大学曾两夺总冠军。

ACM/ICPC 竞赛所用的评测系统就是一种 OJ——PC^2（http://www.ecs.csus.edu/pc2/）。不过该系统是专为竞赛设计的，不适合平时练习用。所以，为了训练队员，很多的 OJ 被开发出来，并面向全世界提供服务。

世界范围内最著名的 OJ 是西班牙的 Universidad de Valladolid（http://acm.uva.es）和美国的 TopCoder（http://www.topcoder.com）。前者是民间 OJ 的鼻祖，而后者在成功的商业模式的支持下，成为功能最丰富的程序设计在线竞赛平台。顺便提一句，在 TopCoder 做题不仅免费，甚至还能赚美金呢。每年的 Google Challenge 程序设计大赛就是在 TopCoder 上举办的。

因为速度和网络流量费用等原因，中国大学生更喜爱国内的 OJ。他们不仅在这些 OJ 上做题，更在其上热烈地讨论、互相交流，还自己出题组织一些在线比赛，形成了一种独特的 ACM 文化圈，圈中人自称为“acmer”。

国内的 OJ 着实不少，根本不可能列出一个全表，因为总有新的 OJ 出现、旧的 OJ 消失。这里只简单介绍几个比较著名且稳定的 OJ 网站。

北京大学的 OJ（http://acm.pku.edu.cn/JudgeOnline）被称为 POJ，是 acmer 的大本营，有 3000 余道题目，支持 C/C++，Java 和 PASCAL 语言。有奖月赛是它的特色之一。

浙江大学的 OJ（http://acm.zju.edu.cn）被称为 ZOJ，国内最早的 OJ，现有 2800 多道题，支持 C/C++、Java、PASCAL 和 Python 语言。

哈尔滨工业大学的 OJ（http://acm.hit.edu.cn）被称为 HOJ，现有 1400 多道题，支持 C/C++、Java、PASCAL 等语言。除了经常举办在线比赛外，正在丰富中的新手指引和算法资料库是一大特色。

举贤不避亲，现在以 HOJ 为例介绍 OJ 的一般用法。

2.7.2　Online Judge 的使用

OJ 的使用很简单，只要一个 Web 浏览器，如 Firefox 或 IE，连编译器都不是必需的。但绝大多数 OJ 都是英文的，这一点要做好心理准备。

登入一个 OJ 网站后，首先要找 Register 的地方，注册一个账号，如图 2-20 所示。注册没有烦琐的过程，提交后账号就生效。

接下来找到题库 Problem Set，如图 2-21 所示。最左侧的对号标志这道题你已经通过（当然，刚注册的用户看不到任何对号）。acmer 喜欢称通过为“ac”，所以这里也将使用“ac”这个缩写，稍后会介绍“ac”的由来。ac 状态的后面是每道题唯一的 ID，然后是该题的题目名和链接。题名只是为了好玩，acmer 之间交流时采用的是“HOJ:1006”表示法，它可以唯一地指向一道题，就是图中的“Weird Clock”。最后一列的 Ratio 是个关键参数，它说明了每道题一共被提交了多少次，其中 ac 了多少次，通过率是多少。通过这个参数可以大体看出每道题的难度。一般来说，通过率越高的越简单，如 1001 就是一道不能再简单的题。不过，也要看看 ac 数，因为有些题通过率 100%，但 ac 数仅为 1。除非这是一道新题，否则它就一定是难度高得没有人敢尝试，而只有传说中的某大牛一次过之。

图 2-20　在 HOJ 上注册新账号

图 2-21　HOJ 的题库

　　找简单题是一种很重要的技巧，它可以更快地增加你的 ac 数，并引领你逐步进入 ACM 的世界。让我们先看看人人当得而 ac 之的 1001，如图 2-22 所示。

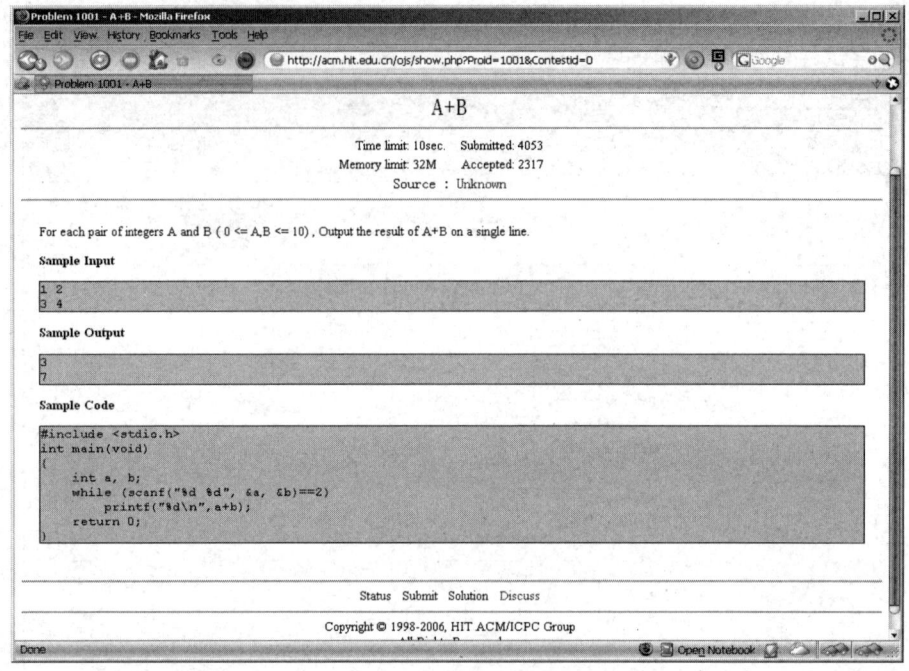

图 2-22　HOJ 编号为 1001 的题目

　　简单吧？连答案都给出来了。题目标题下有两个重要参数 Time limit 和 Memory limit，是程序的运行时限和内存限制。如果你的程序超出了此限制，就算错。接下来的题目描述说明了此题需要你解决什么问题。很多题目的描述都是图文并茂且有小故事作为背景，非常有趣。

　　"Sample Input"是输入数据的示例。程序提交后，OJ 会编译并运行程序，把测试数据通过标准输入传递给程序。这些数据的格式会严格依照示例，中间肯定不会包含错误数据，但数据规模会很大，还会有一些不易想到的特殊数据，俗称"阴险数据"或"e 数据"。

　　程序通过 scanf()，getchar()和 fgets()等库函数读入数据后，按照题意计算结果，并把结果用 printf()，putchar()和 puts()等库函数输出到标准输出。输出必须严格按照"Sample Output"所示的格式，一个空格、回车都不能错。OJ 会得到这些输出，并把它们和正确的输出进行逐字节的比较，如果完全一样，那么恭喜，ac 了！否则，就是一次失败的提交。

　　图 2-22 中的"Sample Code"恰当地描述了这个过程。首先用 scanf()读入两个整数，如果读入成功，就输出这两个数的和，并在数字后面加上一个回车。读入不成功，就退出程序。这里提醒一下，并不需要把所有的测试数据都读入后再计算、输出，只要读进来一组完整数据，就可以计算并输出了。

　　怎么提交程序呢？看图 2-22 页面底端的 4 个链接。"Status"是查看此题的状态，单击后会详细列出都有谁 ac 了此题，谁的程序效率最高，没 ac 的都犯了什么错误。"Solution"中可以下载你自己的源代码。"Discuss"链接到论坛，在上面可以找到前人对此题的感想，你也可以发问或参与讨论别人的问题。"Submit"就是提交了，如图 2-23 所示。

　　输入用户名和密码，题目编号已经自动填好，选择你使用的语言，粘贴上代码，就能提交了。因为程序在服务器编译和运行还需要一定的时间，所以提交后并不能马上看到结果。稍等一下，在全站的"Status"就能查看到结果，如图 2-24 所示。

图 2-23　向 HOJ 提交程序

图 2-24　HOJ 上的实时答题状态

这里列出了最后 20 次提交的状态。从中可以看到谁正在做哪道题，结果如何。我们当然更关心自己的结果，并希望它是"Accepted"。ac 就是"Accepted"的缩写，它是每个 acmer 孜孜以求的目标。除此以外，还有几种结果，其含义如表 2.3 所示。

表 2.3　HOJ 结果信息表

信　　息	含　　义
Accepted	程序通过自动评判
Queuing	排队中，表示你的程序提交成功，正在等待处理
Running	程序运行中，请耐心等待结果
Presentation Error	俗称 PE，表明程序的输出结果并不错误，但格式不对，如多个回车或少个空格等
Wrong Answer	俗称 WA，说明程序运算错误。无论是仅有一条测试数据错误还是所有测试数据都错误，OJ 给出的结果都是 WA
Abnormal Termination	程序最后没有 return 0。从工程角度来说，程序返回 0 以外的数就表示程序出错了
Time Limit Exceed	俗称 TLE，简称超时。可能需要优化你的算法，或者排除程序中的死循环
Memory Limit Exceed	并不常见的错误，仅在你使用了超出题目限制的内存时才会出现
Output Limit Exceed	也不常见。如果出现，一般说明程序死循环，并且在循环中不停地输出垃圾数据
Runtime Error	出现这个错误一定是程序有大 bug，如使用野指针、数组下标越界或者除数为 0
Restricted Functions	除了与标准输入/输出、数学运算和字符串处理有关的函数之外，其余的库函数都是禁止使用的。这是为了保障服务器的安全，否则任何人可以提交一个程序来删除文件、重新启动服务器了
Compilation Error	编译错误，这可不应该出现呀

OJ 按做题数给每个用户排名，称为 Ranklist，如图 2-25 所示。

图 2-25　HOJ 的用户排名

现在，你就可以登录 OJ，去 Problemset 遨游，一道一道地 ac，开始自己的 acmer 生涯了。从论坛中学习，在交流中提高，用 Ranklist 展示自己的智慧。相信我，其乐无穷的！

2.8　利用 Online Judge 编程的注意事项

为了让读者更方便地使用 http://acm.hit.edu.cn 网站的 HOJ 在线评判系统，下面以 ACM 趣味编程实例 "Cola" 为例，介绍与 ACM 编程相关的注意事项。

【ACM 趣味编程实例——Cola】Miss Li teaches in a high school. Now her class is having a picnic, she wants to buy cola for her students in a store. In the store, every 5 empty bottles can exchange 1 bottle of cola, assume there are K students, in order to buy at least 1 bottle of cola for each of her students, how many bottles of cola should she buy at least?

【题目大意】李老师想给她的学生买可乐，每 5 个空瓶能换一瓶可乐。总共有 k 个学生，每个学生至少一瓶。 问李老师至少要买多少瓶才能满足要求？

【题目分析】相当于每 5 瓶可乐可满足 6 个学生，还剩一个瓶子。 注意空瓶的利用即可。

【输入和输出要求】需要多组测试数据。每个测试数据集的第一个输入数据 n 表示有多少组数据，在其后的 n 行中，每行输入一个整数，表示学生数。输出一个数，表示要买的瓶子数。

【输入和输出样例】

```
输入：
2
10
9
输出：
9
8
```

程序代码如下：

```c
1 #include <stdio.h>
2
3 int main(void)
4 {
5     int n,k;
6
7     scanf("%d",&n);
8
9     while (n--)
10     {
11         scanf("%d",&k);
12         if (k <= 5)
13             printf("%d\n",k);
14         else
15             printf("%d\n",(k-6)/5*4 + (k-6)%5 + 5);
16     }
17
18     return 0;
19 }
```

HOJ 在线评判系统的评判机制是：每个题目都有相应的若干测试数据，对于每一个提交的程序，都会运行这个程序，将测试数据输入，同时获得一些输出。将这些输出和这个题目的标准输出比较，如果完全相同，那么认定所提交的程序通过，否则认为没有通过。因此，在我们编写程序时，需要循环地读入测试数据，并且在每次循环中计算并输出结果。有些同学认为，需要先把所有的测试数据都读进来，存在数组里，计算完成后一起输出，其实这没有必要，系统会自动把用户的输出写入文件，用户程序只需要处理好每次输入就可以了。

接下来让我们分析上面这段代码，它会帮助用户理解上面这段话。程序的第 1 行声明了所要用到的头文件。题目已经说明第 1 行输入的是测试用例的数目，因此在程序的第 7 行读入了这个数 n。接下来只需要循环 n 次就可以了（见第 9 行），每次读入学生数 k，然后计算，最后打印结果（12～15 行）。注意，题目要求每输入一个测试用例，都要把结果单独作为一行输出，因此不要忘记在输出结果后面输出一个回车'\n'（见第 13、15 行）。在程序的最后（第 18 行），别忘了写"return 0;"，这是程序正常返回的标志，注意一定是'0'，写其他数字会出现"Abnormal Termination"警告，只有 0 表示正常结束。

但是有的题目可能不会直接告诉你有多少组测试数据，这样就只能通过读入文件尾来判断结束。例如，题目"The Interest of Nation"就是这样，这时输入部分可以这样写：

```
while (scanf("%d %d", &n, &m) == 2)
{
                                    // your code
}
```

这两行代码的含义是：由于题目只说明输入两个数 n 和 m，没有说明什么时候结束数据的输入，那么我们只能利用 scanf 函数的返回值来判断。在读到文件末尾时，scanf 函数的返回值会变成 EOF，它是一个宏，值是-1。而在正常情况下，scanf 函数有几个参数，它成功读入后的返回值就是几。这里 scanf 读入两个值，返回值就是 2。这样在读到文件尾（即测试数据都读完）时，返回值不等于 2，就会退出，即结束数据的输入。

在 http://acm.hit.edu.cn 网站提交程序后会返回结果，结果的含义可在网站查看，这里不再赘述。在 http://acm.hit.edu.cn/index.php?option=com_openwiki&Itemid=53 可获得网站使用的详细说明。

2.9　基于 C/S 架构的 C 语言编程题考试自动评分系统简介

我们开发的 C 语言编程题自动评分系统不同于已有的程序设计考试系统。我们在国家自然科学基金项目支持下，基于程序理解技术研制的基于 C/S 架构的 C 语言编程题自动评分系统，不但可以对客观题型进行自动阅卷评分，还可以对学生 C 语言程序进行自动评分。其主要特点如下：

① 能够实现主观编程题自动评分，为程序设计语言的考试提供了一种全新的模式。

② 从实践角度来看，它将"上机实验"和考试很好地结合在一起，有利于提高学生的实践能力，真实地考核学生的学习效果。

③ 学生在客户端考试时，向服务器端提交答案后，可以立即获得评分结果，且评分结果客观公正，既满足了学生急于了解考试成绩的心理，也解除了教师阅卷的负担。

该编程题自动评分系统采用以下几种评分策略：

① 基于程序语义分析评分。由教师提供一系列模版程序（相当于提供编程题的参考答案）记录在答案文本文件中。通过将学生程序与模版程序进行匹配，计算它们的语义相似度，给出学生程序的评分结果。语义相似度越高，学生程序得分就越高。该方法保证程序运行结果不对

但基本思路正确的情况下也可以得到合理的分数。

②　基于得分语句查找评分。由教师在模版程序中以程序注释的方式标定关键语句，并配置相应的分数。通过查找能与关键语句相匹配的程序语句，并累计相应的分数，使得在学生程序有严重语法错误、不能运行的情况下，也可以得到合理的分数。

③　基于程序动态测试评分。由教师给定程序相应的测试用例集，即输入、输出对的集合。通过运行学生程序来判定，对于特定的输入，程序能否得到期待的输出，最后根据输出的结果给定分数。该方法保证在教师提供的模版不全、学生采用特殊方法正确编程的情况下，也可以得分。

有意使用该系统的教学单位，只要与作者（sxh@hit.edu.cn）联系，签订软件使用协议，即可免费获得该系统的使用权。

2.10　基于 B/S 架构的 C 语言编程题考试自动评分系统简介

该系统采用的评分策略与基于 C/S 架构的 C 语言编程题考试自动评分系统基本相同，该系统优于基于 C/S 架构的 C 语言编程题考试自动评分系统的主要功能如下。

（1）安装和使用方便

采用 B/S 架构设计，只需一个台式机做服务器，并且只需在服务器端安装应用程序，学生使用浏览器输入服务器的 ip 地址即可访问考试系统。不仅可以在公网上使用，还可以在局域网内使用。

（2）具有考试全程监控和防作弊的功能

教师在考试过程中不仅可以随时查看学生登录系统和试卷提交情况，还能实时查看每个学生的答题进度和答题结果，并对学生机器和提交试卷进行锁定，防止学生反复提交试卷。此外，还具有强大的防作弊功能，不仅能在考试过程中对学生机的 U 口禁用，实时监控学生 U 盘插拔次数并报警，同时确保每场考试每台机器和每个学生只能提交一次答题结果，并且支持 AB 卷考试，将试卷集中的不同试卷分配给相邻座位的学生，还可以在考试结束后对学生试卷中的试题进行查重，杜绝考试作弊现象的发生。

（3）配有与其配套的试卷和题库管理系统

试卷和题库管理系统具有试卷管理、题库管理、用户管理、成绩统计分析等功能。题库中有 3000 余道题目，题型包括单选题、判断题、一般填空题、程序填空题、普通编程题、复杂编程题、一般改错题、附加改错题等。

教师出题更加方便，既可以对库中试题进行增删改，也可以根据测试用例自动验证答案程序模板，或者根据答案程序模板自动生成测试用例，还可以利用题库中的试题进行抽题组卷，形成一个试卷集。

（4）支持多线程评分并具有自动存档功能

支持多线程评分，评分速度更快。考试结束后，不仅可以对学生试卷进行自动存档，生成每个学生的 PDF 格式的成绩单和成绩汇总的数据库文件，将考试数据导回到试卷和题库管理系统，还可以按照分数段和各题的得分情况对某场考试的试卷进行统计分析，生成柱状图或饼状图，帮助教师分析试题的难易程度和学生的考试成绩。

2.11　面向学生自主学习的作业和实验在线测试系统简介

　　该系统打破了常规的由教师对所有学生布置相同作业和实验的传统做法，能给学生在作业和实验上具有更大的自主选择空间，让学生做到"我的学习我做主"。该系统在以下几方面支持和鼓励学生自主学习：

　　① 作业和实验的内容是自主的。每日的作业题目不再由教师统一布置，而是学生根据课程进度或知识点单元自主选择每天所要完成的作业或实验，学生可以自主选择想要练习的知识点，然后系统自动从 C 语言试卷和题库管理系统中随机抽取相应知识点的题目给学生来做，并且利用该系统提供的程序在线评判功能对学生提交的作业和实验进行自动评测，通过对测试结果及时反馈和提示错误信息，引导学生自主修正程序中的错误，反复提交答案，直至评分结果满意为止。

　　② 每日的作业题目不再是所有人都完全相同了，而是从题库中按章或知识点随机抽取，并限时完成，有助于防止学生因完成相同作业题目而相互抄袭的现象发生。

　　③ 作业和实验的完成时间是自主的。教师只需规定完成作业和实验的及格线，在及格线上下分别按照成绩排名取阶梯分。学生可以自主选择做作业的时间、题目覆盖的知识点和题目的难度，但设定每天最多完成的题目数量，既给学生很大的自由度，也能防止学生在临考前突击完成作业。

　　④ 作业的完成过程是自主的。学生提交作业后，系统采用测试驱动的在线自动评分（ACM Online Judge）进行评分，在规定时间内，可以反复提交直到评分满意为止；此外，系统对于学生提交的错误程序还能给出相应的错误提示，引导学生在没有教师指导的情况下根据系统给出的错误提示自主地修正程序中的错误。

　　⑤ 支持学生自主设计作业和实验题目。通过引入习题市场机制，支持和鼓励学生自主设计题目发布到习题市场，供其他同学练习并获得奖励积分，不仅支持学生自主做题，还支持学生自主设计题目。

　　⑥ 成绩统计和排名。引入了多种排名机制，包括实验总分、练习总分、习题市场得分、出题数量、出题关注度等排行榜。教师可以从后台导出学生的各种分数。

　　⑦ 学生利用在习题市场中获得的奖励积分，可以自主选择是否要查看题目的范例代码。

　　⑧ 学生可以对每次做的题目的难度进行评级，题目的通过率数据反馈给题库管理系统，为教师设置每道题目的难度系数做参考。

　　⑨ 教师可以审核学生的注册信息，对学生的日练习次数、每道题目的练习时间以及题库中试题的抽取次数进行设置。

　　⑩ 教师可以在系统里对学生自主学习的过程进行有效的监督和指导，监控每个学生的练习情况或者每天学生的练习情况，并对学生的学习情况进行统计分析。

　　有意使用上述两个系统的教学单位，请与作者联系（sxh@hit.edu.cn）。

第3章 案 例 分 析

3.1 错误案例分析

程序中为什么会有各种各样的"缺陷（Bug）"呢？

这往往是程序员开发经验不足、逻辑思维不缜密或者粗心大意造成的。最大规模的 Bug 莫过于 20 世纪末爆发的"千年虫"问题。当时的软件开发出于节约资源、简化操作和表达习惯等原因，对年份仅记录其后两位，如 1980 年记录为 80 年，但直到 20 世纪末问题才开始被发现。例如，在 99 年存入银行一笔钱，到 01 年取出来，该怎样计算利息呢？当时有专家指出，如果任由"千年虫"爆发，那么全球的金融、通信、交通都可能陷入混乱。我国的第一代身份证也遇到了急需"将 2 位年份改成 4 位年份"的问题，否则百岁老人将和出生婴儿无法区分，在第二代身份证中这个 Bug 才得以修正。

开发程序往往并不总是一帆风顺的，编译或链接时经常会出错，即便你的程序历经千辛万苦，已经"杀出重围"，正在计算机上运行着，你也不要以为可以高枕无忧了，因为它在运行中同样可能出现各种意想不到的问题，而这些问题常常会令你焦头烂额，尤其是那些在程序运行时发生的比较隐蔽的错误可能常常使你在调试程序时感觉无从下手。因为程序中的很多语句需要在一定的条件下才能运行，而一个大规模程序中需要处理的各种不同条件的组合实在是太多了，以至于很难在程序测试时发现所有的问题。

即使是经验丰富的程序员也无法保证他编写的程序没有任何错误，能做到的就是把错误控制在可接受的范围内，并尽量降低因软件错误而导致的损失。

本节通过部分错误案例来分析和了解一些常见程序错误产生的原因，目的是减少程序中的错误，把错误控制在可接受的范围内。

程序编译未通过，说明程序中有语法错误；但如果程序编译通过后，程序的运行结果与预期的不一致，则说明程序中存在逻辑错误。逻辑错误分为致命的和非致命的两种。致命的逻辑错误会导致程序失效或提前终止；非致命的逻辑错误不影响程序运行，但会导致程序输出错误的结果。

常见的语法错误已在主教材的每章小结里介绍，这里主要对一些比较隐蔽的有逻辑错误的案例进行分析。

3.1.1 变量初始化错误

当变量未初始化时，其值是随机不确定的，所以使用未初始化的变量会引起计算结果错误，使用未初始化的指针变量则更危险。

【错误案例 3.1】 下面程序的功能是从键盘任意输入 n 个数，然后找出其中的最大数与最小数，并将其位置对换。

```c
#include <stdio.h>
#define        ARR_SIZE      10
void MaxMinExchang(int a[], int n)
{
    int  maxValue = a[0], minValue = a[0], maxPos, minPos;
    int  i, temp;
    for (i=0; i<n; i++)
    {
        if (a[i] > maxValue)
        {
            maxValue = a[i];
            maxPos = i;
        }
        if (a[i] < minValue)
        {
            minValue = a[i];
            minPos = i;
        }
    }
    temp = a[maxPos];
    a[maxPos] = a[minPos];
    a[minPos] = temp;
}
int main(void)
{
    int  a[ARR_SIZE], i, n;
    printf("Input n(n<=10):");
    scanf("%d", &n) ;
    printf("Input %d Numbers:\n", n);
    for (i=0; i<n; i++)
    {
        scanf("%d", &a[i]);
    }
    MaxMinExchang(a, n);
    printf("After MaxMinExchange:\n");
    for (i=0; i<n; i++)
    {
        printf("%d ", a[i]);
    }
    printf("\n");
    return 0;
}
```

第 1 次在 Visual C++ 6.0 下测试的结果如下：
Input n(n<=10): 10✓
Input 10 Numbers:

```
2 1 3 4 5 6 7 8 9 10↙
After MaxMinExchange:
2 10 3 4 5 6 7 8 9 1
```
第 2 次在 Visual C++ 6.0 下测试的结果如下：
```
Input n(n<=10):10↙
Input 10 Numbers:
1 2 3 4 5 6 7 8 9 10↙
```
程序运行到这里，立即弹出如图 3-1 所示的对话框，表示程序异常终止。

图 3-1　程序异常终止对话框

为什么第 2 次测试时，结果就错了呢？这是一个比较隐蔽的运行时错误。为了检查最大值和最小值计算是否正确，我们在函数 MaxMinExchange() 的 for 循环后插入如下两条输出语句：
```
printf("maxValue=%d,minValue=%d\n", maxValue, minValue);
printf("maxPos=%d,minPos=%d\n", maxPos, minPos);
```
这时程序在弹出如图 3-1 所示的对话框前给出了如下输出结果：
```
Input %d Numbers:10↙
1 2 3 4 5 6 7 8 9 10↙
maxValue=10,minValue=1
maxPos=9,minPos=-858993460
```
这说明，最小值的下标位置计算错了。通过不断上移新插入的两条输出语句，将错误发生的位置定位到对 maxValue 和 minValue 的初始化语句，原来程序在初始化 maxValue 和 minValue 的同时，没有对 maxPos 和 minPos 进行初始化，导致它们的值都是随机数，无论输入 "2 1 3 4 5 6 7 8 9 10" 还是 "1 2 3 4 5 6 7 8 9 10"，恰好最大值处在数组的最后，其值大于前面的元素，满足 if (a[i] > maxValue) 的条件，执行 "maxPos = i;" 后，maxPos 的值就不再是随机数，而是 9。计算最小值就没那么幸运了，当输入 "2 1 3 4 5 6 7 8 10 9" 时，恰好后面的数组元素 a[1]<a[0]，执行 "minPos = i;" 后，可以将 minPos 的值修改为 1。当输入 "1 2 3 4 5 6 7 8 9 10" 时，恰好所有的数组元素都不小于 a[0]，所以 "minPos = i;" 始终未被执行，结果 minPos 的值就是原来的随机数。最小值的位置错了，导致将最小值和最大值所在位置的元素进行交换不能得到正确的结果。在不同的平台或系统中，弹出的对话框（图 3-1）和显示的 minPos 的值可能不同。

虽然改成下面的程序结果是正确的，但是它是有条件的初始化，不是良好的编程风格。

```
void MaxMinExchang(int a[], int n)
{
    int maxValue = a[0], minValue = a[0], maxPos, minPos;
    int i, temp;
    for (i=0; i<n; i++)
    {
        if (a[i] >= maxValue)      // 因 a[0]与 maxValue 相等，而为 maxPos 初始化
```

```
        {
            maxValue = a[i];
            maxPos = i;
        }
        if (a[i] <= minValue)       // 因 a[0]与 minValue 相等，而为 minPos 初始化
        {
            minValue = a[i];
            minPos = i;
        }
    }
    temp = a[maxPos];
    a[maxPos] = a[minPos];
    a[minPos] = temp;
}
```

【思考题】 下面三个程序也存在变量未初始化问题。请读者自己分析并找出其中的错误。
① 在数组元素中找最大值及其所在下标位置。

```
#include <stdio.h>
int FindMax(int num[], int n, int *pMaxPos);
int main(void)
{
    int  num[10], maxValue, maxPos, i;
    printf("Input 10 numbers:\n ");
    for (i=0; i<10; i++)
    {
        scanf("%d", &num[i]);
    }
    maxValue = FindMax(num, 10, &maxPos);
    printf("Max=%d, Position=%d\n", maxValue, maxPos);
    return 0;
}
int FindMax(int num[], int n, int *pMaxPos)
{
    int  i, max = num[0];
    for (i=1; i<n; i++)
    {
        if (num[i] > max)
        {
            max = num[i];
            *pMaxPos = i;
        }
    }
    return max;
}
```

〖答案提示〗 函数 FindMax()中缺少指针变量初始化语句 "*pMaxPos =0;"。

② 用公式 $c(i,j) = \sum\limits_{k=1}^{n} [a(i,k) \times b(k,j)]$，计算 m 行 n 列矩阵 A 和 n 行 m 列矩阵 B 之积。

```c
#include <stdio.h>
#define     ROW     2
#define     COL     3
int main(void)
{
    int  a[ROW][COL], b[COL][ROW], c[ROW][ROW], i, j;
    printf("Input array a:\n");
    for (i=0; i<ROW; i++)
    {
        for (j=0; j<COL; j++)
        {
            scanf("%d", &a[i][j]);
        }
    }
    printf("Input array b:\n");
    for (i=0; i<COL; i++)
    {
        for (j=0; j<ROW; j++)
        {
            scanf("%d", &b[i][j]);
        }
    }
    MultiplyMatrix(a, b, c);
    printf("Results:\n");
    for (i=0; i<ROW; i++)
    {
        for (j=0; j<ROW; j++)
        {
            printf("%6d", c[i][j]);
        }
        printf("\n");
    }
    return 0;
}
void MultiplyMatrix(int a[ROW][COL],int b[COL][ROW],int c[ROW][ROW])
{
    int  i, j, k;
    for (i=0; i<ROW; i++)
    {
        for (j=0; j<ROW; j++)
        {
            for (k=0; k<COL; k++)
            {
                c[i][j] = c[i][j] + a[i][k] * b[j][k];
            }
```

```
        }
      }
    }
```

〖答案提示〗
❖ 在函数 MultiplyMatrix()中，c[i][j]在执行循环累加之前未初始化为 0。
❖ c[i][j] = c[i][j] + a[i][k] * b[j][k] 应该改成 c[i][j] = c[i][j] + a[i][k] * b[k][j]。
❖ 缺少函数 MultiplyMatrix()的函数原型。
③ 编写一个字符串连接函数，完成两个字符串的连接。

```c
#include <stdio.h>
#include <string.h>
int main(void)
{
    char *first, *second, *result;
    printf("Input the first string:");
    gets(first);
    printf("Input the second string:");
    gets(second);
    result = MyStrcat(first, second);
    printf("The result is : %s\n", result);
    return 0;
}
char* MyStrcat(char *dest, char *source)
{
    int i = 0;
    while (*(dest+i)!='\0')
    {
        i++;
    }
    for (; *(source+i)!='\0'; i++)
    {
        *(dest+i) = *(source+i);
    }
    return dest;
}
```

〖答案提示〗
❖ 指针变量 first 和 second 未初始化就使用，应该修改为
    char str1[10], str2[10];
    char *first = str1, *second = str2;
❖ 缺少函数 MyStrcat()的函数原型。
❖ 使用函数 gets()不能限制输入字符串长度，易导致缓冲区溢出，应使用函数 fgets()。
❖ 函数 MyStrcat()编写错误，应该修改为

```c
char* MyStrcat(char *dest, char *source)
{
    int i = 0, j;
```

```
        while (*(dest+i)!='\0')
        {
            i++;
        }
        for (j=0; *(source+j)!='\0'; j++,i++)
        {
            *(dest+i) = *(source+j);
        }
        *(dest+i) = '\0';
        return dest;
    }
```

【编程提示】

一定要养成在变量定义时对变量进行初始化的好习惯，不要在中间用赋值语句赋值，否则可能会出现下面的情况：在赋值前使用了一段代码去判断该变量的值；或者在赋值前使用了 goto 语句跳过了该赋值语句。

另外，对 malloc 分配的动态内存，最好用函数 memset()进行清零操作。

图 3-2 列举了一些建议和不建议的变量初始化方法。

```
//不建议的初始化方法                     //建议的初始化方法
int factor;                            int factor = -1;
if (condition) factor = 2;             if (condition)
else   factor = -1;                        factor = 2;

//不建议的初始化方法                     //建议的初始化方法
int factor;                            int factor = condition?2:-1;
if (condition)
{                                      //建议的初始化方法
    //...code...                       int factor = ComputeFactor();
    factor = someValue;
}                                      //可接受的初始化方法
else                                       char path[MAX_PATH];
{                                      path[0] = '\0';
    //...code...
    factor = otherValue;               //建议的初始化方法
}                                      char path[MAX_PATH] = {'\0'};
```

图 3-2　初始化方法举例

3.1.2　死循环与死语句

【错误案例 3.2】　编程计算 $1-\dfrac{1}{3}+\dfrac{1}{5}-\dfrac{1}{7}+\cdots$，直到最后一项小于 10^{-4} 为止。

```
#include <stdio.h>
#include <math.h>
int main(void)
{
    float  pi, sum = 0, term = 1.0, sign = 1.0;
```

```
    int   count = 0, n = 1;
    while (fabs(term) >= 1e-4);
    {
        sum = sum + term;
        count++;
        sign = -sign;
        n = n + 2;
        term = sign / n;
    }
    pi = sum * 4;
    printf("pi=%f\ncount=%d\n", pi, count);
    return 0;
}
```

【错误分析】

运行这个程序，会出现死循环。使用监视窗口，并单步跟踪执行程序，可找到错误的原因，即 while 语句行尾不应该有分号，否则会使 while 循环体变成空语句而导致死循环。

如果是 for 语句的行尾有分号，如

```
    for (n=1; n<100; n++);
    {
                                       // 原来的循环体语句
    }
```

虽然没有导致死循环出现，但此时由于 for 的循环体变成了空语句，原来真正的循环体语句已不再是循环体语句，因此它只能被执行一次，也是错误的。同样的情形，如果在 if 语句后面不该加分号的地方加上了分号，就会使 if 分支变成空语句而导致出错。

此外，错误的循环条件也可能导致死循环，如

```
    int Example(unsigned int x)
    {
                              // ...
        while (--x >= 0)      // 因 x 是无符号数，永远不会为负，该条件永真，所以是死循环
        {
                              // ...
        }
        return x;
    }
```

【错误案例 3.3】 用递归方法计算 $n!$。

```
    #include <stdio.h>
    unsigned long Factorial(unsigned int n)
    {
        if (n < 0)
        {
            printf("data error!");
            return 0;
        }
        else if (n==0 || n==1)
        {
```

```
            return 1;
        }
        else
        {
            return n * Factorial(n-1);
        }
    }
    int main(void)
    {
        int  n;
        long  x;
        printf("Input n:");
        scanf("%d", &n);
        x = Factorial(n);
        printf("%d!=%ld\n", n, x);
        return 0;
    }
```

【错误分析】

因 n 被声明为无符号整型，n 永远不会为负数，所以 Factorial 函数中 "if (n < 0)" 之后的语句永远不会被执行，为死语句。

【错误案例 3.4】　从键盘任意输入两个符号各异的整数，直到输入的两个整数满足要求为止，然后输出这两个数。

```
#include <stdio.h>
int main(void)
{
    int  x1, x2;
    int  ret = 1;
    do {
        printf("Please input x1, x2:");
        scanf("%d,%d", &x1, &x2);
    } while (x1*x2 > 0);
    printf("x1=%d,x2=%d\n", x1, x2);
    return 0;
}
```

【错误分析】

如果用户没有按照格式控制要求输入两个整数，那么还仅仅是输出的结果不对而已，但是如果输入第一个数据时用户不慎输入了非法字符，那就糟糕了，程序会立即进入死循环。这个错误是由 scanf() 不进行参数类型匹配检查导致的，原因在主教材的 3.4 节已经介绍过，采用该节介绍的解决方法，可以避免函数 scanf() 在读入数据时遇到的这个问题。修改后的程序如下：

```
#include <stdio.h>
int main(void)
{
    int  x1, x2;
    int  ret = 1;
```

```
        do {
            printf("Please input x1, x2:");
            ret = scanf("%d,%d", &x1, &x2);
            if (ret != 2)
            {
                printf("Input data error!\n");
                while (getchar() != '\n')        // 读走回车符及其之前的所有无用字符
                    ;
            }
        } while (x1*x2>0 || ret!=2);
        printf("x1=%d,x2=%d\n", x1, x2);
        return 0;
    }
```

程序中循环体为空语句的循环"while(getchar() != '\n');"是读走回车符及其之前的所有无用字符，即把输入缓冲区清空，目的是为了不对后续输入造成影响，虽然也可用 fflush(stdin)来代替，但是从程序可移植性的角度考虑不建议使用 fflush(stdin)。

3.1.3 与 0 比较问题

【错误案例 3.5】 编程判断整数 m 是否为素数。

```
    #include <stdio.h>
    #include <math.h>
    int isprime(int m);
    int main(void)
    {
        int  n, flag;
        printf("Input n:");
        scanf("%d", n);
        flag = isprime(n);
        if (flag)                        // 布尔变量与 0 比较
        {
            printf("Yes!\n");
        }
        else
        {
            printf("No!\n");
        }
        return 0;
    }
    int isprime(int m)
    {
        int  i, k;
        if (m <= 1)
        {
            return 0;
        }
        for (i=2; i<=sqrt(m); i++)
```

```
        {
            k = m % i;
            if (k = 0)                    // 整数与 0 比较，但该语句有错
            {
                return 0;
            }
        }
        return 1;
    }
```

【错误分析】

在 Visual C++ 6.0 下运行这个程序时，编译程序会提示如下警告信息：

```
warning C4700: local variable 'n' used without having been initialized
```

提示语句 "scanf("%d", n);" 中 n 没有被初始化，原因是 n 的前面缺少 &，使得读入 n 值时将变量 n 中的随机值作为输入的 n 值要写入的地址，从而导致运行时错误。此时如果忽视这个警告，那么运行程序后也会弹出如图 3-1 所示的对话框，导致程序异常终止。

其实，程序中还有一个更为隐蔽的错误，即 if (k=0) 中将 "==" 错用为 "="，当程序执行语句 "if (k = 0) return 0;" 时，无论 k 为何值，k 都会被赋值为 0，if 条件为假，于是其分支后的语句 "return 0;" 成为了死语句，永远都不会被执行，当 for 循环结束时，执行 "return 1;"，于是在主函数中 flag 为 1，即为真，所以输出了 Yes。对于这个错误，如果将 if 语句写为 if (0==k)，则可避免该错误的发生，因为一旦错写为 if (0=k)，那么编译时就会提示错误信息。

【编程提示】

（1）布尔变量与 0 比较不应写成 "if (flag == 0)" 或 "if (flag != 0)"，而应写成 "if (flag)"，表示 "如果 flag 为真"，或写成 "if (!flag)"，表示 "如果 flag 为假"。

（2）整型变量与 0 比较不应写成 "if (value)" 或 "if (!value)"，这样容易将 value 误解为布尔变量，应写成 "if (value == 0)" 或者 "if (value != 0)"，写成 "if (0 == value)" 或 "if (0 != value)" 能防止 == 被误写为 =。

（3）因为 float 和 double 型数据的计算结果都有精度限制，所以实型变量与 0 比较不应写成 "if (x == 0.0)"，应写成 "if ((x >= -EPS) && ((x <= EPS))" 或 "if (fabs(x) <= EPS)"。

（4）指针变量与 0 比较不应写成 "if (p == 0)" 或 "if (p != 0)"，这样容易将 p 误解为整型变量，也不应写成 "if (p)" 或者 "if (!p)"，这样容易将 p 误解为布尔变量，而应写成 "if (p == NULL)" 或 "if (p != NULL)"，表示 p 是指针变量。

3.1.4 复杂情形的关系判断问题

【错误案例 3.6】 输入一行字符，统计其中英文字符、数字字符、空格及其他字符的个数。

```
#include <stdio.h>
#include <string.h>
int main(void)
{
    char  str[80];
    int  len, i, letter = 0, digit = 0, space = 0, others = 0;
    printf("Please input a  string:");
```

```
        gets(str);
        len = strlen(str);
        for (i=0; i<len; i++)
        {
            if ('a' <= str[i] <= 'z' || 'A' <= str[i] <= 'Z')
            {
                letter ++;                          // 统计英文字符个数
            }
            else if ('0' <= str[i] <= '9' )
            {
                digit ++;                           // 统计数字字符个数
            }
            else if (str[i] == ' ' )
            {
                space ++;                           // 统计空格数
            }
            else
            {
                others ++;                          // 统计其他字符的个数
            }
        }
        printf("English character: %d\n", letter);
        printf("digit character: %d\n", digit);
        printf("space: %d\n", space);
        printf("other character: %d\n", others);
        return 0;
    }
```

【错误分析】

上面程序中，if ('a' <= str[i] <= 'z' || 'A' <= str[i] <= 'Z') 和 if ('0' <= str[i] <= '9')虽然不是语法错误，但是并未起到判断"字符是大写字符或者小写字符"及判断"字符是数字字符"的作用，即不符合题意。对这种情况，编译系统一般不会给出错误提示，只是导致运行结果错误，一般初学者容易犯这样的错误。正确的应写为

```
        if ((str[i] >= 'a' && str[i] <= 'z') || (str[i] >= 'A' && str[i] <= 'Z'))
```
和
```
        if (str[i] >='0' && str[i] <= '9')
```

【错误案例 3.7】 编程判断三角形类型。

```
        #include <stdio.h>
        #include <math.h>
        int main(void)
        {
            float  a, b, c;
            printf("Input a,b,c:");
            scanf("%f, %f, %f", &a, &b, &c);
            if (a+b>c && b+c>a && a+c>b)
            {
```

```
        if (a==b || b==c || c==a)
        {
            printf("isosceles triangle\n");              // 等腰三角形
        }
        else if (a*a+b*b==c*c || a*a+c*c==b*b || c*c+b*b==a*a)
        {
            printf("right angled triangle\n");           // 直角三角形
        }
        else
        {
            printf("general triangle\n");                // 一般三角形
        }
    }
    else
    {
        printf("not triangle\n");                        // 不是三角形
    }
    return 0;
}
```

【错误分析】

对于程序输入等腰直角三角形的测试用例"10,10,14.14"，程序的判断结果却是等腰三角形。为什么呢？让我们先来看一下各种三角形之间的关系，如图 3-3 所示。

图 3-3　各种三角形之间的关系

一般地，只有非此即彼关系的分支采用 if-else 语句，而对于有交叉关系的，应用两个并列的 if 语句。在本例中，读者仔细分析后不难发现，该程序存在一个逻辑错误，由于等腰三角形、直角三角形以及一般三角形不是非此即彼的关系，因此不能用 if-else 语句来依次判断是否是等腰三角形、直角三角形和一般三角形。因为直角三角形和等腰三角形之间有交叉，所以应该用三个并列的 if 语句来判断，不能用 if-else 语句。同时，还应定义一个标志变量 flag，初始化为 1。如果三角形是等腰三角形或直角三角形，那么就将 flag 置为 0，表示它不再是一般三角形，如果 flag 值始终为 1，则为一般三角形。

但是将此错误改正以后，程序输入"10,10,14.14"时，仍然判断是等腰三角形。为什么？这里还存在一个实数比较的错误。因为实数运算的结果是有精度限制的，如按照勾股定理，先计算两个直角边的边长 10 和 10 的平方和，再计算其开方得到的斜边边长，其只能是近似值，究竟是取 14.14 还是取 14.142135，完全取决于精度要求，因此不能直接判断经计算得到的实型数 a 与 b 是否相等，应该使用"if (fabs(a-b)<=EPS)"来判断。对于本例，"if (a*a+b*b==c*c ||

a*a+c*c==b*b || c*c+b*b==a*a)" 应该修改为 "if (fabs(a*a+b*b−c*c)<= EPS || fabs(a*a+c*c== b*b) <= EPS || fabs(c*c+b*b==a*a) <= EPS) "，如果计算精度要求不高，EPS 取值 1e-1 即可。

【思考题】 如果增加一个是否是等边三角形的判断，请分析下面的程序存在什么问题？应该如何修改程序才能得到正确的测试结果？

```c
#include <stdio.h>
#include <math.h>
#define EPS 1e-1
int main(void)
{
    float  a, b, c;
    int  flag = 1;
    printf("Input a,b,c:");
    scanf("%f, %f, %f", &a, &b, &c);
    if (a+b>c && b+c>a && a+c>b)
    {
        if (fabs(a-b)<=EPS || fabs(b-c)<=EPS || fabs(c-a)<=EPS)
        {
            printf("isosceles triangle\n");          // 等腰三角形
            flag = 0;
        }
        else if (fabs(a-b)<=EPS && fabs(b-c)<=EPS && fabs(c-a)<=EPS)
        {
            printf("equilateral triangle\n");         // 等边三角形
            flag = 0;
        }
        if (fabs(a*a+b*b-c*c)<=EPS || fabs(a*a+c*c==b*b)<=EPS
                             || fabs(c*c+b*b==a*a)<=EPS)
        {
            printf("right angled triangle\n");        // 直角三角形
            flag = 0;
        }
        if (flag)
        {
            printf("general triangle\n");             // 一般三角形
        }
    }
    else
    {
        printf("not triangle\n");                     // 不是三角形
    }
    return 0;
}
```

3.1.5 遗漏边界条件测试

【错误案例 3.8】 编程将成绩由百分制转换为五分制。

```
#include <stdio.h>
int main(void)
{
    int  score, mark;
    printf("Please enter score:");
    scanf("%d", &score);
    mark = score / 10;
    switch (mark)
    {
        case10:
        case9:    printf("%d--A\n", score);    break;
        case8:    printf("%d--B\n", score);    break;
        case7:    printf("%d--C\n", score);    break;
        case6:    printf("%d--D\n", score);    break;
        case5:
        case4:
        case3:
        case2:
        case1:
        case0:    printf("%d--E\n", score);    break;
        default: printf("Input error!\n");
    }
    return 0;
}
```

【错误分析】

这个程序的第一个问题是 case 后面缺少空格，在所有 case 后面添加空格后，输入 101～109 之间的分数时，测试结果不对。原因是，当 101<score<109 时，执行语句"mark = score/10；"后，整型数运算的结果仍为整数，所以 mark 值为 10，于是执行 switch 语句后就输出了等级为 A，从而导致输入 101～109 之间的非法数据时，程序不能与 90～100 之间的合法数据区分。

【编程提示】

对每段代码都要求进行严格的测试，特别是一些功能函数要对其各种临界点（如零值、无穷大值等）进行测试。选择测试用例应尽量使其覆盖每个分支。

3.1.6　非所有控制分支都有返回值错误

【错误案例 3.9】　计算两个整数的最小公倍数。

```
#include <stdio.h>
int MinCommonMultiple(int a, int b);
int main(void)
{
    int  a, b, x;
    printf("Input a, b:");
    scanf("%d,%d",&a, &b);
    x = MinCommonMultiple(a,b);
    printf("MinCommonMultiple = %d\n", x);
```

```
        return 0;
    }
    int MinCommonMultiple(int a, int b)
    {
        int i;
        for (i=1; i<=b; i++)
        {
            if ((i*a) % b == 0)
            {
                return i*a;
            }
        }
    }
```

【错误分析】

本例程序在 Visual C++ 6.0 环境下编译会给出如下警告：

```
    warning C4715: 'MinCommonMultiple' : not all control paths return a value
```

这个警告指出：在函数 MinCommonMultiple() 中，不是所有控制分支都有返回值。要想消除这个警告信息，其实很简单，只要将函数 MinCommonMultiple() 改成如下形式即可。

```
    int MinCommonMultiple(int a, int b)
    {
        int i;
        for (i=1; i<b; i++)              // 原来的 i<=b 改成了 i<b
        {
            if ((i*a) % b == 0)
            {
                return i*a;
            }
        }
        return b*a;                      // 增加的 return 语句
    }
```

虽然本例中的警告信息并未影响程序的运行结果，但是在某些情况下，这种不良习惯会在程序中埋下隐患。请看下例。

【错误案例 3.10】 计算并输出一个整数的阶乘。

```
    #include <stdio.h>
    long Factorial(int n);
    int main(void)
    {
        int  a;
        long x;
        printf("Input a:");
        scanf("%d", &a);
        x = Factorial(a);
        printf("a! = %ld\n", x);
        return 0;
    }
```

```
long Factorial(int n)
{
    if (n < 0)
    {
        printf("Input data error!\n");
    }
    else if (n==0 || n==1)
    {
        return 1;
    }
    else
    {
        return n * Factorial(n-1);
    }
}
```

【错误分析】

编译这个程序也会给出警告，提示"不是所有控制分支都有返回值"。同时，运行程序后如果我们输入了一个负数，程序运行结果为

```
Input a:-1↙
Input data error!
a! = 11
```

虽然程序也给出了错误提示信息，但是仍然不能避免给出一个错误的运行结果。也就是说，编译警告并没有起到真正防范错误的作用，因为我们不能保证是否还有别的代码要使用这个结果，一旦使用，显然会产生连锁反应，导致一连串的错误发生。

【编程提示】

（1）如果某个函数需要返回值，那么一定要确保该函数的所有控制分支都有返回值。

（2）重视编译器的所有警告信息，并将它们排除掉，让程序一点警告都没有。因为很多警告在不同的编译环境中会有不同的结果，更重要的是，许多警告信息往往都指示了程序中潜在的错误危险。所以要认真检查每一个警告信息，查看是否有某种隐患。要通过修改代码消除警告信息，不要通过"reducing the warning level"消除警告。

（3）"Replace run-time check with compile-time checks"，即尽量让错误检查发生在程序编译或者链接时，而不是发生在运行阶段。

3.1.7　数值溢出错误

【错误案例 3.11】　计算自然数的立方和，直到大于 10^6 为止。

```
#include<stdio.h>
int main(void)
{
    int  m, i, sum = 0;
    for (i=1; ;i++)
    {
        sum = sum + i*i*i;
        if (sum >= 1000000)
```

```
        {
            break;
        }
    }
    m = i - 1;
    printf("m = %d\n",m);
    return 0;
}
```

【错误分析】

这个程序逻辑上没有错误，而且在 Visual C++ 6.0 和 Code::Blocks 环境下运行，都不会有任何错误，但是在 Turbo C 2.0 下运行就会出现死循环，这是为什么呢？原因就出在变量 sum 的类型 int 上，在 Visual C++ 6.0 和 Code::Blocks 环境下，int 型变量所占字节数为 4，而在 Turbo C 2.0 下，int 型变量所占字节数为 2。显然，1000000 这个数已经超出了 2 字节所能表示的整数的范围，即发生了数值溢出。可以预见，如果将程序中的 1000000 改成 10000000000，那么在 Visual C++ 6.0 和 Code::Blocks 环境下也会发生数值溢出，此时必须将 sum 的类型 int 修改为 long long。

【错误案例 3.12】 利用 $\frac{\pi}{2} = \frac{2}{1} \times \frac{2}{3} \times \frac{4}{3} \times \frac{4}{5} \times \frac{6}{5} \times \frac{6}{7} \times \cdots$ 前 100 项之积，编程计算π的值。

```
#include <stdio.h>
int main(void)
{
    float  term, result = 1;
    int  n;
    for (n=2; n<=100; n=n+2)
    {
        term = (n * n) / (( n - 1) * ( n + 1));
        result = result * term;
    }
    printf("result = %f\n", 2 * result);
    return 0;
}
```

【错误分析】

这个程序的问题貌似精度不够，但是将变量 term 和 result 的类型改成 double 后，运行结果还是不对。原来问题出在(n * n) / ((n - 1) * (n + 1))的计算上，虽然这个计算结果不会溢出，但是如果 n 被声明为 int 类型，因为整型数相除的结果还是整型数，所以会发生计算精度损失，为解决这一问题，应将两个相除运算的操作数强制转换为 double 类型。

3.1.8 类型匹配错误

【错误案例 3.13】 用函数计算自然数的立方和，直到大于 10^6 为止。

```
#include<stdio.h>
int CubicSum(int n);
int main(void)
{
```

```
        int  m;
        m = CubicSum(10000000000);
        printf("m = %d\n",m);
        return 0;
    }
    int CubicSum(int n)
    {
        long  i, sum = 0;
        for (i=1; ;i++)
        {
            sum = sum + i*i*i;
            if (sum >= n)
            {
                return i-1;
            }
        }
    }
```

【错误分析】

在 Turbo C 2.0 下运行该程序，结果为 m=15，同样是因为 1000000 这个数超出了 2 字节所能表示的整数范围，发生了数值溢出，但是与错误案例 3.11 不同的是，输出的 m 值没有增大，反而减小了，这是为什么呢？让我们在函数 CubicSum 入口处插入一条输出语句输出 n 的值。可以发现，由于类型错误而导致实参值传给形参 n 的值变成了 16960，它小于 1000000，因此计算的 m 值变小了。

如果将程序修改为

```
    #include <stdio.h>
    int CubicSum(long long n);
    int main(void)
    {
        int  m;
        m = CubicSum(10000000000);
        printf("m = %d\n",m);
        return 0;
    }
    int CubicSum(long long n)
    {
        long long  i, sum = 0;
        for (i=1; ; i++)
        {
            sum = sum + i*i*i;
            if (sum >= n)
                return i-1;
        }
    }
```

这样修改后，尽管程序可以得到正确的运行结果，但存在另一个类型匹配错误，由于 CubicSum 函数中的变量 i 被声明为 long long 类型，因此函数返回值 i−1 的类型与函数定义的返回值类型 int 不匹配，i−1 的实际值并未超出 4 字节 int 类型表数的范围，所以对程序的运行结果并未造成影响，但给程序埋下了一个隐患。对于这种类型不匹配的错误，某些编译器是保持沉默的，仅当函数原型与函数定义中的参数类型不一致时，编译器才会"大喊大叫"，告诉你出现了参数不匹配错误。更糟糕的是，如果函数形参为指针类型，但却接收了一个整型实参数据，这时，某些编译器会将这个整数值当作指针值来使用，从而在程序运行时发生非法内存访问的错误。当然，有些编译器可以捕获实参与形参类型不匹配的错误，给出错误提示。

3.1.9　越界访问错误

【错误案例 3.14】　打印 5 行杨辉三角形。

```c
#include<stdio.h>
#define      ARR_SIZE      5
void YH(int a[][ARR_SIZE], int  n);
void PrintYH(int a[][ARR_SIZE], int  n);
int main(void)
{
    int  a[ARR_SIZE][ARR_SIZE];
    YH(a, ARR_SIZE);
    PrintYH(a, ARR_SIZE);
    return 0;
}
void YH(int a[][ARR_SIZE], int n)
{
    int  i, j ;
    for (i=1; i<=n; i++)
    {
        a[i][1] = 1;
        a[i][i] = 1;
    }
    for (i=3; i<=n; i++)
    {
        for (j=2; j<=i-1; j++)
        {
            a[i][j] = a[i-1][j-1] + a[i-1][j];
        }
    }
}
void PrintYH(int a[][ARR_SIZE], int n)
{
    int  i , j ;
    for (i=1; i<n; i++)
    {
        for (j=1; j<=i; j++)
        {
            printf("%4d", a[i][j]);
        }
```

```
                printf("\n");
            }
        }
```

【错误分析】

这个程序编译没有错误，但是运行结果并没有打印出 5 行杨辉三角形，错误的原因是，C 语言规定数组的下标从 0 开始，但是函数 YH 是从下标 1 开始使用的，从而导致数组下标越界。不使数组下标越界，需要程序员自己来保证。对于本例，只要修改两行语句即可。

首先，将

```
    #define        ARR_SIZE       5
```

修改为

```
    #define        ARR_SIZE       6
```

其次，将主函数中的函数调用语句

```
    YH(a, ARR_SIZE);
```

修改为

```
    YH(a, ARR_SIZE-1);
```

【错误案例 3.15】 从键盘任意输入 m 个学生 n 门课程的成绩，然后计算每个学生各门课的总分 sum 和平均分 aver。

```c
#include <stdio.h>
#define        STUD    30              // 最多可能的学生人数
#define        COURSE  5               // 最多可能的考试科目数
void Total(int *score, int sum[], float aver[], int m, int n);
void Print(int *score, int sum[], float aver[], int m, int n);
int main(void)
{
    int  i, j, m, n, score[STUD][COURSE], sum[STUD];
    float  aver[STUD];
    printf("Enter the total number of students and courses:");
    scanf("%d%d", &m, &n);
    printf("Enter score\n");
    for (i=0; i<m; i++)
    {
        for (j=0; j<n; j++)
        {
            scanf("%d", &score[i][j]);
        }
    }
    Total(*score, sum, aver, m, n);
    Print(*score, sum, aver, m, n);
     return 0;
}
void  Total(int *score, int sum[], float aver[], int m, int n)
{
    int  i, j;
    for (i=0; i<m; i++)
    {
```

```
        sum[i] = 0;
        for (j=0; j<n; j++)
        {
            sum[i] = sum[i] + *(score + i * n + j);
        }
        aver[i] = (float) sum[i] / n;
    }
}
void  Print(int *score, int sum[], float aver[], int m, int n)
{
    int  i, j;
    printf("Result:\n");
    for (i=0; i<m; i++)
    {
        for (j=0; j<n; j++)
        {
            printf("%4d\t", *(score + i * n + j));
        }
        printf("%5d\t%6.1f\n", sum[i], aver[i]);
    }
}
```

【错误分析】

在 Code::Blocks 环境下，程序的运行结果如下：

```
Enter the total number of students and courses:4 3↙
Enter score
60 60 60↙
80 80 80↙
90 90 90↙
70 70 70↙
Result:
  60       60      60    180       60.0
4011994 3998072    80 8010096 2670032.0
  80       80       0    160       53.3
   2       90      90    182       60.7
```

从运行结果可知，只有第 1 个学生的统计结果是正确的，其余各行的统计结果有一些乱码（在不同的平台和系统下显示的乱码可能有所不同），而总分和平均分又的确是按照这些乱码值计算的，看来总分和平均分的计算是没有错误的，错误很可能是从主函数传给函数 Total 的成绩值发生了变化。

经分析发现，主函数中的成绩存放在二维数组 score 中，该数组定义为 STUD 行、COURSE 列，是按行连续存放在内存中的，而在函数 Total 中，是通过实参传过来的首地址 score 通过间接寻址 "*(score + i * n + j)" 来访问成绩数组的，这种寻址是假设成绩按照每行 n 列存放在内存中的，如果我们从键盘输入的 n 的值等于 COURSE 的值，那么错误也许不会发生，但是恰恰它们的值不等（这里 n<COURSE）。也就是说，数据原本是按照每行 COURSE 列分配的内存，从每一行的行首开始每行存入了 n 个数据（后面的 COURSE-n 个数据当然是乱码了），然而读取数据时却是按照每行 n 列从首地址开始读的，结果导致了读出的数据发生了错位。

为了检验这个猜想，我们在函数 Total 的入口处插入输出语句，分别按照每行 COURSE 列和 n 列，从首地址 score 开始输出内存中的数组元素，对比其结果。

```c
void  Total(int *score, int sum[], float aver[], int m, int n)
{
    int  i, j;
    printf("COURSE column results:\n");          // 按每行 COURSE 列输出数组元素
    for (i=0; i<m; i++)
    {
        for (j=0; j<COURSE; j++)
        {
            printf("%4d\t", *(score + i * COURSE + j));
        }
        printf("\n");
    }
    printf("n column results:\n");               // 按每行 n 列输出数组元素
    for (i=0; i<m; i++)
    {
        for (j=0; j<n; j++)
        {
            printf("%4d\t", *(score + i * n + j));
        }
        printf("\n");
    }
    for (i=0; i<m; i++)
    {
        sum[i] = 0;
        for (j=0; j<n; j++)
        {
            sum[i] = sum[i] + *(score + i * n + j);
        }
        aver[i] = (float) sum[i] / n;
    }
}
```

此时，程序的运行结果如下：

```
Enter the total number of students and courses:4 3↙
Enter score
60 60 60↙
80 80 80↙
90 90 90↙
70 70 70↙
COURSE column results:
  60      60      60   4011944  3998072
  80      80      80       0        2
  90      90      90      88       16
  70      70      70   4011952  3997696
n column results:
```

```
       60        60        60
   4011944   3998072   80
       80        80         0
        2        90        90
Result:
       60        60        60       180      60.0
   4011994   3998072   80    8010096   2670032.0
       80        80         0       160      53.3
        2        90        90       182      60.7
```

上述结果验证了我们对错误原因的分析，修正这个错误有多种方法。

一是将函数 Total()和函数 Print()中的

```
    *(score + i * n + j)
```

改成

```
    *(score + i * COURSE + j)
```

二是将程序改为如下形式：

```
#include  <stdio.h>
#define    STUD    30          // 最多学生人数
#define    COURSE  5           // 考试科目数
void Input(int *score, int m, int n);
void Total(int *score, int sum[], float aver[], int m, int n);
void Print(int *score, int sum[], float aver[], int m, int n);
int main(void)
{
    int  m, n, score[STUD][COURSE], sum[STUD];
    float  aver[STUD];
    printf("Enter the total number of students and courses:");
    scanf("%d%d", &m, &n);
    Input(*score, m, n);
    Total(*score, sum, aver, m, n);
    Print(*score, sum, aver, m, n);
    return 0;
}
void Input(int *score, int m, int n)
{
    int  i, j;
    printf("Enter score\n");
    for (i=0; i<m; i++)
    {
        for (j=0; j<n; j++)
        {
            scanf("%d", score + i * n + j);
        }
    }
}
void Total(int *score, int sum[], float aver[], int m, int n)
{
    int  i, j;
    for (i=0; i<m; i++)
```

```
        {
            sum[i] = 0;
            for (j=0; j<n; j++)
            {
                sum[i] = sum[i] + *(score + i * n + j);
            }
            aver[i] = (float) sum[i] / n;
        }
    }
    void  Print(int *score, int sum[], float aver[], int m, int n)
    {
        int  i, j;
        printf("Result:\n");
        for (i=0; i<m; i++)
        {
            for (j=0; j<n; j++)
            {
                printf("%4d\t", *(score + i * n + j));
            }
            printf("%5d\t%6.1f\n", sum[i], aver[i]);
        }
    }
```

【错误案例 3.16】　编写字符串连接程序。

```
    #include <stdio.h>
    #include <string.h>
    char* MyStrCat(char *dest, char *source)
    {
        unsigned int  i;
        for (i=0; i<strlen(source)+1; i++)
        {
            *(dest + strlen(dest) + i) = *(source + i);
        }
        return dest;
    }
    int main (void)
    {
        char  *first = "Hello";
        char  *second = "xWorld";
        char  *result;
        result = MyStrCat(first, second);
        printf("\nThe result is : %s", result);
        return 0;
    }
```

【错误分析】

　　无论在 Code::Blocks 还是在 Visual C++ 6.0 下运行，程序都会异常终止，出现如图 3-4 所示的提示对话框，相当于宣布程序"安乐死"。

　　出现该提示，往往是出现了非法内存访问问题。本例的问题就出在下面的声明语句上：

图 3-4　异常终止对话框

```
char   *first = "Hello";
```

如果操作系统支持只读存储区，那么常量字符串（如本例中的"Hello"）通常存储在只读存储区。因此在函数 MyStrCat()中，对其进行写操作被视为非法。现代流行的操作系统都支持只读存储区，但很多嵌入式和很早以前的操作系统（如 DOS）不支持。例如，本例在 Turbo C 2.0 下运行，就不会出现如上所示的异常终止错误。如果修改该语句为

```
char   first[20]="Hello";              // 字符串"Hello"后面的15字节被初始化为'\0'
```

那么，虽然非法内存访问的错误提示消失，但运行结果只输出"Hellox"，并未实现字符串连接。原来函数 MyStrCat()也有错误，在语句"*(dest + strlen(dest) + i) = *source;"中，如果 strlen(dest) 的值是定值，那么它可以实现字符串的连接。

然而遗憾的是，在如图 3-5 所示的第 1 次循环中，source 字符串的第 1 个字符'x'复制到字符串 dest 末尾以后，字符串的长度发生了变化，由原来的 5 变成了 6，在第 2 次循环中，由于 strlen(dest)和 i 的值均增加了 1，因此执行语句"*(dest + strlen(dest) + i) = *source;"相当于将目标地址连续后移 2 字节，再向其复制字符 'W'，被跳过的这个字节单元存储的又恰恰是数组初始化时的值 '\0'，这个被跳过的字符 '\0' 宣布了字符串 dest 的结束。

所以，尽管后续循环在 '\0' 后也复制了字符串"World"，但不幸的是，按%s 格式输出该字符串时，遇字符串结束标志，输出就终止了，从而导致输出的字符串连接结果是"Hellox"，而不是"HelloxWorld"。

为了验证上述分析结果，可在主函数中增加以%c 格式输出字符串的语句，程序如下：

```
int main(void)
{
    char   first[20]="Hello";
    char   *second="xWorld";
    char   *result;
    int   i;
    result = MyStrCat(first, second);
    for (i=0; i<20; i++)
    {
        printf("%c", *(result + i));
    }
    printf("\n");
    printf("The result is : %s\n", result);
```

```
        return 0;
    }
```

其实，要修改这个程序，得到正确的运行结果，只要将 strlen(dest)的计算移到 for 循环的前面，结果存于变量 destLen 中，这样，在 for 循环中使用的字符串长度就是定值了。程序如下：

```
char* MyStrCat(char *dest, char *source)
{
    unsigned int  i, destLen;
    destLen = strlen(dest);
    for (i=0; i<strlen(source)+1; i++)
    {
        *(dest + destLen + i) = *(source + i);
    }
    return dest;
}
```

字符串连接过程如图 3-5 所示。

图 3-5　字符串连接过程示意

3.1.10　缓冲区溢出问题

【错误案例 3.17】　试分析下面这段程序可能存在什么漏洞。

```
#include <string.h>
#include <stdio.h>
#define MAX_LEN 10
int main(void)
{
    char  str[MAX_LEN];
    gets(str);
    puts(str);
    return 0;
}
```

【错误分析】

这是一段再简单不过的程序了，但是殊不知其中存在着"缓冲区溢出"的隐患。原因就出在函数 gets()上，scanf()也存在类似的问题，它们虽然简便好用，但是因其不能限制用户输入字符串的长度，当用户输入的字符串长度超过 MAX_LEN 时，就因发生缓冲区溢出而产生了非法内存访问。因此，这两个函数常常成为黑客攻击的对象。

明智的选择是将语句"gets(str);"改成能限制输入字符串长度的函数：

```
fgets(str, MAX_LEN*sizeof(char), stdin);
```

很多黑客攻击是从造成缓冲区溢出开始的，这也常被称为**缓冲区溢出攻击**。一方面，他们利用了操作系统中函数调用和局部变量存储的基本原理；另一方面，他们利用了应用程序中的内存操作漏洞，使用特定的参数造成应用程序内存异常，并改变操作系统的指令执行序列，让系统执行攻击者预先设定的代码，进而完成权限获取、非法入侵等攻击使命。

再来看下面的例子：

```
#include <string.h>
int main(int argc, char *argv[])
{
    char  buffer[1024];
    if (argc > 1)
    {
        strcpy(buffer, argv[1]);
    }
    return 0;
}
```

栈顶（低端地址）

| buffer:1024字节 |
| 有用的系统寄存器 |
| 函数调用返回地址 |
| 参数argc, argv |
| …… |
| …… |

栈底（高端地址）

图 3-6　函数调用时系统堆栈使用情况

函数调用时，操作系统一般要完成如下几件工作：

（1）将函数参数 argc 和 argv 压入堆栈。

（2）堆栈中，保存函数调用的返回地址（即函数调用结束后要执行的语句地址）。

（3）堆栈中，保存一些其他内容（如有用的系统寄存器等）。

（4）堆栈中，为函数的局部变量分配存储空间（如本例中，要为数组 buffer 分配 1024 字节）。

（5）执行函数代码。

执行函数代码前的系统堆栈使用情况如图 3-6 所示。

假设攻击者调用这段程序时传入的字符串 argv[1]的长度大于 1024 字节，由于复制操作与参数压入堆栈的方向相反，因此执行"strcpy(buffer, argv[1])"后，就会将多于 1024 字节的内容复制到堆栈从栈顶开始向栈底延伸的地方，超出 1024 字节的内容依次覆盖了堆栈中保存的系统寄存器、函数调用的返回地址等。如果攻击者精心设计传入的参数，在 1024 字节以内的地方写上一段攻击代码，然后在恰巧能覆盖堆栈中函数调用的返回地址的位置写上一个经过周密计算得到的地址，该地址精确地指向前面的攻击代码，那么当函数执行完毕，系统就返回到攻击代码中，进而夺取系统的控制权，完成攻击任务。

函数 strcpy()不限制复制字符的长度，因而给黑客以非法内存访问的可乘之机。ANSI C 定义了一些"n 族"字符处理函数，包括 strncpy()、strncat()等，通过增加一个参数来限制字符串处理的最大长度，在本例中使用它们可以消除这个漏洞。

3.1.11　内存泄漏问题

如果程序向系统动态申请了内存，在不使用时忘记了释放已申请的内存，那么就会造成**内存泄漏（Memory Leak）**，这好比借了人家的东西不归还一样。想想看，长此以往，谁还会借东西给你呢？Java 语言增加了垃圾内存回收机制，不存在这个问题，但是 C 语言则不然。

【错误案例 3.18】　试分析下面这段程序存在什么漏洞。

```c
void Init(void)
{
    char  *pszMyname = NULL;
    char  *pszHerName = NULL;
    char  *pszHisName = NULL;
    pszMyName = (char*)malloc(256);
    if (pszMyName == NULL)
    {
        return;
    }
    pszHerName = (char*)malloc(256);
    if (pszHerName == NULL)
    {
        return;
    }
    pszHisName = (char*)malloc(256);
    if (pszHisName == NULL)
    {
        return;
    }
    ......                              // 正常处理的代码
    free(pszMyName);
    free(pszHerName);
    free(pszHisName);
    return;
}
```

【错误分析】

虽然程序中使用的 malloc 和 free 是配对的。但也许你已经发现，当前面的 malloc 成功分配了内存，而后面的 malloc 未能成功分配内存时，直接退出函数将导致前面已成功申请的内存未被 free。为此，我们修改程序如下：

```c
void Init(void)
{
    char  *pszMyname = NULL;
    char  *pszHerName = NULL;
    char  *pszHisName = NULL;
    pszMyName = (char*)malloc(256);
    if (pszMyName == NULL)
    {
```

```
            return;
        }
        pszHerName = (char*)malloc(256);
        if (pszHerName == NULL)
        {
            free(pszMyName);
            return;
        }
        pszHisName = (char*)malloc(256);
        if (pszHisName == NULL)
        {
            free(pszMyName);
            free(pszHerName);
            return;
        }
        ......                                        // 正常处理的代码
        free(pszMyName);
        free(pszHerName);
        free(pszHisName);
        return;
    }
```

这样编写的程序存在一个问题：有重复的语句，而且如果再增加其他 malloc 函数调用语句，需要相应地增加 free 函数调用语句。而使用 goto 语句重用一段"重用率很高、但很难写成单一函数"的代码，可以使程序更简洁，结构更清晰。在本例中，也符合"尽量把 malloc 集中在函数的入口处，free 集中在函数的出口处"的原则。

```
    void Init(void)
    {
        char  *pszMyname = NULL;
        char  *pszHerName = NULL;
        char  *pszHisName = NULL;
        pszMyName = (char*)malloc(256);
        if (pszMyName == NULL)
        {
            goto Exit;
        }
        pszHerName = (char*)malloc(256);
        if (pszHerName == NULL)
        {
            goto Exit;
        }
        pszHisName = (char*)malloc(256);
        if (pszHisName == NULL)
        {
            goto Exit;
        }
        ......                                        // 正常处理的代码
```

```
Exit:if (pszMyName != NULL)
    {
          free(pszMyName);
    }
    if (pszHerName != NULL)
    {
          free(pszHeName);
    }
    if (pszHisName != NULL)
    {
        free(pszHiName);
    }
    return;
}
```

这个例子告诉我们，goto 并非罪大恶极，在解决对异常进行统一的错误处理问题时，是非常好用的；它的另一个应用就是常常被作为跳出多重循环的一条捷径。但是要注意，尽量使用单向跳转的 goto 语句，切莫使用交叉的 goto 语句。

【错误案例 3.19】 编写一个将字符串倒序存放的函数。

```
#include <stdio.h>
#include <string.h>
#include <stdlib.h>
char *Invert(char *str)
{
    int  num, i;
    char  *p;
    num = strlen(str);                          // 求出 string 中包含的字符长度
    p = (char *)malloc( num*sizeof(char)+1 );   // 申请 num+1 个内存单元
    for (i=0;i<num;i++)
    {
        *(p+num-i-1) = *(str+i);                // 将字符串倒置
    }
    *(p+num) = 0;                               // 置字符串结尾标志
    return p;                                   // 返回指针 p 到调用者
}
int main(void)
{
    char *str = "teststring", *result;
    printf("Before invert string : %s\n", str);
    result = Invert(str);
    printf("After invert string : %s\n", result);
    return 0;
}
```

【错误分析】

这个程序虽然运行结果正确，但是却存在着内存泄漏的隐患，函数 Invert()中申请的动态内存始终未被释放。

含有内存泄漏错误的函数，在每次函数调用时，都会丢失一块内存，刚开始时，系统内存充足，看不到任何错误，当系统运行相当一段时间后，就会因发生内存耗尽而突然死掉。其严重程度取决于每次遗留内存垃圾的多少，以及代码被调用的次数。

不要以为少量内存未被释放没什么影响，程序运行结束后都会被系统一并回收，一旦这段代码被复制并粘贴到需要长期稳定运行的服务程序中，将会严重影响系统的稳定性。显然，需要长期稳定运行的服务程序对内存泄漏最敏感。

【编程提示】

内存泄漏错误的解决对策如下。

（1）仅在需要的时候才 malloc()，并尽量减少 malloc()调用的次数，能用自动变量解决的问题，就不要用 malloc()来解决，仅在大块内存分配和动态内存分配时使用 malloc。

（2）配套使用 malloc()和 free()，而且尽量让 malloc()和与之配套的 free()集中在一个函数内，尽量把 malloc()集中在函数的入口处，free()集中在函数的出口处。

（3）如果 malloc()和 free()无法集中在一个函数中，就要分别编写申请内存和释放内存的函数，然后使其配对使用。

（4）可以重复利用 malloc()申请到的内存，这样可以减小内存泄漏发生的概率。

【切记】 以上原则只能降低内存泄漏发生的概率，不能保证完全杜绝内存泄漏的发生。

3.1.12 使用野指针的问题

非法内存操作的一个共同特征就是代码访问了不该访问的内存地址。其起因除了使用未分配成功的内存、引用未初始化的内存、越界访问内存这几种情形之外，还有另一种情形，即释放了内存，却继续使用它。

千万不要以为指针所指的内存被释放以后，指针就会变成 NULL 或者消亡了，其实它的地址并没有改变，仍然指向这块内存，只不过该地址所对应的内存是乱码而已。释放内存的结果只是改变了内存内容，使其变成了垃圾内存。指向垃圾内存的指针被称为"**野指针**"。因此，用判断指针是否为 NULL 不能避免使用野指针的问题，除非在释放指针所指向的内存后，立即人为地在程序中将该指针置为 NULL。

【错误案例 3.20】 下面程序用于从键盘任意输入一串字符，然后在屏幕上输出。

```c
#include <stdio.h>
char* GetStr(void);
int main(void)
{
    char  *ptr = NULL;
    ptr = GetStr();
    puts(ptr);
    return 0;
}
char* GetStr(void)
{
    char  s[80];
    scanf("%s", s);
    return s;
}
```

【错误分析】

在 Visual C++ 6.0 下编译，显示如下警告：

```
warning C4172: returning address of local variable or temporary
```

在 Code::Blocks 下编译，显示如下警告：

```
warning:function returns address of local variable
```

其含义都是指出"返回了局部变量的地址"。虽然这个警告并不影响程序运行，但运行这个程序，当用户从键盘输入一串字符后，屏幕上显示的字符串输出结果就会变为乱码。

野指针错误通常都发生在试图从一个函数返回指向局部变量的地址，因为系统给函数中声明的局部变量分配的内存，在函数调用结束后就被自动释放了，也就是说，该内存中的数据将变成随机数，即乱码。

为了得到正确的运行结果，应将程序改成：

```c
#include <stdio.h>
void GetStr(char *);
int main(void)
{
    char  s[80];
    char  *ptr = s;
    GetStr(ptr);
    puts(ptr);
    return 0;
}
void GetStr(char *s)
{
    scanf("%s", s);
}
```

但是如果将程序改成：

```c
#include <stdio.h>
void GetStr(char *);
int main(void)
{
    char  *ptr = NULL;
    GetStr(ptr);
    puts(ptr);
    return 0;
}
void GetStr(char *s)
{
    scanf("%s", s);
}
```

那么，程序就会因使用没有明确指向的空指针变量而异常终止，这和引用没有初始化的指针变量的效果是一样的。如果将程序改成如下内容，同样会导致程序崩溃。原因是，函数参数不能传递动态内存地址。

```c
#include <stdio.h>
```

```
#include <stdlib.h>
void GetStr(char *);
int main(void)
{
    char *ptr = NULL;
    GetStr(ptr);
    puts(ptr);
    return 0;
}
void GetStr(char *s)
{
    s = (char *)malloc(100);
    scanf("%s", s);
}
```

虽然将程序改成如下代码，可以得到正确的运行结果，也避免了函数参数不能传递动态内存地址的问题，但是存在着动态申请的内存未被释放、有可能造成内存泄漏的隐患。

```
#include <stdio.h>
#include <stdlib.h>
char* GetStr(char *s);
int main(void)
{
    char *ptr = NULL;
    ptr = GetStr(ptr);
    puts(ptr);
    return 0;
}
char* GetStr(char *s)
{
    s = (char *)malloc(100);
    scanf("%s", s);
    return s;
}
```

【错误案例 3.21】 下面的程序首先建立一个链表，然后删除该链表中的节点。该程序也犯了使用野指针的错误，只是相对隐蔽一些。

```
#include <stdio.h>
#include <stdlib.h>
struct Link *AppendNode(struct Link *head);
void DispLink(struct Link *head);
struct Link *DelNode(struct Link *head, int nodeData);
struct Link
{
    int data;
    struct Link *next;
};
int main(void)
{
```

```
    int  i, total;
    char  c;
    struct Link  *head = NULL;                    // 指向链表头
    int  data;
    printf("Do you want to append a new node(Y/N)?");
    scanf(" %c",&c);                              // %c 前面有一个空格
    i = 0;
    while (c=='Y' || c=='y')
    {
        head = AppendNode(head);
        DispLink(head);                          // 显示当前链表中各节点的信息
        printf("Do you want to append a new node(Y/N)?");
        scanf(" %c",&c);                         // %c 前面有一个空格
        i++;
    }
    printf("%d new nodes have been apended!\n", i);
    total = i;
    printf("Do you want to delete a node(Y/N)?");
    scanf(" %c",&c);                             // %c 前面有一个空格
    i = 0;
    while ((c=='Y'||c=='y') && i!=total)          // 待删节点不能超过链表总节点数
    {
        printf("Input node data that you want to delete:");
        scanf("%d", &data);
        DelNode(head, data);
        DispLink(head);
        printf("Do you want to delete a new node(Y/N)?");
        scanf(" %c",&c);                         // %c 前面有一个空格
            i++;
    }
    printf("%d new nodes have been deleted!\n", i);
    return 0;
}
// 函数功能：新建一个节点，并将该节点添加到 head 指向的链表的末尾
//          函数返回添加节点后的链表的头节点指针
struct Link *AppendNode(struct Link *head)
{
    struct    Link *p = NULL;
    struct    Link *pr = head;
    int        data;
    p = (struct Link *)malloc(sizeof(struct Link));    // 为新节点申请内存
    if (p == NULL)                        // 若申请内存失败，则输出错误信息，退出程序
    {
        printf("No enough memory to alloc");
        exit(0);
    }
    if (head == NULL)                     // 若原链表为空表，则将新建节点置为首节点
    {
        head = p;
    }
```

```
        else                              // 若原链表为非空，则将新建节点添加到表尾
        {
            while (pr->next != NULL)       // 移动指针 pr，直至 pr 指向表尾
            {
                pr = pr->next;
            }
            pr->next = p;                  // 将新建节点添加到链表的末尾
        }
        pr = p;                            // 让 pr 指向新建节点
        printf("Input node data:");
        scanf("%d", &data);
        pr->data = data;
        pr->next = NULL;                   // 将新建节点置为表尾
        return head;                       // 返回添加节点后的链表的头节点指针
}
// 函数功能：显示 head 指向的链表中所有节点的节点号和该节点中数据项内容
void DispLink(struct Link *head)
{
    struct  Link *p = head;
    int  j = 1;
    while (p != NULL)                      // 若不是表尾，则循环输出
    {
        printf("%5d%10d\n", j, p->data);            // 输出第 j 个节点的数据
        p = p->next;                       // 让 p 指向下一个节点
        j++;
    }
}
// 函数功能：从 head 指向的链表中删除一个节点数据为 nodeData 的节点
//          函数返回删除节点后的链表的头节点指针
struct Link *DelNode(struct Link *head, int nodeData)
{
    struct Link *p = head, *pr = head;
    if (head == NULL)                      // 若链表为空，表示没有节点
    {
        printf("No Linked Table!\n");
        return(head);
    }
    // 若没找到节点 nodeData 且未到表尾，则继续查找
    while (nodeData != p->data && p->next != NULL)
    {
        pr = p;
        p = p->next;
    }
    if (nodeData == p->data)               // 若找到节点 nodeData，则删除该节点
    {
        if (p == head)      // 若该节点为首节点，则让 head 指向第 2 个节点
        {
            head = p->next;
        }
        else                // 若为中间节点，则将前一节点指针指向当前节点的下一节点
```

```
        {
                pr->next = p->next;
        }
        free(p);                        // 释放为已删除节点分配的内存
    }
    else
    {
        printf("This Node has not been found!\n");
    }
    return head;
}
```

【错误分析】

在 Code::Blocks 环境下，这个程序的运行结果如下：

```
Do you want to append a new node(Y/N)?y↙
Input node data:10↙
1       10
Do you want to append a new node(Y/N)?y↙
Input node data:20↙
1       10
2       20
Do you want to append a new node(Y/N)?y↙
Input node data:30↙
1       10
2       20
3       30
Do you want to insert a new node(Y/N)?n↙
3 new nodes have been apended!
Do you want to delete a node(Y/N)?y↙
Input node data that you want to delete:20↙
1       10
2       30
Do you want to delete a node(Y/N)?y↙
Input node data that you want to delete:30↙
1       10
Do you want to delete a node(Y/N)?y↙
Input node data that you want to delete:10↙
1 4007168
Do you want to delete a node(Y/N)?n↙
3 nodes have been deleted!
```

这个结果是不是很奇怪呢？删除中间节点和表尾节点时，都没有显示错误，但是删除首节点时就有问题了，明明删掉了，怎么还会显示呢？而且显示的节点数据显然是乱码。现在让我们再来运行一次。

```
Do you want to append a new node(Y/N)?y↙
Input node data:10↙
1       10
Do you want to append a new node(Y/N)?y↙
Input node data:20↙
1       10
```

```
2        20
Do you want to append a new node(Y/N)?y✓
Input node data:30✓
1        10
2        20
3        30
Do you want to insert a new node(Y/N)?n✓
3 new nodes have been apended!
Do you want to delete a node(Y/N)?y✓
Input node data that you want to delete:10✓
1         0
2        20
3        30
Do you want to delete a node(Y/N)?y✓
Input node data that you want to delete:0✓
1   4014008
2        20
3        30
Do you want to delete a node(Y/N)?y✓
3 nodes have been deleted!
```

上述信息告诉我们，问题一定是出在函数 DelNode()中被删除节点为首节点时的那段代码里。在这段代码里，只有一条执行语句

```
head = p->next;
```

其含义是：让链表头指针 head 指向首节点的下一个节点。原来这条语句改变了 head 的指向，但是指针参数 head 只能向被调函数传递指针 head 的值，即地址值，如果其值被修改，修改后的值不能通过指针参数 head 返回（除非它被声明为二级指针）。另外，我们看看节点被删除后，程序做了什么？原来接下来还执行了 free(p)，将被删除的节点（这里为原链表首节点）内存给释放了，从而导致其内容为乱码。在执行函数调用语句

```
DelNode(head, data);
```

后，仍然使用原来链表的头指针 head，而这个指针指向的节点内存其实已经被 free 了，于是就犯了释放内存以后还继续使用它的错误。

由于从函数 DelNode()返回值传回的 head 指针才是指向删除节点后链表的头指针，参数 head 指向的是原来的链表头指针，因此需要将主函数中的函数调用语句

```
DelNode(head, data);
```

修改为

```
head = DelNode(head, data);
```

也就是保存函数 DelNode()返回的删除节点后的链表的头指针，以备后续代码使用。

同理，如果待插入的节点要放在首节点之前，也会出现 head 指针改变的情况，只不过插入节点操作中不会出现使用野指针的问题，但会因使用了 malloc 而容易出现为插入节点申请的内存未被释放的问题。

事实上，不仅仅为插入节点申请的内存需要释放，所有已建立的链表中的节点内存都需要释放，因此上面这个程序同样存在内存泄漏的隐患。所以，还需要单独编写一个函数 DeleteMemory()，用于释放所有已分配的动态内存，在主函数前面增加该函数的原型：

```
        void DeleteMemory(struct Link *head);
```
　　同时，为了在程序运行结束前释放所有已分配的内存，在主函数中增加如下语句：
```
        DeleteMemory(head);
```
其中，函数 DeleteMemory() 的源代码如下：

```
// 函数功能：释放 head 指向的链表中所有节点占用的内存
void DeleteMemory(struct Link *head)
{
    struct Link  *p = head, *pr = NULL;
    while (p != NULL)                     // 若不是表尾，则释放节点占用的内存
    {
        pr = p;                           // 在 pr 中保存当前节点的指针
        p = p->next;                      // 让 p 指向下一个节点
        free(pr);                         // 释放 pr 指向的当前节点占用的内存
    }
}
```

【编程提示】

野指针错误的解决对策如下。

（1）不要把局部变量的地址作为函数的返回值返回，因为该内存在函数体结束时被自动释放。

（2）尽量把 malloc() 集中在函数的入口处，free() 集中在函数的出口处。

（3）如果 free() 不能放在函数出口处，则指针被 free 后，应立即将其设置为 NULL，这样在使用指针之前检查其是否 NULL 才有效。

（4）指针要么初始化为 NULL，要么使其指向合法的内存。

3.1.13　参数非法问题

【错误案例 3.22】 下面的函数是计算数组元素的平均数。

```
int Average(int a[], int n)
{
    int  i, sum;
    sum = 0;
    for (i=0; i<n; i++)
    {
        sum += a[i];
    }
    return  sum / n;
}
```

【错误分析】

初看起来，这个函数没有任何问题，但是如果不小心向函数 Average() 传入的参数 n 的值为 0，那么程序就会发生"除 0 溢出"错误。这种错误明显是调用该函数的程序错误，而不是该函数的错误。虽然外界是否传入非法数值不是函数 Average() 所能预料和决定的，但是我们可以让它具有遇到不正确使用或非法数据输入时仍能保护自己避免出错的能力，即增强程序的健壮性。方法是：在函数的入口处，检查输入参数的合法性。

可以在函数入口处，增加一条判断语句

```
if (n <= 0)
    return -1;
```
或者将语句
```
return  sum / n;
```
修改成
```
return  n>0 ? sum/n : -1;
```

采用判断的方法，固然可以检查传入参数的错误，但是这样的判断使程序最终的编译代码体积变大，同时也降低了最终发布的程序的执行效率。事实上，我们还可以利用断言，即 assert() 函数（该函数在头文件 assert.h 中定义）来检查错误。即在函数 Average() 的入口处增加一条语句
```
assert(n > 0);
```

如果其他函数在调用 Average() 时不小心给 n 传入了 0 值或无意义的负值，那么程序在 Code::Blocks 环境下运行时，会显示：
```
Assertion failed: n > 0, file E:\新建文件夹\Debug\ave.C, line 8
This application has requested the Runtime to terminate it in an unsual way.
Please contact the application's support team for more information.
```
在 Visual C++ 6.0 环境下运行时，会显示：
```
Assertion failed: n > 0, file E:\新建文件夹\Debug\ave.C, line 8
```

图 3-7　错误提示对话框

同时弹出如图 3-7 所示的对话框。

若用户单击"终止"按钮，则程序立即终止。若单击"忽略"按钮，则程序显示"Abnormal program termination"后结束。

【编程提示】

对于程序中的某种假设，或防止某些参数的非法值，利用断言来帮助查错是一种比较好的方法。这样只会在 debug 版中才会产生检查代码，而在正式发布版中不会带有这些代码，并且可以方便我们在程序调试和测试时发现错误，同时不影响程序的效率。

在下列情况下应首先考虑利用断言：① 函数的参数，特别是指针参数，利用断言进行确认；② 利用断言检查程序中的各种假设的正确性；③ 在程序设计中不要轻易认为某种情况不可能发生，对你认为不可能发生的情况都必须用断言来证实。

与此相关联的问题还有：不能认为调用一个函数总会成功（如动态内存分配、打开文件等函数调用都有调用失败的可能），要考虑到如果失败应该如何处理，方法是校验函数的返回值。

3.1.14　不良代码风格问题

要使程序实现某个预定的功能，可能有 n 种方法，但是其中只有一种或两种方法是最好的，一个优秀的程序员往往有足够的耐心和细心去找到这个最好的方法。喜欢"卖弄技巧"、编写出一些稀奇古怪、只有少数"聪明人"才能看得懂的程序，其实是一种很不好的编程习惯。如果写出来的代码别人都看不懂，那无异于垃圾。

【错误案例 3.23】　利用一个数组实现字符串的逆序存放。

```
#include <stdio.h>
#include <string.h>
```

```
void Inverse();
int main(void)
{
    char  a[10];
    printf("Please enter ten strings:");
    gets(a);
    Inverse(a);
    puts(a);
    return 0;
}
void Inverse(char str[])
{
    int  len, i;
    char  temp;
    len = strlen(str)-1;
    for (i = 0; i<len; i++, len--)
    {
        temp = str[i];
        str[i] = str[len];
        str[len] = temp;
    }
}
```

【错误分析】

本程序的运行结果是正确的，但是却存在如下问题：

① 数组 a 的定义使用了幻数 10，这是一种不良的代码风格。

② 用 gets()输入，不能限制用户输入字符串的长度，容易导致缓冲区溢出。

③ 在函数 Inverse()的原型中，省略了对参数类型的说明（这样有些编译器就不再检查参数类型是否匹配了），是一种不良的代码风格。

在 Visual C++ 6.0 或 Code::Blocks 下编译，都不会有任何错误提示。但是如果将该程序保存为.cpp 文件，在 Code::Blocks 下编译，则会给出如下错误提示：

```
error: too many arguments to function 'void Inverse()'
error: at this point in file
```

还能精确地定位每个 error 的所在行（分别是第 3 行和第 13 行）。

要知道，C++程序这种"铁面无私"般的严格，似乎暂时给我们带来了麻烦，然而其实是帮助我们避免了很多以后可能会出现的更大的麻烦。

④ 在函数 Inverse()中，每次循环都改变循环终值 len 的值，相当于在循环体内改变了循环结束条件，使用了一个难懂的技巧，实现了字符串的逆序排列，是一种不良的代码风格。

多数情况下，在循环体内改变循环终值会导致错误的运行结果。虽然本例程序的运行结果正确，但是通过在循环体内改变循环终值 len 实现字符串逆序存放，属于滥用技巧，极易引起误解，导致程序可读性差，不是良好的编程风格。请读者将"for (i = 0; i<len; i++,len--)"改成"for (i = 0, j = len - 1; i<j; i++, j--)"，重新编写函数 Inverse()，比较程序修改前后的可读性。

【编程提示】

当函数返回值为 int 类型时，虽然函数定义时允许省略对函数返回值类型的说明，这时系统默认为 int。与此同时，也允许省略函数原型，但这些都是不良的代码风格。

代码风格（Coding Style） 虽然不影响程序的功能，但影响程序的可读性，它代表着一种习惯，是最易获得和实践的软件工程规则，相当于程序员的书法，但比书法好学得多，基本不需要特别练习。然而，坏习惯一旦养成，就像书法一样难以改变。好的代码风格追求的是程序的清晰、整洁、美观和一目了然，它使程序易于阅读、测试和修改。从一开始学习编程就养成好的编程习惯，对设计程序结构、培养团队精神都大有裨益。

　　真正的商业程序绝对都是规范的。代码本身体现不出其真正的价值，有价值的代码不但书写格式规范，而且有很详细的设计文档和必要的注释。

　　编写本书的指导原则之一就是不给读者看到任何一个风格糟糕的例子。为了让读者通过对比体会代码风格的重要性，下面列举一个程序的两种版式，如图 3-8 所示。

```c
//不良的风格
//打印 100 以内的素数
#include <stdio.h>
#include <math.h>
int main(void)
{int i;
for(i=2;i<100;i++)
{if(isprime(i))
printf("%d\t",i); }
return 0;
}
int isprime(int n)
{int k,i;
if(n==1) return 0;
k=sqrt((double)n);
for(i=2;i<=k;i++)
{if(n%i==0) return 0;}
return 1;
}
```

```c
//良好的风格
//打印 100 以内的素数
#include <stdio.h>
#include <math.h>

#define LIMIT 100

int isprime(int n);

int main(void)
{
    int i;

    for (i=2; i<LIMIT; i++)
    {
        if (isprime(i))
        {
            printf("%d\t", i);
        }
    }
    return 0;
}

int isprime(int n)
{
    int k, i;

    if (n == 1)
    {
        return 0;
    }

    k = (int)sqrt((double)n);

    for (i=2; i<=k; i++)
    {
        if (n % i == 0)
        {
            return 0;
        }
    }
    return 1;
}
```

图 3-8　代码风格示例

　　最后一点建议是：当你维护别人的程序时，请不要按自己的主观臆断随意删除别人的程序代码，如果你觉得别人的代码不妥，请注释掉，然后添加自己的处理代码，毕竟你不可能 100% 知道别人的意图，所以为了便于恢复原有代码，请在源代码上给别人看到你修改程序的意图和步骤。这是一个具有良好修养的程序员在程序维护时所应该做的。

3.2　趣味经典实例分析

3.2.1　骑士游历问题

有些问题的解决，不是基于某种确定的计算法则，而是要通过大量反复的试验。当一个问题分解为有限多个具有相同性质的子问题时，对这些子问题就可以实施相同的算法。继续这种分解，子问题数将按指数规律增长。但是，根据特定问题的性质，可以决定某些检查准则，使得某些子问题中途"夭折"，而无须再继续分解下去，这样就可以大大降低计算量。这种方法常称为试探算法，也称回溯算法。骑士游历和八皇后问题是这类问题的最经典的两个例子。

【问题描述】　给出一块具有 N^2 个格子的 $N×N$ 棋盘，如图 3-9 所示，一位骑士从初始位置 $(x0, y0)$ 开始，按照"马跳日"规则在棋盘上移动。问：能否在 N^2-1 步内遍历棋盘上的所有位置，即每个格子刚好游历一次。如果能，请找出这样的游历方案来。

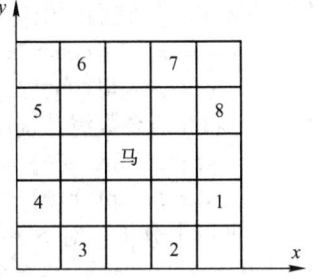

图 3-9　骑士游历问题示意

【问题分析】　首先，确定数据的表示方法。这里我们用二维数组来表示 $N×N$ 的棋盘格子，例如，用 h[i][j]记录坐标为(i, j)的棋盘格子被游历的历史，其值为整数，表示格子(i, j)被游历的情况，约定 h[x][y]=0，表示格子(x, y)未被游历过，h[x][y]=i $(1≤i≤N^2)$，表示格子(x, y)在第 i 步移动中被游历，或者说在第 i 步移动的移动位置为(x, y)。

其次，设计合理的函数入口参数和出口参数。本问题可以简化为考虑下一步移动或发现无路可走的子问题，用回溯算法来求解，用递归算法来实现，如果还有候选者，则递归下去，尝试下一步移动；如果发现该候选者走不通，进入"死胡同"，不能最终解决问题，则抛弃该候选者，将其从记录中删掉，回溯到上一次，从移动表中选择下一候选者，直到试完所有候选者。因此，该递归函数的入口参数应包括：确定下一步移动的初始状态，即出发点坐标位置(x, y)，骑士已经移动了多少步，即移动次数 i，记录棋盘格子被游历历史的数组 h。出口参数应为报告游历是否成功的信息，用返回值 1 表示游历成功，用返回值 0 表示游历失败。

【算法设计】　在上述分析基础上，按照"自顶向下、逐步求精"的方法设计该问题的抽象算法。

```
HorseTry(尝试下一步移动)
{
    做移动前的准备（预置游历标志变量为不成功，计算下一步移动候选者的位置）；
    do {
        从下一步移动表中挑选下一步移动的候选者；
        if (该候选者可接受)
        {
            记录这一步移动的移动位置；
            if (棋盘未遍历完毕)
            {
                尝试下一步移动；
                if (移动不成功)
                {
                    删去以前的记录；
```

```
                }
            }
            else
            {
                置游历标志变量为成功；
            }
        }
    } while (移动不成功 && 移动表中还有候选者)；
    return 游历标志变量记录的成功与否信息；
}
```

如图 3-9 所示，考虑“马跳日”的规则，若给定起点坐标(x, y)，则移动表中最多可有 8 个移动的候选者，它们的坐标可用如下方法进行计算：

```
    u = x + a[count];
    v = y + b[count];
```

其中，a 和 b 两个数组分别用于存放 x 和 y 方向上的相对位移量，即

```
    static int a[9] = {0, 2, 1, -1, -2, -2, -1, 1, 2};
    static int b[9] = {0, 1, 2, 2, 1, -1, -2, -2, -1};
```

根据以上分析，对上述抽象算法进行求精得到如下代码：

```
int HorseTry(int i, int x, int y, int h[N+1][N+1])
{
    int  u, v, flag, count = 0;
    do {
        count++;
        flag = 0;
        u = x + a[count];
        v = y + b[count];
        if ((u>=1&&u<=N) && (v>=1&&v<=N) && h[u][v]==0)
        {
            h[u][v] = i;
            if (i < NSQUARE)
            {
                flag = HorseTry(i+1, u, v, h);
                if (!flag)
                {
                    h[u][v] = 0;
                }
            }
            else
            {
                flag = 1;
            }
        }
    } while (!flag && count<8);
    return flag;
}
```

其中，NSQUARE 为 $N \times N$ 棋盘格子的总数。

编写主函数如下:

```c
#include <stdio.h>
#define        N              5
#define        NSQUARE        N*N
int HorseTry(int i, int x, int y, int h[N+1][N+1]);
static int a[9] = {0, 2, 1, -1, -2, -2, -1, 1, 2};
static int b[9] = {0, 1, 2, 2, 1, -1, -2, -2, -1};
int main(void)
{
    int  i, j, flag, x, y;
    static int  h[N+1][N+1] ={0};
    printf("Input the initial position x,y:");
    scanf("%d,%d", &x, &y);
    h[x][y] = 1;
    flag = HorseTry(2, x, y, h);
    if (flag)
    {
        printf("Output:\n");
        for (i=1; i<=N; i++)
        {
            for (j=1; j<=N; j++)
            {
                printf("%5d", h[i][j]);
            }
            printf("\n");
        }
    }
    else
    {
        printf("No solution!\n");
    }
    return 0;
}
```

程序的运行结果如下:

```
Input the initial position x,y:1,1↙
Output:
1     6   15   10   21
14    9   20    5   16
19    2    7   22   11
8    13   24   17    4
25   18    3   12   23
```

3.2.2　八皇后问题

八皇后问题是 1850 年由数学家 Gauss 首先提出的。由于八皇后在棋盘上分布的各种可能的布局数目非常大,有 $C_{64}^8 = 2^{32}$ 种,求解该问题需要大量的试验和计算,手工计算难以胜任,因此当时 Gauss 本人并未完全解决该问题。

【问题描述】　在一个 8×8 的国际象棋棋盘上放置 8 个皇后,要求每个皇后两两之间不"冲突"，即没有一个皇后能"吃掉"任何其他一个皇后。简单地说，就是没有任何两个皇后占据棋盘上的同一行或同一列或同一对角线，即在每一横行、竖列、斜线上都只有一个皇后。

【问题分析】 先规定每行只放置一个皇后，在此前提下放置皇后，可以减少判断皇后是否冲突的次数。然后，确定数据的表示方法。与骑士游历问题不同的是：本问题中最常用的信息不是每个皇后的位置，而是每列和每条对角线上是否已经放置了皇后。因此，这里我们不用二维数组表示棋盘，而选用下列4个一维数组：

```
int   rowPos[8], col[8], leftDiag[15], rightDiag[15];
```

其中，rowPos[i]表示第i行上皇后的位置（即位于第i行的第几列），col[j]表示第j列上没有皇后占据，leftDiag[k]表示第k条左对角线（╱）上没有皇后占据，rightDiag[k]表示第k条右对角线（╲）上没有皇后占据。

仍然用回溯法求解，用递归函数来实现，分别测试每一种摆法，直到得出满足题目约束条件的答案。

【算法设计】 在上述分析基础上，按"自顶向下、逐步求精"的方法设计该问题的抽象算法如下：

```
QueenTry(尝试第 i 种摆法)
{
    做选择第 i 行皇后位置的准备;
    do {
        选择下一个位置;
        if (该位置安全)
        {
            在该位置放置皇后;
            if (i < 7)
            {
                尝试第 i+1 种摆法;
                if (不成功)
                {
                    移走该位置上的皇后;
                }
            }
            else
            {
                置标志变量为成功;
            }
        }
    } while (不成功 && 位置未试完);
    return  标志变量记录的成功与否信息;
}
```

由于对角线有两个方向，在同一对角线上的所有点（设其坐标为(i, j)），要么行、列坐标之和 i+j 是常数，要么行、列坐标之差 i−j 是常数。其中，行、列坐标之和（在 0～14 范围内）相等的诸方格在同一条（╱）对角线上，而行、列坐标之差（在−7～7 范围内）相等的诸方格在同一条（╲）对角线上。因此，可用 b[i+j] 的值表示位置为(i, j)的（╱）对角线上是否有皇后占据（若无皇后占据，则置 b[i+j]为真，否则置 b[i+j]为假），用 c[i−j+7]表示位置为(i, j)的（╲）对角线上是否有皇后占据（若无皇后占据，则置 c[i−j+7]为真，否则置 c[i−j+7]为假）。如果 col[j]， leftDiag[i+j]和 rightDiag[i−j+7]都为真，则说明位置(i, j)是安全的，可以放置一个皇后。而在位置(i, j)放置皇后，就是置 col[j]，leftDiag[i+j]和 rightDiag[i−j+7]为假；从位置(i, j)移走皇后，就是置 col[j]，leftDiag[i+j]和 rightDiag[i−j+7]为真。

根据以上分析，对上述抽象算法进行求精得到如下代码：

```c
int QueenTry(int i,int rowPos[],int col[],int leftDiag[],int rightDiag[])
{
    int  flag, j = -1;
    do {
        j++;
        flag = 0;
        if (col[j] && leftDiag[i+j] && rightDiag[i-j+7])
        {
            rowPos[i] = j;
            col[j] = 0;
            leftDiag[i+j] = 0;
            rightDiag[i-j+7] = 0;
            if (i < 7)
            {
                flag = QueenTry(i+1, rowPos, col, leftDiag, rightDiag);
                if (!flag)
                {
                    col[j] = 1;
                    leftDiag[i+j] = 1;
                    rightDiag[i-j+7] = 1;
                }
            }
            else
            {
                flag = 1;
            }
        }
    } while (!flag && j<7);
    return flag;
}
```

编写主函数如下：

```c
#include <stdio.h>
int QueenTry(int i,int rowPos[],int col[],int leftDiag[],int rightDiag[]);
int main(void)
{
    int  i, flag;
    static int  rowPos[8];
    static int  col[8] = {1,1,1,1,1,1,1,1};
    static int  leftDiag[15] = {1,1,1,1,1,1,1,1,1,1,1,1,1,1,1};
    static int  rightDiag[15] = {1,1,1,1,1,1,1,1,1,1,1,1,1,1,1};
    flag = QueenTry(0, rowPos, col, leftDiag, rightDiag);
    if (flag)
    {
```

```
        printf("Result:\n");
        for (i=0; i<8; i++)
        {
            printf("%4d", rowPos[i]);
        }
        printf("\n");
    }
    return 0;
}
```

程序的运行结果如下:

```
Result:
   0   4   7   5   2   6   1   3
```

【思考题】 上面这个程序是用来求一个解的，若要计算出所有可能的解，需要对上述算法进行一些修改。下面是计算全部 92 个解的程序，请读者自己分析其设计原理。

```c
#include <stdio.h>
void QueenTry(int i,int rowPos[],int col[],int leftDiag[],int rightDiag[]);
int  m = 0;
int main(void)
{
    static int  rowPos[8];
    static int  col[8] = {1,1,1,1,1,1,1,1};
    static int  leftDiag[15] = {1,1,1,1,1,1,1,1,1,1,1,1,1,1,1};
    static int  rightDiag[15] = {1,1,1,1,1,1,1,1,1,1,1,1,1,1,1};
    QueenTry(0, rowPos, col, leftDiag, rightDiag);
    return 0;
}
void QueenTry(int i,int rowPos[],int col[],int leftDiag[],int rightDiag[])
{
    int  j, k;
    for (j=0; j<8; j++)
    {
        if (col[j] && leftDiag[i+j] && rightDiag[i-j+7])
        {
            rowPos[i] = j;
            col[j] = 0;
            leftDiag[i+j] = 0;
            rightDiag[i-j+7] = 0;
            if (i < 7)
            {
                QueenTry(i+1, rowPos, col, leftDiag, rightDiag);
            }
            else
            {
                m++;
                printf("<%d> ", m);
                for (k=0; k<8; k++)
                {
                    printf("%d\t",rowPos[k]);
```

```
        }
        printf("\n");
    }
    col[j] = 1;
    leftDiag[i+j] = 1;
    rightDiag[i-j+7] = 1;
        }
    }
}
```

3.3　程序优化及解决方案

提高软件性能的方法，除了使用速度更快的硬件，选择比较好的编程语言、编译器、高效的数据结构和算法以外，再就是对代码进行优化，主要是指优化程序的质量属性，包括提高运行速度、提高对内存资源的利用率、使用户界面更友好等。

现代的 C/C++编译器都提供了一定程度上的代码优化功能，但大部分由编译器执行的优化仅涉及执行速度和代码大小的一个平衡，你编写的程序能够变得更快或者更小，但是不可能又变快又变小。当不能使所有目标都得到优化时，就需要折中。折中就是指协调各质量属性，以实现程序整体质量的最优。折中的原则是：不能使某一方损失关键的功能，更不能抛弃一方，应该在保证其他质量属性可接受的前提下，使某些重要质量属性变得更好。

长期以来，C 语言和汇编语言在嵌入式领域占据了广阔的市场。但一提到嵌入式系统，人们可能首先联想到的是：慢得可怜的处理器和少得可怜的内存和外存。通常，我们称其为资源受限的环境。在资源受限的环境下，程序员最关注的因素主要是代码的体积和代码执行的效率。关注效率与性能的嵌入式系统开发人员不愿意使用 C++，主要是因为一些 C++编译器在具体实现上，使 C++的某些语法特性可直接导致代码体积膨胀和执行效率下降。所以我们永远不会用 C++在 4 位芯片上编程控制彩灯闪烁，因为用几条汇编语句即可实现，用 C++无异于"高射炮打蚊子"。

下面总结出一些性能优化方面的条款，还很不全面，仅供想要进行代码优化的初学者参考。

条款 1：优化算法

不要认为 CPU 运算速度快就把所有的问题都推给它去做。程序员应该将代码优化再优化，我们自己能做的决不要让 CPU 做，因为 CPU 是为用户服务的，不是为我们程序员服务的。

【程序实例 3.1】　写一个函数计算 $1-2+3-4+5-6+7+\cdots+n$ 的值。

```
long fn(long n)
{
    long  temp = 0;
    int  i, flag = 1;
    if (n <= 0)
    {
        printf("error: n must > 0");
        exit(1);
    }
    for (i=1; i<=n; i++)
```

```
    {
        temp = temp + flag * i;
        flag = -flag;
    }
    return temp;
}
```

这个程序的运行结果没有错，但当 n 很大时，这个程序的执行效率却很低。在某些对程序执行效率要求很高的场合，能让 CPU 少执行一条指令都是好的。请看下面这个程序。

```
long fn(long n)
{
    if (n <= 0)
    {
        printf("error:n must>0");
        exit(1);
    }
    if (0 == n % 2)
    {
        return (n/2)*(-1);
    }
    else
    {
        return (n/2)*(-1)+n;
    }
}
```

显然，当 n 非常大时，这两个程序的运行效率的差别将会是天壤之别。

条款 2：简单为美，以空间换时间

最简单的是最好的。这是因为简单的方法更容易被人理解，更容易实现，也更容易维护。遇到问题时要优先考虑最简单的方案，只有简单方案不能满足要求时再考虑复杂的方案。设计和编程的真正目标在于产生能够完成工作的最简单的解决方案，并且对该解决方案的表达要尽可能清晰。理想的境界不是让那些看到你代码的人惊呼"哇塞，好聪明耶！"而是"哈哈，原来这么简单？"

C 语言是用来实践的。能应用，比掌握一些生僻的用法更重要，而应用首先应遵循的一条原则就是"简单为美"。软件工程思想在应用中也非常重要，因为单纯的运行结果正确，并不能说明程序质量高。

一定以直截了当的方式来编写程序，尽量避免编写较长的函数，避免过深的嵌套，不写别人看不懂的代码，这就是所谓的"**KISS (Keep It Simple & Stupid)**"原则。除了有"Simple is better than complex"之意外，还有"Correct is better than fast"、"Clear is better than cute"、"Safe is better than insecure"、"Short is better than long"、"Flat is better than deep"之内涵。

【程序实例 3.2】 使用一种技巧性的编程方法，用一个函数 fn(int n, int flag)实现两个函数的功能：当 flag 为 0 时，实现计算函数 fn1(n)的功能；当 flag 为 1 时，实现计算函数 fn2(n)的功能。要求程序具有较高的运行效率。

$$fn1(n)=n/2!+n/3!+n/4!+n/5!+n/6!$$

fn2(n)=n/5!+n/6!+n/7!+n/8!+n/9!

首先，定义一个 float 型二维数组 t；然后，用 t[0][5]存放 2!，3!，4!，5!，6!的值，用 t[1][5]存放 5!，6!，7!，8!，9!的值；最后，设计如下的循环语句来完成计算。这是一个典型的以空间换时间的算法。

```
sum = 0;
for (i=0; i<6; i++)
{
    sum += n / t[flag];
}
```

主教材（《C 语言大学实用教程（第 4 版）》）的例题 7.4 用数组 dayTab[2][13]第 0 行元素存放平年各月份的天数，第 1 行元素存放闰年各月份的天数，也是用了类似的技巧。

```
static int dayTab[2][13] = {{0,31,28,31,30,31,30,31,31,30,31,30,31},
                            {0,31,29,31,30,31,30,31,31,30,31,30,31}};
```

条款 3：使用内联函数

使用**内联（Inline）**函数，请求编译器用函数内部的代码替换所有指定的函数调用。其优点是：内联函数省去了调用指令需要的执行时间，省去了传递变元和传递过程（函数调用参数入栈和函数完成后参数出栈）需要的时间，因而可以提高程序的运行效率。除了能去除函数调用所带来的效率负担之外，它还保留了一般函数的优点，而且比带参数的宏更安全、更容易调试。

值得注意的是：内联函数并不是一个增强性能的灵丹妙药。只有当内联函数被频繁调用且非常短小（如只包含几行代码）的时候才是最有效的。如果函数并不是很短而且被频繁调用，那么将会使可执行程序的体积增大。最令人烦恼的事情还是当编译器拒绝内联的时候。新老版本的编译器为解决函数被重定义的错误而采取的措施还不尽完善。一些编译器"足够聪明"，能指出哪些函数可以内联，哪些不能；但是，大多数编译器就"不那么聪明"了，因此就需要我们的经验来判断，如果内联函数不能增强性能，就应避免使用它。

条款 4：用迭代代替递归

从编程角度来看，用递归算法编写的程序比较直观、精练，逻辑清楚，逼近数学公式的表示，能更自然地描述问题，符合人的思维习惯，使程序更容易理解，尤其适合非数值计算领域，如 Hanoi 塔、骑士游历、八皇后问题。但是从程序运行效率来看，大量的重复计算，会导致程序的时空效率偏低，因为每次函数的递归调用都需要进行参数传递、现场保护等操作，重复函数调用的时空开销很大。因此，应尽量用迭代形式替代递归形式，以提高程序的执行效率。

【程序实例 3.3】 编写一个计算 Fibonacci 数列的函数，如图 3-10 所示。

$$fib(n) = \begin{cases} 0 & n=0 \\ 1 & n=1 \\ fib(n-1)+fib(n-2) & n>1 \end{cases}$$

图 3-10　计算 Fibonacci 数列的递归调用过程示意

```
long fib(int n)
{
    long  f;
    if (n == 0)
```

```
    {
        f = 0;
    }
    else if (n == 1)
    {
        f = 1;
    }
    else
    {
        f = fib(n-1) + fib(n-2);
    }
    return f;
}
```

　　函数 fib()中的每层递归对调用数有加倍的趋势，这种指数级剧增的运算，可以让最强大的计算机望而生畏。从图 3-10 可以看出，仅计算 fib(5)就调用了 14 次 fib()。

　　虽然可以改成如下迭代形式，但效率并不会明显提高，因为每次函数调用只能计算一个值，即 fib(n)，而且每次计算 fib(n)都需要从头开始迭代计算。

```
long fib(int n)
{
    long  f1 = 0, f2 = 1, f3;
    int  i;
    if (n == 0)
        return f1;
    else if (n == 1)
        return f2;
    else
    {
        for(i=1; i<n; i++)
        {
            f3 = f1 + f2;
            f1 = f2;
            f2 = f3;
        }
        return f3;
    }
}
```

　　但是若改成如下迭代形式，由于每次函数调用可以连续计算 n 个值，即 fib(0)，fib(1)，fib(2)，…，fib(n)，而且后项是利用前项计算的，不必从头开始迭代计算，因此效率会大大提高。

```
void fib(long f[],int n)
{
    int  i;
    f[0]=0;
    f[1]=1;
    for(i=2; i<=n; i++)
    {
```

```
        f[i]=f[i-1]+f[i-2];
    }
}
```

实质上，递归也是一种循环结构，它能将复杂的情形逐次归结为较简单的情形来计算，一直到归并为最简单的情形为止。从该意义上说，递归是一种比迭代更强的循环结构。迭代和递归有很多相似之处，如它们都是基于控制结构，迭代用重复结构，而递归用选择结构。迭代和递归都涉及重复，迭代显式地使用重复结构，而递归通过重复函数调用实现重复。迭代和递归都涉及终止测试，迭代在循环条件为假时终止，递归在遇到递归初始条件时终止。迭代不断修改计数器，直到计数器使循环条件为假。递归不断产生最初问题的简化副本，直到简化为递归的初始情况。如果循环条件测试永远为真，则迭代变成无限循环；如果递归永远无法回推到初始情况，则变成无穷递归。

可以证明，每个迭代程序原则上都可以转换成等价的递归程序，但反之不然，如 Hanoi 塔是一个典型的只有用递归才能解决的问题。当然，有时在没有明显的迭代解决方案时，我们也不得不选择递归。

条款 5：使用增一和减一运算符

使用增量和减量运算符比使用赋值语句会更快。对大多数 CPU 来说，对内存字的增量、减量操作不必明显地使用取内存和写内存的指令。

例如：对于 x=x+1 操作，模仿大多数微机汇编语言为例，产生的代码类似于：

```
MOV   A,x;            把 x 从内存取出存入累加器 A
ADD   A,1;            累加器 A 加 1
STORE x;             把新值存回 x
```

而如果使用增量操作符，生成的代码如下：

```
INCR  x;              x 加 1
```

显然，后者要比前者执行效率高。

条款 6：在定义变量时就将其初始化

在定义变量时就对其进行初始化，有助于减少程序的运行时间。

条款 7：用指针代替数组

用指针代替数组可以产生又快又短的代码。

例如，在下面的代码中，用数组方法输出 a[i]，每次循环都必须进行基于首地址求数组下标的复杂运算。

```
for (i=0; i<10; i++)
    printf("%d ", a[i]);
```

事实上，它等价于下面的代码

```
for (i=0; i<10; i++)
    printf("%d ", *(a+i));
```

而在下面代码中，将数组的首地址存入指针变量 p 后，在每次循环中只需对 p 进行增量操作，那么就可以提高程序运行效率。

```
for (p=a; p<(a+10); p++)
    printf("%d ", *p);
```

当需要将数组（尤其是结构体数组）传递给函数时，将数组的首地址（对于结构体数组而言，就是用结构体数组的指针代替结构体数组作函数参数）传递给函数，相对于将整个数组的元素复制给函数而言，既可以节约程序运行时间，又可以节约内存空间。

如果需要频繁调用的函数中包含有数组，那么将其定义为静态（static）数组，也可以提高程序的执行效率。因为这样在每次函数调用时就无须重新创建并初始化这些数组了。

条款 8：减少函数调用参数

一个函数调用的负担将会随着参数列表的增长而增加。运行时系统不得不建立堆栈来存储参数值，因此函数参数作为函数与外界的接口，越精简越好，必要时可以用结构体封装多个参数为一个参数，并用结构体指针作函数参数，不仅可以提高程序的执行效率，还有利于数据的封装和程序的简洁性，同时也方便函数调用者。一方面，如果函数个数很多（如十几个），调用者很容易搞错参数的顺序和个数，而使用结构体封装和传递参数，可以不必关心参数的顺序；另一方面，如果要给函数增加参数，也不需要更改函数接口，只需更改结构体和函数内部处理即可。但是建议不要为了精简函数参数而使用全局变量，这样会得不偿失。

条款 9：不定义不使用的返回值

函数定义本身并不知道函数返回值是否被使用，假如返回值从来不会被用到，那么应该使用 void 来明确声明函数不返回任何值。

条款 10：根据发生频率重排 if 或 case 语句

在 switch 语句中根据发生频率来对 case 语句排序，把最可能发生的情况放在第一位，最不可能发生的情况放在最后。

编译器会产生 if-else if 的嵌套代码，并按照顺序进行比较，发现匹配时，就跳转到满足条件的语句执行，每一个由机器语言实现的测试和跳转仅仅为了判断下一步要做什么就可能把宝贵的处理器时间耗尽。

类似的情况还有：

① 在编写包含运算符 && 的表达式时，把最有可能为假的简单条件写在表达式的最左边。在编写包含运算符 || 的表达式时，把最有可能为真的简单条件写在表达式的最左边。这样有助于缩短程序的运行时间。

② 将 case 标号很多的 switch 语句转为嵌套 switch 语句，把发生频率高的 case 标号放在一个 switch 语句中，且在嵌套 switch 语句外，发生频率相对低的 case 标号放在嵌套 switch 语句内，这样做的目的也是为了减少比较的次数。

条款 11：嵌入汇编语言代码

如果尝试其他方法均不能满足要求，只有使用这最后一招了。虽然 C/C++ 编译器对代码进行了优化，但是对时间要求苛刻的代码部分使用内联汇编指令来重写，可以非常有效地提高整个系统运行的效率。但是该方法不能想当然地就去实施，因为它会给将来的代码维护带来困难：一方面，维护代码的程序员可能对汇编语言并不了解；另一方面，如果想要把软件运行于其他平台还需要重写汇编代码部分。另外，开发和测试汇编代码也是一件辛苦的工作，需要花费更长的时间。

前面所列的部分条款都是名义上的性能改进措施，所以读者可以忽略它们。一个名义上的性能改进措施，只有被实施在一个被大量重复的循环结构中，或者将各种性能改进措施累积起来，也许才会看到性能的明显提高。

　　下面再给出一些有助于改善程序可移植性方面的提示，供读者参考。

　　【提示 1】　因为标准 C 只是将 EOF 定义成一个负数（并不一定是-1），在不同的系统中，EOF 可能会取不同的值。所以，采用符号常量 EOF 而不是-1 来测试文件输入数据是否结束，可以增加程序的可移植性。

　　【提示 2】　因为在不同的系统中，数据类型所占的存储空间的字节数可能是不同的，因此采用 sizeof 运算符来计算数据类型、变量或表达式所占存储空间的字节数，可以增加程序的可移植性。sizeof 是一个编译时执行的运算符，不会导致额外的运行时间开销。

　　【提示 3】　由于具有特定数据类型的结构体成员所占的字节数是与机器相关的，同时针对结构体成员的存储对准规则也是与机器相关的，从而导致一个结构体在内存中的表现形式也是与机器相关的，所以不能想当然地直接用结构体的每个成员类型所占内存字节数的"和"作为一个结构体实际所占的内存字节数，这样会降低程序的可移植性。

　　【提示 4】　采用 C 标准库中的函数有助于提高程序的可移植性。例如，产生随机数的函数 rand()就是一个 C 标准库函数，而 random()则不是，仅能在 Turbo C 环境中使用。

　　【提示 5】　当一个 char*类型的变量用字符串常量初始化时，某些编译器是将这个字符串存放在内存的只读存储区内。如果程序需要改写这个字符串，就必须将其存储到一个字符数组中，这样才能保证在所有的系统上都可以改写它。

　　【提示 6】　尽管 const 已在标准 C 中定义，但是某些早期版本的 C 编译器并不支持它。

　　另一点需要强调的是：我们可能经常要在保证软件工程质量和实现软件性能最优之间进行权衡，因为其中一个目标的实现常常是以牺牲另外一个目标为代价的。在计算机科学中，有很多需要对时间与空间进行折中考虑的例子。例如，位域能够节约存储空间，但因访问一个正常编址的存储单元中的部分位（bit）需要一些额外的机器指令，因此会使编译器生成运行速度较慢的机器代码。又如，函数可以使代码变得更加简洁、短小，但是频繁的函数调用需要进行频繁的参数入栈和出栈处理，所以会增加额外的运行时间开销。

　　以结构体这样的大数据对象为例，如果相对于内存开销而言我们更关注执行效率，那么必须以"传地址调用"方式向函数传递结构体对象，如前面条款 7 所述，用指针代替数组可以有效节约程序运行时间。而如果我们更想节约内存而不太在意执行效率，就必须以"传值调用"方式向函数传递结构体对象，这样可以避免数据对象被改写。

　　显然，如果使用指向常量数据的非常量指针（表示它所指向的数据不能被改写，而该指针可以被修改为指向其他数据）来传递结构体对象，就可以同时兼备"传地址调用"的高效性和"传值调用"的安全性了。这是一个在时间、空间和数据安全性之间进行折中的最好的例子。当然，如果系统不支持 const，为了避免数据被改写，仍需使用"传值调用"。

3.4　C99 简介

　　ANSI/ISO 标准的原始版本 C89 是被广泛接受的 C 语言标准版本。C99 是其改进和扩展版本，它增加了很多新的特征，home.tiscalinet.ch/t_wolf/tw/c/c9x_changes.html 网站上提供了关于 C99 特征的简要技术描述和代码示例。本节简要介绍 C99 的一些重要特征。

　　一些网站上可以免费下载在不同程度上支持 C99 的编译器和集成开发环境，但并非所有流行的 C 编译器（如 Microsoft Visual C++ 2010）都支持 C99。在支持 C99 的编译器中，大部分只是支持其一部分功能，这是导致 C99 未被广泛应用的主要原因。

　　http://en.wikipedia.org/wiki/C99 网站上提到了各种编译器对 C99 的支持情况。流行的编译器中目前只有 gcc 支持它的某些新特征，如在下面列出的几个主要特征中只有复数类型是 gcc 不支持的, http://gcc.gnu.org/c99status.html 网站上给出了 gcc 对 C99 特性支持情况的详细列表。而其他主要做 C++编译器的厂商（如 Microsoft 和 Borland）基本停止了对它的更新，因为很多改进的非常有用的新特征在 C++中也提供了，如单行注释符 //、声明语句和可执行代码的混合使用、内联函数、long long int 类型等特征在流行的 C++编译器上都是支持的。

1. "//"单行注释符（one-line comments beginning with //）

　　C99 允许使用//单行注释符 "//"（就像 C++，java 和 C#中一样）。只要字符 "//" 在一对引号之外的任何地方出现，一行中//后面的部分都会被处理为注释。

2. 声明语句和可执行代码的混合使用（mixing declarations and executable code）

　　C89 要求一个语句块范围内的所有变量必须在块的开始处声明。C99 允许声明语句和可执行代码混合使用，即在一个语句块内，一个变量可以在使用该变量的执行语句前的任何位置声明。尽管这种做法可以增强代码的可读性，降低无用变量出现的可能性，但很多程序员还是喜欢在一个程序段的开始将用到的所有变量一起声明。

3. 在 for 语句头声明一个变量（declaring a variable in a for statement header）

　　C99 对 C89 中 for 语句的定义进行了扩展，允许在 for 语句的变量初始化子句中声明变量。在 for 语句头中声明的循环计数变量的作用域仅局限于 for 语句的范围内。

4. 指派初始化（designed initializers and compound literals）

　　指派初始化允许直接使用下标符号或成员名字来初始化数组元素、结构体和共用体变量的成员。例如，C89 中的语句

```
int a[4] = {1,0,0,3};
```
在 C99 中可以写成
```
int a[4] = {[0]=1, [3]=3};
```
　　又如，在 C99 中，可以用如下指派初始化来对 struct point 结构体类型的数组 b 的成员进行初始化：
```
struct point
{
    int x;
    int y;
};
struct point b[5] =
{
    [0] = { .x = 0, .y = 0},
    [4] = { .x = 10, .y = 20}
};
```
　　还可以用一个初始化列表生成一个没有名字的数组、结构体或共用体。例如，C99 允许使用如下表达式将数组 a 传递给函数 Fun()，而不必在程序中声明数组 a。
```
Fun((int [5]) {[0] = 1, [3] = 3});
```

5. 布尔类型（type bool）

　　C99 中布尔类型用关键字_Bool 声明，该类型变量的取值只能是 0 和 1。在 C 语言中我们

约定用 0 值和非 0 值分别表示 false 和 true。将任意一个非 0 值赋给一个_Bool 型变量都会使该变量的值置为 1。

使用布尔数据类型时需要包含 C99 的头文件<stdbool.h>，在该头文件中定义了表示布尔数据类型及其取值（true 和 false）的宏。在宏定义中，用 1 替换 true，用 0 替换 false，用 C99 的关键字_Bool 替换宏 bool，因此程序设计时，可以直接使用 bool 定义布尔型变量。

例如，下面 C99 程序使用 bool 型变量以及 true 和 false，判断一个数是否是偶数，若是偶数，则返回 true，否则返回 false。

```
bool isEven(int number)
{
    if (number % 2 == 0)
    {
        return true;
    }
    else
    {
        return false;
    }
}
```

6. 取消函数声明中的隐式 int 类型（remove implicit int）

在 C89 中，如果一个函数没有明确声明返回类型，那么这个函数将隐式地返回一个 int 类型。但 C99 不支持隐式 int 类型，此时支持 C99 的编译器会发出警告或产生编译错误。

7. 复数类型（complex numbers）

C99 支持复数类型和复数运算，但必须包含头文件<complex.h>C99 才能识别复数。在 C99 中，复数宏被扩展成关键字_Complex——它是一个用来存储仅有两个元素的数组的类型，其中一个元素表示复数的实部，另一个元素表示复数的虚部。

在头文件<complex.h>中定义了表示复数类型的宏，用 C99 关键字_Complex 替换 complex，同样地，程序设计时可以直接使用 complex 来定义复数类型变量。在该头文件中还定义了一些数学函数，如函数 cpow()、creal()、cimag()等。其中，creal()表示取复数的实部，cimag()表示取复数的虚部。包含头文件<complex.h>后，我们可以用如下方式定义和使用复数变量：

```
double  complex a = 1.4 +2.5*I;
double  complex b= 1.6 +1.5*I;
double  complex c = a + b;
printf("a is %f + %fi\n", creal(a), cimag(a));
printf("b is %f + %fi\n", creal(b), cimag(b));
printf("c is %f + %fi\n", creal(c), cimag(c));
```

8. 可变长数组（variable-length arrays）

在 C89 中，要求在编译时已知数组的长度，因此必须使用整型常数来定义数组长度，如果数组长度未知，那么必须使用动态内存分配函数来定义动态数组。而 C99 允许使用可变长数组来解决数组长度未知的问题。所谓可变长数组并不是指数组的长度是可以改变的，它是指数组的长度是由程序执行时计算出来的表达式的值来定义的。

例如，下面语句在 C89 中会导致编译错误，但在 C99 中是可行的，只要表示数组长度的变量是整型的就不会出错。

```
int  size;
printf("Enter array size：");
scanf("%d", &size);
int array[size];
```

　　在 C89 中，sizeof 一直是一个编译时操作，但在 C99 中被用在可变长数组上时 sizeof 却是一个运行时操作。例如，我们可以在声明这个数组后，用下面的语句来验证可变长数组的长度。

```
int  len = sizeof(array);
printf("array size is %d bytes\n", len);
```

　　在 C99 中，函数还可以用一个可变长数组作为形参，即形参数组的长度可以是一个变量，但同时表示数组长度的这个整型变量也必须同时传递给函数，例如：

```
void printArray(int size, int array[size]);
```

但如下声明

```
void printArray(int array[size]);
```

将会引发一个编译错误。如果这个函数无须知道实参数组的长度，那么可以用如下方式声明这个可变长数组：

```
void printArray(int array[*]);
```

它表示主调函数可以传递任意长度的数组。

9. 弹性数组成员（flexible array members）

　　C99 允许将结构体的最后一个成员声明为一个未指定长度的数组，称为弹性数组成员。例如：

```
struct famStruct
{
    int  otherMembers;
    int  array[];
};
```

　　一个弹性数组成员是通过声明一个具有一对空的方括号的数组来生成的。在使用弹性数组成员时，有许多限制。只能将一个弹性数组声明为该结构体的最后一个成员，每个结构体最多只能有一个弹性数组成员；一个弹性数组不能作为一个结构体的唯一成员存在，即结构体必须有一个以上的固定成员；任何一个拥有弹性数组成员的结构体不能作为其他结构体的成员，且不能被静态地初始化。

　　为一个具有弹性数组成员的结构体分配内存空间时，可使用如下语句：

```
int  size = 10;
struct famStruct  *ptr;
ptr = malloc(sizeof(struct famStruct) + sizeof(int)*size);
```

　　表达式 sizeof(struct famStruct)得到的是除弹性数组以外的该结构体所有其他成员所占内存空间之和。用表达式 sizeof(int)*size 额外分配的内存空间就是弹性数组所占的内存空间。

10. long long int 类型（long long int type）

　　C99 引入了 long long int 类型，相对于其他整数类型而言，它的取值范围增大了，但仅适用于硬件或软件上对 64 位字长兼容的系统，其格式转换说明符就是将长度修饰符 ll（表示"long long"）放在任何一个整型转换说明符的前面。

11. 泛型数学函数（type-generic math functions）

　　C99 新增的泛型数学函数头文件<tgmath.h>为<math.h>中的许多数学函数提供了泛型宏

（type-generic macros）。例如，编程时在包含了<tgmath.h>以后，如果 x 是 float 类型，那么表达式 sin(x)将调用实参是 float 类型的 sinf()函数；如果 x 是 double 类型，那么 sin(x)将调用实参是 double 类型的 sin 函数；如果 x 是 long double 类型，那么 sin(x)将调用实参是 long double 类型的 sinl 函数。

12. 内联函数（inline function）

C99 允许使用关键字 inline 来声明一个内联函数（与 C++类似），例如：

```
inline void randomFunction();
```

这时，编译器会用内联函数本身的代码替换原程序中该函数的每条调用语句，由于节省了函数调用时间，因此可以改善程序的执行效率，但会增加程序所占用的空间。所以，内联函数适用于很短且被频繁调用的函数。内联函数的使用只是对编译器的一个建议，编译器也可以不使用它。

13. 抵御黑客攻击的函数 snprintf（the snprintf function: Helping Avoid Hacker Attacks）

C99 新增的函数 snprintf 有助于避免发生缓冲区溢出——一种很流行的黑客攻击方式。因此，一经推出，立即得到了广泛支持，即使在那些不支持 C99 标准的编译器中也是如此。

C89 的 sprintf()函数只是简单地按需求对缓冲区进行写操作，但不知道缓冲区的大小，因此有可能导致内存中任何紧随缓冲区其后的内容遭到破坏。使用 snprintf()函数时，缓冲区的大小将作为函数的第 2 个实参与其他实参一同传递给 snprintf()函数，从而保证了写缓冲区的字节数不会超出缓冲区大小的限制。

参 考 文 献

[1]　（美）H.M.Deitel, P.J.Deitel．C How to Program (sixth Edition)．2010.

[2]　（爱尔兰）Paul Kelly．A guide to C programming (Third Edition)．Dublin: Gill & Macmillan, 1999.

[3]　（美）Brian W.Kernighan, Rob Pike．程序设计实践．裘宗燕译．北京：机械工业出版社，2000.

[4]　苏小红等．C语言大学实用教程（第 4 版）．北京：电子工业出版社，2016.

[5]　苏小红等．C语言大学实用教程学习指导（第 3 版）．北京：电子工业出版社，2012.